Python

数据结构与算法

从入门到精通

陈 锐 黄万伟 郑 倩 等著

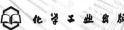
化学工业出版社

·北京·

内容简介

本书全面系统地讲解了使用Python语言实现数据结构和算法的基础知识和实践技能。全书分为14章，主要内容包括数据结构与算法概述、Python语言基础、线性表、栈与递归、队列、串、数组与广义表、树和二叉树、图、查找、排序、回溯算法、递归与分治算法等。

本书内容由浅入深，语言通俗易懂，理论结合实践，采用大量丰富的案例，帮助读者高效学习，且将知识更好地应用在实际学习和工作中。

本书可作为计算机、人工智能、大数据等行业相关技术人员的参考书，也可供高等院校计算机相关专业师生学习使用。

图书在版编目（CIP）数据

Python数据结构与算法从入门到精通 / 陈锐等著.
北京 ：化学工业出版社，2024. 10. -- ISBN 978-7-122-46689-1

Ⅰ. TP311.561
中国国家版本馆CIP数据核字第2024D093W6号

责任编辑：万忻欣　　　　　　　　文字编辑：袁玉玉　袁　宁
责任校对：李露洁　　　　　　　　装帧设计：张　辉

出版发行：化学工业出版社
　　　　　（北京市东城区青年湖南街13号　邮政编码100011）
印　　装：三河市航远印刷有限公司
787mm×1092mm　1/16　印张23½　字数589千字
2025年2月北京第1版第1次印刷

购书咨询：010-64518888　　　　　售后服务：010-64518899
网　　址：http://www.cip.com.cn
凡购买本书，如有缺损质量问题，本社销售中心负责调换。

定　　价：99.00元

扫码观看视频

1.3.2 抽象数据类型	2.1.3 算法的特性	2.2.1 算法设计的目标	2.2.3 算法时间复杂度	2.2.4 算法的空间复杂度
4.1 线性表的定义	4.2.2 顺序表的基本操作	4.2 顺序表应用举例	4.3.2 单链表的基本操作	4.3.3 单链表应用举例
4.5 双向链表	4.6 一元多项式相乘	5.2.3 算术表达式求值	6.2.2 杨辉三角	7.3.2 kmp算法
7.3.2 求next函数值	8.1.3 特殊矩阵的压缩存储（3）三角矩阵的压缩存储	8.1.4 稀疏矩阵应用举例	9.3.2 二叉树的先序遍历	9.3.6 例2
9.7.1 哈夫曼树的构造例子	10.4.2 最小生成树Prim	10.6.1 最短路径	11.3.1 二叉排序树的删除	12.3.2 堆排序
12.4.2 快速排序	13.2 和式分解	13.5 迷宫求解	14.2.3 求n个数的最大者	14.3.2 求n个数的最大者和次大者
14.3.3 第k大元素	14.3.8 求最大连续子序列的和	14.3.9 找假硬币		

扫码下载
源代码

前言

数据结构与算法是计算机、软件工程等相关专业的一门非常重要的核心课程，是继续深入学习算法设计与分析、操作系统、编译原理、人工智能、机器学习等后续专业课程的重要基础。随着计算机技术的快速发展，数据量呈几何级数增长，数据结构在系统软件设计和应用软件设计中的重要作用更加突出，Python语言也显得更加重要。因此，利用Python语言描述数据结构与算法已成为后续学习和工作的必备技能。

在学习数据结构与算法的过程中，许多专业术语较为抽象，对于初学者来说，有些概念及算法不容易理解和掌握，若其编程语言掌握得不够深入，更增加了学习的难度，因此，本书回顾了Python语言中的基本语法：列表、元组、字典、集合、函数与类。本书采用通俗易懂的语言讲解数据结构中抽象的概念，通过图表和案例的方式分析算法思想，便于读者真正理解和掌握。本书全面涵盖数据结构知识点，所有算法采用Python语言实现，其代码均在PyCharm开发环境下调试通过，所有案例均提供完整的程序，无须修改就能直接运行。

本书适合想全面系统地掌握数据结构与算法的人员，特别是学习数据结构与算法感到困惑的人。本书可作为自学数据结构的教材，也可作为计算机、软件工程等相关专业学生的考研辅导用书和参加软考人员的辅导用书。

为什么要学数据结构与算法

数据结构与算法是计算机、软件工程专业最核心的课程，是今后学习所有专业课的重要基础课程，如果从事软件开发方面的工作，就必须要学好它。首先，数据结构与算法作为计算机专业的专业基础课程，是计算机考研的必考科目之一；其次，数据结构与算法是计算机软考、计算机等级考试等相关考试的必考内容之一；最后，数据结构与算法还是进入各软件公司、事业单位的必考内容之一。

即使没有以上考虑，作为一名计算机从业人员和爱好者，数据结构与算法也是其他后续计算机专业课程的基础，人工智能、机器学习等许多课程都会用到数据结构与算法方面的知识。

要想学好计算机，数据结构与算法是必须要掌握的内容。

如何学好数据结构与算法

怎样才算是学好了数据结构与算法呢？当然不是说会做几个题，在纸上能写出题目的答案就是学好了数据结构。除了理解弄懂数据结构与算法的所有知识点，能做对练习题外，还需要能动手上机实践，能灵活使用所学算法思想利用Python语言实现其中的算法，并正确运行出结果。如果从理论和实践上都能很熟练地完成一些练习题，才能说是把数据结构与算法真正学好了。

可能有不少读者对如何学好数据结构与算法感到困惑，不知道如何去学数据结构与算法，总感觉理论知识都理解，但是自己动手去完成时，又感到无所适从。其主要原因在于：对Python或C、C++、Java掌握得不够熟练；缺乏上机实践。

对于初学者来说，数据结构这门课程有许多抽象的概念。刚开始会遇到一些晦涩难懂的概念，再加上对编程语言不是太熟悉，可能会有不少同学望而生畏。万事开头难，首先需要坚持每天上机编写程序，先熟练掌握编程语言，特别是语法；其次，在学习过程中，可以结合一些例子去理解，包括Python程序、数据结构中的算法，这样学习起来就变得容易很多；最后，要有信心，要有战胜困难的决心，不要有畏惧心理，一开始每个人都会遇到困难，重要的是坚持。任何事情都是这样，学习亦如此。

本书中所有算法都用Python语言表述，并给出完整程序，刚开始时只需要把程序看懂，然后多上机调试程序，练习并掌握Python语言编程和调试技巧，这样就可以对数据结构中的算法思想融会贯通，真正领会其中的内涵。

通过本书通俗的讲解，加上自己多动手上机实践，学习数据结构与算法就会变得很轻松。

如何使用本书

本书全面涵盖了数据结构与算法的知识，案例选取丰富，图文并茂，使用通俗易懂的语言描述抽象的概念，配套视频针对重点和难点进行了讲解，方便大家理解与学习。

在使用本书的过程中，可以边看书，边听视频讲解，每学完一部分内容，可通过调试本书配套的代码认真领会算法的思想，并思考为什么要这样实现，从而加深对数据结构中概念的理解。

本书编写人员

参与本书编写的有陈锐、黄万伟、郑倩、黄敏、张世征、范乃梅、徐耀丽、青华、段晓宇。

致谢

感谢郑州轻工业大学全体同仁在工作上的帮助及对我写作上的关心与支持。

由于时间仓促、水平所限，书中难免存在一些不足之处，恳请读者不吝赐教。读者可通过QQ群（732774977）进行讨论交流。

著者

目 录

Python

第1章
数据结构概述

　　数据结构主要研究数据在计算机中的存储表示和对数据的处理方法，它是计算机、软件工程相关专业至关重要的专业基础课和核心课程，是继续学习编译原理、操作系统、人工智能、机器学习等课程和从事计算机软件开发的重要基础。

　　近年来，随着计算机技术的快速发展，数据规模呈现几何级增长，数据类型也变得多样化，实际的软件开发需要处理的数据日趋复杂，数据结构在人工智能、大数据技术飞速发展的当今显得尤为重要。要想编写出高质量程序，不仅需要选择好的数据结构，还要有高效的算法。本章旨在让读者对数据结构有个总体上的把握，首先介绍了数据结构的有关概念，随后介绍了学习数据结构过程中经常出现的基本概念和专业术语，然后介绍了数据的逻辑结构与存储结构，接着介绍了什么是抽象数据类型及抽象数据类型的描述方法。

学习目标：

- 数据结构的相关概念。
- 数据的逻辑结构与存储结构。
- 抽象数据类型含义及其描述。

1.1　基本概念和术语

　　在学习数据结构的过程中，有一些基本概念和专业术语会经常出现，下面先来了解一下这些基本概念和术语。

（1）数据

　　数据（data）是描述客观事物的符号，是能输入到计算机中并能被计算机程序处理的符号集合。它是计算机程序加工的"原料"。例如，一个文字处理程序（如Microsoft Word）的处理对象是字符串，一个数值计算程序的处理对象是整型和浮点型数据。因此，数据的含义非常广泛，如整型、浮点型等数值类型及字符、声音、图像、视频等非数值数据都属于数据范畴。

（2）数据元素

　　数据元素（data element）是数据的基本单位，在计算机程序中通常作为一个整体考虑和处理。一个数据元素可由若干个数据项（data item）组成，数据项是数据不可分割的最小单位。例如，一所学校的教职工基本情况表包括工号、姓名、性别、籍贯、所在院系、出生年月及职称等数据项。教职工基本情况如表1-1所示。表中的一行就是一个数据元素，也称为一条记录。

表1-1　教职工基本情况

工号	姓名	性别	籍贯	所在院系	出生年月	职称
2006002	孙冬平	男	河南	计算机学院	1970.10	教授
2019056	朱琳	女	北京	文学院	1985.08	讲师
2015028	刘晓光	男	陕西	软件学院	1981.11	副教授

（3）数据对象

数据对象（data object）是性质相同的数据元素的集合，是数据的一个子集。例如，对于正整数来说，数据对象是集合N={1，2，3，…}；对于字母字符数据来说，数据对象是集合C={'A'，'B'，'C'，…}。

（4）数据结构

数据结构（data structure）即数据的组织形式，它是数据元素之间存在的一种或多种特定关系的数据元素集合。在现实世界中，任何事物都是有内在联系的，而不是孤立存在的，同样在计算机中，数据元素不是孤立的、杂乱无序的，而是具有内在联系的数据集合。例如，表1-1的教职工基本情况表是一种表结构，学校的组织机构是一种层次结构（图1-1），城市之间的交通路线属于图结构（图1-2）。

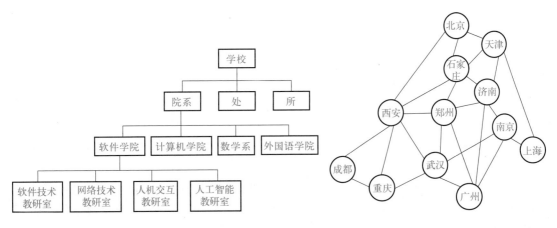

图1-1 学校组织机构图   图1-2 城市之间交通路线图

（5）数据类型

数据类型（data type）用来刻画一组性质相同的数据及其上的操作。数据类型是按照值的不同进行划分的。在高级语言中，每个变量、常量和表达式都有各自的取值范围，该类型就说明了变量或表达式的取值范围和所能进行的操作。在Python语言中，一个英文字符占1个字节，即8位；对于使用UTF-8编码的汉字来说，一个中文字符占3个字节；对于使用GBK编码的汉字来说，一个汉字占2个字节。在相同的字符编码情况下，字符类型决定了它的取值范围，同时也定义了在其范围内可以进行的赋值运算、比较运算等。

在Python语言中，按照数据的构造方法，数据类型可分为两类：内置对象和用户自定义对象。其中，内置对象包括整型、实型、字符串、列表、元组等，用户自定义对象由类定义。例如，顺序队列的结构定义如下：

```python
class Sequeue(object):            # 定义类：顺序队列
    def init_(self):
        self.QueueSize=20         # 定义队列最大长度为20
        self.s=[None for x in range(0,self.QueueSize)]
        self.front =0             # 定义并初始化队头指针
        self.rear=0               # 定义并初始化队尾指针
```

　　随着计算机技术的飞速发展，计算机从最初仅能处理数值信息，发展到现在能处理的对象包括数值、字符、文字、声音、图像及视频等信息。任何信息只要经过数字化处理，能够让计算机识别，都能够进行处理。当然，这需要对要处理的信息进行抽象描述，让计算机理解。

1.2　数据的逻辑结构与存储结构

　　数据结构的主要任务是通过分析数据对象的结构特征，包括逻辑结构及数据对象之间的关系，并把逻辑结构表示成计算机可实现的物理结构，以便设计、实现算法。

1.2.1　逻辑结构

　　数据的逻辑结构（logical structure）是指在数据对象中数据元素之间的相互关系。数据元素之间存在不同的逻辑关系，构成以下4种结构类型。

　　① 集合结构。结构中的数据元素除了同属于一个集合外，数据元素之间没有其他关系。这就像数学中的自然数集合，集合中的所有元素都属于该集合，除此之外，没有其他特性。例如，数学中的正整数集合{5，67，978，20，123，18}，集合中的数除了属于正整数外，元素之间没有其他关系。数据结构中的集合关系类似于数学中的集合。集合表示如图1-3所示。

　　② 线性结构。结构中的数据元素之间是一对一的关系。线性结构如图1-4所示。数据元素之间有一种先后的次序关系。a、b、c是一个线性表（linear list），其中，a是b的前驱，b是a的后继。

　　③ 树形结构。结构中的数据元素之间存在一种一对多的层次关系，树形结构如图1-5所示。这就像学校的组织结构图，学校下面是教学的院系、行政机构及一些研究所。

　　④ 图结构。结构中的数据元素是多对多的关系，图1-6就是一个图结构。城市之间的交通路线图就是多对多的关系，a、b、c、d、e、f、g是7个城市，城市a和城市b、e、f都存在一条直达路线，而城市b也和a、c、f存在一条直达路线。

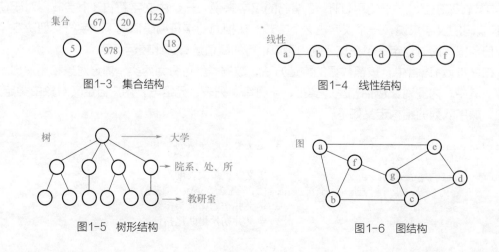

图1-3　集合结构　　　　　　图1-4　线性结构

图1-5　树形结构　　　　　　图1-6　图结构

1.2.2 存储结构

存储结构（storage structure）也称为物理结构（physical structure），指的是数据的逻辑结构在计算机中的存储形式。数据的存储结构应能正确反映数据元素之间的逻辑关系。

数据元素的存储结构形式通常有顺序存储结构和链式存储结构两种。顺序存储是把数据元素存放在一组地址连续的存储单元里，其数据元素间的逻辑关系和物理关系是一致的。采用顺序存储的字符串"abcdef"地址连续的存储结构如图1-7所示。链式存储是把数据元素存放在任意的存储单元里，这组存储单元可以是连续的，也可以是不连续的，数据元素的存储关系并不能反映其逻辑关系，因此需要借助指针来表示数据元素之间的逻辑关系。字符串"abcdef"的链式存储结构如图1-8所示。

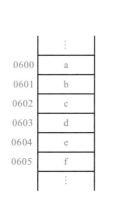

图1-7 顺序存储结构

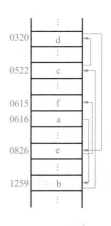

图1-8 链式存储结构

数据的逻辑结构和物理结构是密切相关的，在学习数据结构的过程中，将会发现：任何一个算法的设计取决于选定的数据逻辑结构，而算法的实现则依赖于所采用的存储结构。

如何描述存储结构呢？通常是借助Python/C/C++/Java等高级程序设计语言中提供的数据类型进行描述。例如，对于数据结构中的顺序表可以用Python语言中的列表来表示；对于链表，可用Python语言中的类进行描述，通过引用类型记录元素之间的逻辑关系。

1.3 抽象数据类型及其描述

在数据结构中，我们把一组包含数据类型、数据关系及在该数据上的一组基本操作统称为抽象数据类型。

1.3.1 什么是抽象数据类型

抽象数据类型（abstract data type，ADT）是描述具有某种逻辑关系的数学模型，以及在该数学模型上进行的一组操作。这个抽象数据类型有点类似于C++和Java中的类，例如，Java中的Integer类是基本类型int所对应的封装类，它包含了MAX_VALUE（整数最大值）、MIN_VALUE（整数最小值）等属性，toString(int i)、parseInt(String s)等方法。它们的区别在于，抽象数据类型描述的是一组逻辑上的特性，与在计算机内部如何表示无关；Java中的Integer类是依赖具体实现的，是抽象数据类型的具体化表现形式。

抽象数据类型不仅包括在计算机中已经定义了的数据类型，例如整型、浮点型等，还包括用户自己定义的数据类型，例如结构体类型、类等。

一个抽象数据类型定义了一个数据对象、数据对象中数据元素之间的关系及对数据元素的操作。抽象数据类型通常是指用来解决应用问题的数据模型，包括数据的定义和操作。

抽象数据类型体现了程序设计中的问题分解、抽象和信息隐藏特性。抽象数据类型把实际生活中的问题分解为多个规模小且容易处理的问题，然后建立起一个计算机能处理的数据模型，并把每个功能模块的实现细节作为一个独立的单元，从而使具体实现过程隐藏起来。这就类似人们日常生活中的盖房子，把盖房子分成若干个小任务，即地皮审批、图纸设计、施工、装修等。工程管理人员负责地皮的审批，地皮审批下来之后，工程技术人员根据用户需求设计图纸，建筑工人根据设计好的图纸进行施工（包括打地基、砌墙、安装门窗等），盖好房子后请装修工人装修。

盖房子的过程与抽象数据类型中的问题分解类似，工程管理人员不需要了解图纸如何设计，工程技术人员不需要了解打地基和砌墙的具体过程，装修工人不需要知道怎么画图纸和怎样盖房子，这就是抽象数据类型中的信息隐藏。

1.3.2　抽象数据类型的描述

对于初学者来说，抽象数据类型不太容易理解，用一大堆公式会让不少读者迷茫，因此，本书采用通俗的语言去讲解抽象数据类型。本书把抽象数据类型分为两个部分来描述，即数据对象集合和基本操作集合。其中，数据对象集合包括数据对象的定义及数据对象中元素之间关系的描述；基本操作集合是对数据对象运算的描述。数据对象和数据关系的定义可采用数学符号和自然语言描述，基本操作的定义格式如下。

> 基本操作名（参数表）：初始条件和操作结果描述

例如，集合MySet的抽象数据类型描述如下。

（1）数据对象集合

集合的数据对象为$\{a_1,a_2,\cdots,a_n\}$，每个元素的类型均为 DataType。数据元素互不相同。

（2）基本操作集合

① InitSet (&S)：初始化操作，建立一个空的集合S。这时集合中没有任何元素。

② SetEmpty (S)：若集合S为空，返回 True，否则返回 False。

③ GetSetElem (S,i,&e)：返回集合S的第i个位置元素值给e。

④ LocateElem (S,e)：在集合S中查找与给定值e相等的元素。如果查找成功，返回该元素在表中的序号；否则返回0。

⑤ InsertSet (&S,e)：在集合S中插入一个新元素e。

⑥ DelSet (&S,i,&e)：删除集合S中的第i个位置元素，并用e返回其值。

⑦ SetLength(S)：返回集合S中的元素个数。

⑧ ClearSet(&S)：将集合S清空。

⑨ UnionSet(&S,T)：合并集合S和T，即将T中的元素插入到S中，相同的元素只保留一个。

⑩ DiffSet(&S,T)：求两个集合的差集，即$S-T$，删除S中与T中相同的元素。

⑪ DispSet(S)：输出集合S中的元素。

大多数教材采用以下方式描述抽象数据类型。

```
ADT抽象数据类型名
{
    数据对象：<数据对象的定义>
    数据关系：<数据关系的定义>
    基本操作：<基本操作的定义>
}ADT抽象数据类型名
```

例如，集合的抽象数据类型描述如下。

```
ADT MySet
{
    数据对象：{ai|0≤ai≤n-1,ai∈R}。
    数据关系：无。
    基本操作：
        InitSet(&S)：初始化操作，建立一个空的集合S。
        SetEmpty(S)：若集合S为空，返回True，否则返回False。
        GetSetElem(S,i,&e)：返回集合S的第i个位置元素值给e。
        LocateElem(S,e)：在集合S中查找与给定值e相等的元素，如果查找成功返回该元
素在表中的序号，否则返回0。
        InsertSet(&S,e)：在集合S中插入一个新元素e。
        DelSet(&S,i,&e)：删除集合S中的第i个位置元素，并用e返回其值。
        SetLength(S)：返回集合S中的元素个数。
        ClearSet(&L)：将集合S清空。
        UnionSet(&S,T)：合并集合S和T，即将T中的元素插入到S中，相同的元素只保留一个。
        DiffSet(&S,T)：求两个集合的差集，即S-T，删除S中与T中相同的元素。
        DispSet(S)：输出集合S中的元素。
}ADT MySet
```

其中，基本操作实现如下。

```python
class MySet:                          # 集合的类型定义
    def _init_(self):                 # 集合的初始化
        self.MAXSIZE=100
        self.list=[None]*self.MAXSIZE
        self.length=0
```

```python
    def SetEmpty(self):                           # 判断集合是否为空，若为空，则返回True；否
                                                  #   则，返回False
        if self.length<=0:
            return True
        else:
            return False
    def SetLength(self):                          # 返回集合中元素个数
        return self.length
    def ClearSet(self):                           # 清空集合
        self.length=0


    def InsertSet(self, e):
    # 在集合中插入一个元素e
        if self.length>=self.MAXSIZE-1:
            raise IndexError
        else:
            self.list[self.length]=e
            self.length+=1
            return True
    def DelSet(self, pos):
    # 删除集合中的第pos个元素
        if self.length<=0:
            raise IndexError
          else:
            for i in range(pos-1,self.length-1):
                self.list[i]=self.list[i+1]
            self.length-=1
            return True
    def GetSetElem(self,i):
    # 获取集合中第i个元素赋给e
        if self.length<=0:
            raise IndexError
        elif i<1 and i>self.length:
            raise IndexError
        else:
            e=self.list[i-1]
            return e


     def LocateElem(self,e):                       # 查找集合中元素值为e的元素，返回其序号
        for i in range(1,self.length+1):
            if self.list[i-1]==e:
                return i
        return 0
    def UnionSet(self,S,T):                        # 合并集合S和T
        if S.length+T.length>=S.MAXSIZE:
```

```
            return -1
        else:
            for i in range(1,T.length+1):
                e=T.GetSetElem(i)
                if S.LocateElem(e)==0:
                    S.InsertSet(e)


    def DiffSet(self,S,T):                  # 求集合S和T的差集
        if S.length<=0:
            return -1
        else:
            for i in range(1,T.length+1):
                e=T.GetSetElem(i)
                pos = S.LocateElem(e)
                if pos!=0:
                    S.DelSet(pos)
            return 1
    def DispSet(self):                      # 输出集合中的元素
        for i in range(1,self.length+1):
            print(self.list[i-1],end=' ')
        print()
```

　　需要注意的是，在基本操作的描述过程中，参数传递有两种方式：一种是数值传递，另一种是引用传递。前者仅仅是将数值传递给形参，并不返回结果；后者其实是把实参的地址传递给形参，实参和形参其实是同一个变量，被调用函数通过修改该变量的值返回给调用函数，从而把结果带回。在描述算法时，在参数前加上&表示引用传递；如果参数前没有&，表示是数值传递。

Python

第2章
算法概述

　　我们经常听说"数据结构与算法"，到底数据结构与算法存在什么样的关系？其实，数据结构与算法是紧密联系的，我们很难将数据结构与算法严格分开来讨论。学习数据结构，即数据采用什么方式进行存储表示，主要目的是设计算法，因此，往往是在把要处理的数据抽象表示成合适的数据结构之后，就需要设计合适的算法去解决问题，并且希望这个算法尽可能高效。算法(algorithm)是为了解决某类问题而规定的一个有限长的操作序列，是一系列解决问题的清晰指令，算法代表着用系统的方法描述解决问题的策略机制。也就是说，能够对一定规范的输入，在有限时间内获得所要求的输出。算法时间复杂度和空间复杂度（space complexity）是衡量一个算法优劣的重要指标。

　　学习目标：
- 算法的时间复杂度和空间复杂度定义。
- 算法的时间复杂度和空间复杂度分析。

2.1　算法的相关概念

　　在定义好了数据类型之后，就要在此基础上设计实现算法，即程序。本节介绍数据结构与算法的关系、算法的定义、算法的特性、算法的描述方式。

2.1.1　数据结构与算法的关系

　　算法与数据结构关系密切，两者既有联系又有区别。数据结构与算法的联系可用一个公式描述：

程序=算法+数据结构

　　数据结构是算法实现的基础，算法依赖于某种数据结构才能实现。算法的操作对象是数据结构。算法的设计和选择要同时结合数据结构，只有确定了数据的存储方式和描述方式，即数据结构确定了之后，算法才能确定，例如，在数组和链表中查找元素值的算法实现不同。算法设计的实质是为实际问题要处理的数据选择一种恰当的存储结构，并在选定的存储结构上设计一个好的算法。

　　数据结构是算法设计的基础。比如要装修房子，装修房子的设计就相当于算法设计，而如何装修房子是要看房子的结构设计，不同的房间结构，其装修设计是不同的，只有确定了房间结构，才能进行房间的装修设计。房间的结构就像数据结构。算法设计必须要考虑到数据结构的构造，算法设计是不可能独立于数据结构而存在的。数据结构的设计和选择需要为算法服务，根据数据结构及其特点进行设计，才能设计出好的算法。

　　数据结构与算法相辅相成，不是相互孤立存在的。数据结构关注的是数据的逻辑结构、存储结构以及基本操作，而算法更多的是关注如何在数据结构的基础上设计解决实际问题的方法。算法是编程思想，数据结构则是为了算法实现方便而提供的存储结构及基本操作，是算法设计的基础。

2.1.2　什么是算法

算法是解决特定问题求解步骤的描述，在计算机中表现为有限的操作序列。操作序列包括了一组操作，每一个操作都完成特定的功能。例如求 n 个数中最大者的问题，其算法描述如下。

①　定义一个列表对象 a 并赋值，用列表中第一个元素初始化 max，初始时，假定第一个数最大。

```
a=[30,50,10,22,67,90,82,16]
max=a[0]
```

②　依次把列表 a 中其余的 $n-1$ 个数与 max 进行比较，遇到较大的数时，将其赋给 max。

```
for i in range(len(a)):          # for循环处理
        if max<a[i]:             # 判断是否满足max小于a[i]的条件
            max=a[i]             # 如果满足条件，将a[i]赋值给max
  print("max=:",max)
```

最后，max 中的数就是 n 个数中的最大者。

2.1.3　算法的五大特性

①　有穷性（finiteness）。有穷性指的是算法在执行有限的步骤之后自动结束而不会出现无限循环，并且每一个步骤在可接受的时间内完成。

②　确定性（definiteness）。算法的每一步骤都具有确定的含义，不会出现二义性。算法在一定条件下只有一条执行路径，也就是相同的输入只能有一个唯一的输出结果。

③　可行性（feasibility）。算法的每个操作都能够通过执行有限次基本运算完成。

④　输入（input）。算法具有零个或多个输入。

⑤　输出（output）。算法至少有一个或多个输出。输出的形式可以是打印输出，也可以是返回一个或多个值。

2.1.4　算法的描述

算法的描述方式有多种，如自然语言、伪代码（或称为类语言）、程序流程图及程序设计语言（如 C 语言）等。其中，自然语言描述可以是汉语或英语等文字描述；伪代码形式类似于程序设计语言形式，但是不能直接运行；程序流程图的优点是直观，但是不易直接转化为可运行的程序；采用程序设计语言描述算法就是直接利用 Python、C、C++、Java 等语言表述，优点是可以直接在计算机上运行。

例如判断正整数 m 是否为质数，算法可用以下几种方式描述。

（1）自然语言描述法

利用自然语言描述"判断 m 是否为质数"的算法如下。

① 输入正整数m，令$i=2$。

② 如果$i \leqslant \sqrt{m}$，则令m对i求余，将余数送入中间变量r；否则输出"m是质数"，算法结束。

③ 判断r是否为零。如果为零，输出"m不是质数"，算法结束；如果r不为零，则令i增加1，转到步骤②执行。

（2）程序流程图法

判断m是否为质数的程序流程图如图2-1所示。不难看出，采用自然语言描述算法的直观性和可读性（readability）不强；采用程序流程图描述算法比较直观，可读性好，但缺点是不能直接转化为计算机程序，移植性不好。

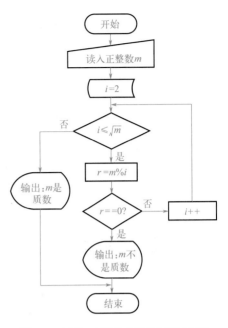

图2-1 判断m是否为质数的程序流程图

（3）类语言法

类C语言描述如下。

```
void IsPrime()
/*判断m是否为质数的函数*/
{
    scanf(m);                          /*输入正整数m*/
    for(i=2;i<=sqrt(m);i++)            /*for循环处理*/
    {
        r=m%i;                         /*求余数*/
        if(r==0)                       /*如果m能被整除*/
        {
            printf("m不是质数!");       /*输出信息*/
            break;                     /*程序结束*/
        }
    }
    printf("m是质数! ");                /*输出信息*/
}
```

（4）程序设计语言法

Python语言描述如下。

```
import numpy as np
def IsPrime():                                   # 判断m是否为质数
        flag=True
        m=int(input('请输入一个正整数：'))        # 输入正整数m
        for i in range(2,int(np.sqrt(m))+1):     # for循环处理
            r=m%i                                # 求余
            if r==0:                             # 如果m能被整除
```

```
                flag=False
                break                           # 程序结束
        if flag==True:
            print('%d是质数!'%m )                # 输出信息
        else:
            print('%d不是质数!'%m )              # 输出信息
```

可以看出，类语言的描述除了没有变量的定义，以及输入和输出的写法之外，与程序设计语言的描述差别不大，类语言的描述能直接转化为可以直接运行的计算机程序。

本书所有算法均采用Python语言描述，所有程序均可直接上机运行。

2.2　算法分析

一个好的算法往往可以使程序尽可能快地运行，衡量一个算法的好坏往往是将算法效率和存储空间作为重要依据。算法的效率需要通过算法思想编写的程序在计算机上的运行时间来衡量，存储空间需求通过算法在执行过程中所占用的最大存储空间来衡量。本节主要介绍算法设计的目标、算法效率评价、算法的时间复杂度及算法的空间复杂度。

2.2.1　算法设计的4个目标

一个好的算法应该具备以下目标。

（1）算法的正确性（correctness）

算法的正确性是指算法至少应该包括对于输入、输出和处理无歧义性的描述，能正确反映问题的需求，且能够得到问题的正确答案。

通常算法的正确性应包括以下4个层次。

① 算法对应的程序没有语法错误。

② 对于几组输入数据能得到满足规格要求的结果。

③ 对于精心选择的典型的、苛刻的且带有刁难性的几组输入数据能得到满足规格要求的结果。

④ 对于一切合法的输入都能得到满足要求的结果。

对于这4层算法正确性的含义，达到第4层意义上的正确是极为困难的，所有不同输入数据的数量大得惊人，逐一验证的方法是不现实的。一般情况下，我们把层次3作为衡量一个程序是否正确的标准。

（2）可读性

算法主要是为了方便人们阅读和交流，其次才是计算机执行。可读性好有助于人们对算法的理解，晦涩难懂的程序往往隐含错误不易被发现，难以调试和修改。

（3）健壮性（robustness）

当输入数据不合法时，算法也应该能做出反应或进行处理，而不会产生异常或莫名其妙地输出结果。例如，求一元二次方程根$ax^2+bx+c=0$的算法，需要考虑多种情况，先判断b^2-4ac的正负。如果为正数，则该方程有两个不同的实根；如果为负数，则该方程无实根；如果为零，表明该方程只有一个实根。如果$a=0$，则该方程又变成了一元一次方程，此时若$b=0$，还要处理除数为零的情况。如果输入的a、b、c不是数值型，还要提示用户输入错误。

（4）高效率和低存储量（high efficiency and low storage）

效率指的是算法的执行时间。对于同一个问题，如果有多个算法能够解决，执行时间短的算法效率高，执行时间长的效率低。存储量需求指算法在执行过程中需要的最大存储空间。高效率与低存储量需求都与问题的规模有关，求100个人的平均分与求1000个人的平均分所花的执行时间和运行空间显然有一定差别。设计算法时应尽量选择高效率和低存储量需求的算法。尽管现在的计算机运行效率和存储空间已经有显著提升，但对每天呈几何级增长的数据量来说，仍然需要设计高效的算法。

2.2.2　算法效率评价

算法执行时间需依据该算法编制的程序在计算机上运行时所耗费的时间来度量，而度量一个算法在计算机上的执行时间通常有如下两种方法。

（1）事后统计方法

目前计算机内部大都有计时功能，有的甚至可精确到毫秒级，不同算法的程序可通过一组或若干组相同的测试程序和数据以分辨算法的优劣。但是这种方法有两个缺陷：一是必须依据算法事先编制好程序，这通常需要花费大量的时间与精力；二是时间的长短依赖计算机硬件和软件等环境因素，有时会掩盖算法本身的优劣。因此，人们常常采用事前分析估算的方法评价算法的好坏。

（2）事前分析估算方法

这主要是在计算机程序编制前，对算法依据数学中的统计方法进行估算。这主要是因为算法的程序在计算机上的运行时间取决于以下因素。

① 算法采用的策略、方法。

② 编译产生的代码质量。

③ 问题的规模。

④ 书写的程序语言。对于同一个算法，语言级别越高，执行效率越低。

⑤ 机器执行指令的速度。

在以上5个因素中，算法采用不同的策略，或不同的编译系统，或不同的语言实现，或在不同的机器运行时，效率都不相同。抛开以上因素，算法效率则可以通过问题的规模来衡量。

一个算法由控制结构（顺序结构、分支结构和循环结构）和基本语句（赋值语句、声明语句和输入输出语句）构成，则算法的运行时间取决于两者执行时间的总和，所有语句执行次数可以作为语句执行时间的度量。语句的重复执行次数称为语句频度（frequency count）。

例如，斐波那契数列的算法和语句的频度如下。

	# 每一条语句的频度	
`n=10`		
`f0=0`	# 赋值	1
`f1=1`	# 赋值	1
`print('%d,%d'%(f0,f1),end='')`	# 输出前两项	1
`for i in range(n):`	# for循环处理	n
`    fn=f0+f1`	# fn=f0+f1	n-1
`    print(',%d'%fn,end='')`	# 输出其他项	n-1
`    f0=f1`	# 赋值f0=f1	n-1
`    f1=fn`	# 赋值f1=fn	n-1

每一条语句的右端是对应语句的频度，即语句的执行次数。上面算法总的执行次数为 $T(n)=1+1+1+n+4(n-1)=5n-1$。

2.2.3　算法的时间复杂度

算法分析的目的是看设计的算法是否具有可行性，并尽可能挑选运行效率高的算法。

（1）什么是算法时间复杂度

在进行算法分析时，语句总的执行次数 $T(n)$ 是关于问题规模 n 的函数，进而分析 $T(n)$ 随 n 的变化情况并确定 $T(n)$ 的数量级。算法的时间复杂度，也就是算法的时间量度，记作 $T(n)=O(f(n))$。

它表示随问题规模 n 的增大，算法执行时间的增长率和 $f(n)$ 的增长率相同，称作算法的渐进时间复杂度（asymptotic time complexity），简称为时间复杂度。其中，$f(n)$ 是问题规模 n 的某个函数。

一般情况下，随着 n 的增大，$T(n)$ 增长较慢的算法为最优的算法。例如，在下列三段程序段中，给出基本操作 $x=x+1$ 的时间复杂度分析。

```
① x=x+1
② for i in range(1,n+1):
     x=x+1
③ for i in range(1,n+1):
     for j in range(1,n+1):
         x=x+1
```

程序段①的时间复杂度为 $O(1)$，称为常量阶；程序段②的时间复杂度为 $O(n)$，称为线性阶；程序段③的时间复杂度为 $O(n^2)$，称为平方阶。此外算法的时间复杂度还有对数阶 $O(\log_2 n)$、指数阶 $O(2^n)$ 等。

上面的斐波那契数列的时间复杂度 $T(n)=O(n)$。

常用的时间复杂度所耗费的时间从小到大依次是 $O(1)<O(\log_2 n)<O(n)<O(n^2)<O(n^3)<O(2^n)<O(n!)$。

算法的时间复杂度是衡量一个算法好坏的重要指标。一般情况下，具有指数级的时间复杂度算法只有当n足够小时才是可使用的算法。具有常量阶、线性阶、对数阶、平方阶和立方阶的时间复杂度算法是常用的算法。一些常见函数的增长率如图2-2所示。

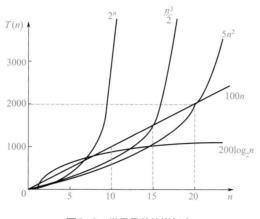

图2-2 常见函数的增长率

一般情况下，算法的时间复杂度只需要考虑关于问题规模n的增长率或阶数。例如以下程序段。

```
for i in range(2,n+1):              # for外层循环
    for j in range(2,i):            # for内层循环
        k=k+1                       # k自增1
        a[i][j]=k                   # k赋值给列表a[i][j]
```

语句"k=k+1"的执行次数关于n的增长率为n^2，它是语句频度$(n-1)(n-2)/2$中增长最快的项。

在某些情况下，算法基本操作的重复执行次数不仅依赖于输入数据集的规模，还依赖于数据集的初始状态。例如，在以下的冒泡排序算法中，其基本操作执行次数还取决于数据元素的初始排列状态。

```
def BubbleSort(a,n):                # 冒泡排序
    change=True                     # 变量change赋值为True
    for i in range(n-1):            # for外层循环处理
        if change==True:
            change=False            # 变量change赋值为False
            for j in range(n-i-1):  # for内层循环处理
                if a[j]>a[j+1]:      # 判断，冒泡排序算法实现
                 # 比较两个元素，如果它们的顺序错误，就将它们交换过来
                    t=a[j]
                    a[j]=a[j+1]
                    a[j+1]=t
                    change=True     # 变量change赋值为True
```

交换相邻两个整数为该算法中的基本操作。当数组a中的初始序列为从小到大有序排列时，基本操作的执行次数为0；当数组中初始序列从大到小排列时，基本操作的执行次数为$n(n-1)/2$。对这类算法的分析，一种方法是计算所有情况的平均值，这种时间复杂的计算方

法称为平均时间复杂度；另外一种方法是计算最坏情况下的时间复杂度，这种方法称为最坏时间复杂度。若数组a中初始输入数据可能出现$n!$种的排列情况的概率相等，则冒泡排序的平均时间复杂度为$T(n)=O(n^2)$。

然而，在很多情况下，各种输入数据集出现的概率难以确定，算法的平均复杂度也就难以确定。因此，另一种更可行也更为常用的办法是讨论算法在最坏情况下的时间复杂度，即分析最坏情况以估算算法执行时间的上界。例如，上面冒泡排序的最坏时间复杂度为数组a中初始序列为从大到小有序，则冒泡排序算法在最坏情况下的时间复杂度为$T(n)=O(n^2)$。一般情况下，本书后面讨论的时间复杂度，在没有特殊说明情况下，都指的是最坏情况下的时间复杂度。

（2）算法时间复杂度分析举例

一般情况下，算法的时间复杂度只需要考虑算法中的基本操作，即算法中最深层循环体内的操作。

【例2-1】 分析以下程序段的时间复杂度。

```python
for i in range(1,n):
    for j in range(1,i):
        x=x+1                # 基本操作
        a[i][j]=x            # 基本操作
```

该程序段中的基本操作是第二层for循环中的语句，即"x=x+1"和"a[i][j]=x"，其语句频度为$(n-1)(n-2)/2$。因此，其时间复杂度为$O(n^2)$。

【例2-2】 分析以下算法的时间复杂度。

```python
def Fun( ):
    i=1
    while i<=n:
        i=i*2                # 基本操作
```

该函数Fun()的基本运算是"i=i*2"，设语句频度为$f(n)$，则$2^{f(n)} \leqslant n$，则有$f(n) \leqslant \log_2 n$。因此，时间复杂度为$O(\log_2 n)$。

【例2-3】 分析以下算法的时间复杂度。

```python
def Func():
    i=0
    s=0
    while s<n:
        i=i+1                # 基本操作
        s+=i                 # 基本操作
```

该算法中的基本操作是while循环中的语句，设while循环次数为$f(n)$，则变量"i"从0到$f(n)$，因此循环次数为$f(n) \times [f(n)+1]/2 \leqslant n$，则$f(n) \leqslant \sqrt{8n}$，故时间复杂度为$O(\sqrt{n})$。

【例2-4】 一个算法所需时间由以下递归方程表示，分析算法的时间复杂度。

$$T(n)=\begin{cases} 1 & n=1 \\ 2T(n-1)+1 & n>1 \end{cases}$$

根据以上递归方程，可得

$$T(n)=2T(n-1)+1=2[2T(n-2)+1]+1=2^2 \times T(n-2)+2+1$$
$$=2^2[2T(n-3)+1]+2+1$$
$$=\cdots$$
$$=2^{k-1}[2T(n-k)+1]+2^{k-2}+\cdots+2+1$$
$$=\cdots$$
$$=2^{n-2}[2T(1)+1]+2^{n-3}+\cdots+2+1$$
$$=2^{n-1}+\cdots+2+1$$
$$=2^n-1$$

因此，该算法的时间复杂度为$O(2^n)$。

2.2.4 算法的空间复杂度

空间复杂度作为算法所需存储空间的量度，记作$S(n)=O(f(n))$。其中，n为问题的规模，$f(n)$为语句关于n的所占存储空间的函数。一般情况下，一个程序在机器上执行时，除了需要存储程序本身的指令、常数、变量和输入数据外，还需要存储对数据操作的存储单元。若输入数据所占空间只取决于问题本身，和算法无关，这样只需要分析该算法在实现时所需的辅助单元即可。若算法执行时所需的辅助空间相对于输入数据量而言是个常数，则称此算法为原地工作，空间复杂度为$O(1)$。

【例2-5】 以下是一个简单插入排序算法，分析算法的空间复杂度。

```
for i in range(n-1):
    t=a[i+1]
    j=i
    while j>=0 and t<a[j]:
        a[j+1]=a[j]
        j=j-1
    a[j+1]=t
```

该算法借助了变量"t"，与问题规模n的大小无关，空间复杂度为$O(1)$。

【例2-6】 以下算法是求n个数中的最大者，分析算法的空间复杂度。

```
def FindMax(a, n):
    if n<=1:
        return a[0]
    else:
        m=FindMax(a,n-1)
    return a[n-1] if a[n-1]>=m else m
```

设FindMax(a,n)占用的临时空间为$S(n)$，由以上算法可得到以下占用临时空间的递推式。

$$S(n)=\begin{cases} 1 & n=1 \\ S(n-1)+1 & n>1 \end{cases}$$

则有$S(n)=S(n-1)+1=S(n-2)+1+1=\cdots=S(1)+1+1+\cdots+1=O(n)$。因此，该算法的空间复杂度为$O(n)$。

Python

第3章
数据结构与算法的语言基础——Python语言

3.1 Python语言开发环境

Python作为当下热门的编程语言，简单易学、功能强大，具有丰富的类库，是数据挖掘、科学计算、图像处理、人工智能的首选开发语言，目前也成为计算机相关专业必学的一门语言，非计算机专业已将Python语言作为首选的高级程序设计语言。本节主要讲解Python开发环境、基本语法及输入输出、列表、元组等常见的对象、函数与类。

PyCharm、Anaconda、VSCode是Python常见的开发环境，其中Anaconda包含了Python常用的库，自带有Jupyter NoteBook、Spyder开发工具，且具有强大的版本管理功能，对不同版本工具包的安装有很好的支持。本书推荐安装Anaconda 3和PyCharm。

Spyder是一款强大的交互式 Python 语言开发工具，提供高级的代码编辑、交互测试、调试等特性，支持Windows、Linux 等系统，它主要用于数据科学领域，具有高级编辑、分析、数据可视化和调试等功能，开发界面设计类似于MATLAB。Spyder开发环境如图3-1所示。

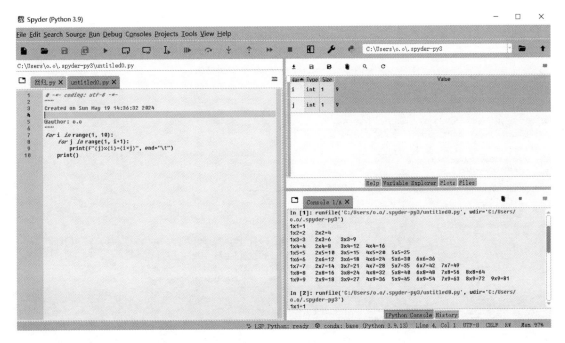

图3-1 Spyder开发环境

Jupyter NoteBook以网页的形式呈现，可在网页页面中直接编写代码和运行代码，代码的运行结果会在页面上显示。Jupyter NoteBook具有语法高亮、缩进、tab补全的功能，可直接通过浏览器运行代码，以HTML、LaTeX、PNG、SVG等富媒体格式展示计算结果，支持使用LaTeX编写数学性说明。Jupyter NoteBook开发环境如图3-2所示。

PyCharm是由著名的软件开发公司JetBrains专门为Python开发人员打造的一款功能强大的Python集成开发环境，它包含智能提示、语法高亮、程序调试、Project管理、代码跳转、版本控制等功能。PyCharm支持使用Django框架及Flask框架进行Web开发，目前已成为Python初学者和专业开发人员首选开发工具。PyCharm开发环境如图3-3所示。

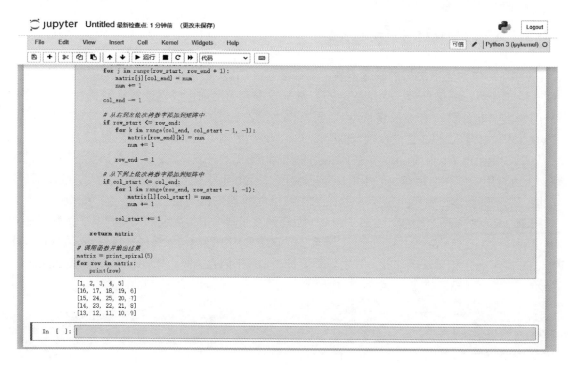

图3-2　Jupyter NoteBook开发环境

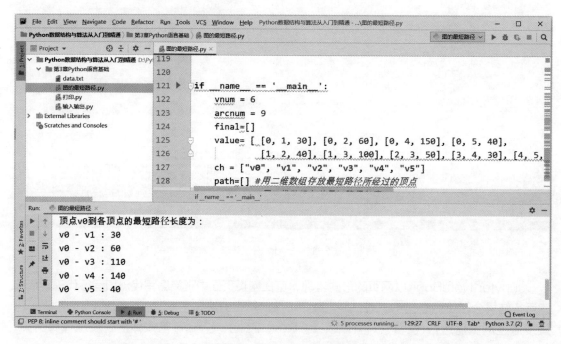

图3-3　PyCharm开发环境

在安装了Anconda之后，需要用到其他包时，可通过conda install命令安装相应的包，也可以直接在PyCharm环境中根据包的安装提示单击右键进行安装。

3.2 Python基本语法及输入输出

Python是一种面向对象的程序设计语言，拥有int、float、byte、bool等基本数据类型，以及list（列表）、tuple（元组）、dict（字典）等功能强大、使用灵活的序列类型。

3.2.1 基本语法

在Python语言中，不需要像Java、C++、C语言那样，在使用变量前必须定义该变量名，而是可以直接使用。Python根据赋值确定该变量的类型。

```python
# 计算前n个数的和
sum=0
for i in range(11):
    sum+=i
print("sum=",sum)
```

程序运行结果如下：

```
sum=55
```

在Python语言中，有严格的代码缩进规定，同一层次的代码缩进必须一致，Python通过代码缩进来区分代码段的层次关系。对于选择结构、循环结构、函数定义、类定义及with语句块等结构，行尾的冒号和缩进表示下一个代码段的开始，缩进结束表示代码段的结束。同一个代码段中同一层次的代码段缩进量必须相同。

① range()函数的作用是返回一个迭代对象，其语法格式如下：

```python
range(start, stop[, step])
```

其中，start表示开始的计数值，默认是从0开始。例如，range(5)等价于range(0,5)；stop表示结束的计数值，但不包括stop自身。例如，range(0,5)表示[0, 1, 2, 3, 4]；step表示步长，默认为1。例如，range(0,5)与range(0, 5, 1)等价。

② in是成员测试运算符，用于测试一个对象是否是另一个对象中的元素。例如：

```python
#成员测试
flag=5 in [1,2,3,4,5]
print(flag)
  for i in (10,11,12,13,14):
    print(i,end=' ')
```

程序运行结果如下：

```
True
10 11 12 13 14
```

③ map()函数根据提供的函数对指定序列进行映射，其语法格式如下：

```
map(function, iterable, ...)
```

其中，参数function表示函数；参数iterable表示序列，可以为多个序列。该函数的作用是将序列作用于function上，即序列中每一个元素调用function函数，返回由返回值构成的新列表。例如：

```
# 计算每个数的平方
x=[1,2,3,4,5]
res=map(lambda i:i**2,x)
print(list(res))
```

程序运行结果如下：

```
[1, 4, 9, 16, 25]
```

其中，"lambda i:i**2"为匿名函数。Python使用lambda来创建匿名函数。

```
def div2(x):                # 函数定义，将x除以2
    return x/2
def sum(x,y) :              # 函数定义，求两个数的和
    return x+y
print(list(map(div2, [10,20,30,40,50])))           # 将列表中各元素除以2
print(list(map(sum, [1,2,3,4,5],[6,7,8,9,10])))    # 计算两个列表中对应元素之和
```

程序运行结果如下：

```
[5.0, 10.0, 15.0, 20.0, 25.0]
[7, 9, 11, 13, 15]
```

3.2.2　输入与输出

（1）输入

在Python中，通过input()函数和print()函数进行数据的输入和输出，与C语言、Java语言相比，其书写更加简洁、方便。input()函数的一般格式如下：

```
name=input(['输入的提示字符串'])
```

输入的提示字符串可省略。当用户按下回车键后输入完成，输入的所有内容会赋给name变量。若输入的是多个数据，可通过split()函数分隔开。

```
id,name,score=input('请输入学号、姓名、成绩:').split()
print('学号:',id,'姓名:',name,'成绩:',score)
```

程序运行结果如下：

```
请输入学号、姓名、成绩:201 刘艳 93
学号: 201 姓名: 刘艳 成绩: 93
```

split()函数的作用是拆分字符串。通过指定分隔符对字符串进行切片，并返回分割后的字符串列表。以上代码中，将输入的"201 刘艳 93"以空格符为分隔符划分为201、刘艳、93三个字符串，分别赋给id、name、score。

若要计算几个学生的平均成绩，则还需要将分割得到的字符串转换为数值型数据，再求平均值。

```python
average=0.0
n=3
for i in range(n):
    id,name,score=input('请输入学号、姓名、成绩:').split()
    average+=float(score)
average/=n
print('平均成绩:',average)
```

程序运行结果如下：

```
请输入学号、姓名、成绩:102 刘蓓 92
请输入学号、姓名、成绩:106 胡晓燕 89
请输入学号、姓名、成绩:122 吴文辉 86
学号: 平均成绩: 89.0
```

（2）输出

print()函数的作用是输出信息到控制台或指定文件中，函数的一般语法格式如下：

```python
print(value1,value2,…,sep=' ',
end='\n',file=sys.stdout,flush=False)
```

在Python中，print()函数支持多种格式化选项，可让输出结果更加灵活、美观。常见的格式化说明符有：

① %s：字符串。
② %d：整数。
③ %f：浮点数。

可将这些格式化说明符插入print()函数中，然后再增加输出的参数。例如：

```python
book_name = "Data Structure"
price = 59.0
print("The price of %s is %.2f yuan." % (book_name, price))
```

程序运行结果如下：

```
The price of Data Structure is 59.00 yuan.
```

用sep参数可对print()括号中多项内容进行分隔。

```python
print('张开手需要多大的勇气', '这片天你我一起撑起','更努力只为了我们想要的明天',
sep=',')
print('老当益壮','宁移白首之心','穷且益坚','不坠青云之志',sep='')
```

程序运行结果如下：

```
张开手需要多大的勇气,这片天你我 一起撑起,更努力只为了我们想要的明天
老当益壮 宁移白首之心 穷且益坚 不坠青云之志
```

end参数默认为"\n"（换行符），如果想在print()函数输出之后输出别的字符串，可以重设end参数。

```
a='Love'
for i in range(len(a)):
    print(a[i])
```

程序运行结果如下：

```
L
o
v
e
```

若想在同一行输出这些字符，可设置end参数为"end=''"。

```
for i in range(len(a)):
    print(a[i],end='')
```

程序运行结果如下：

```
Love
```

九九乘法表的代码如下：

```
for i in range(1, 10):
    for j in range(1, i + 1):
        print('{}*{}={}'.format(j, i, i * j), end=' ')
    print()
```

程序运行结果如下：

```
1*1=1
1*2=2 2*2=4
1*3=3 2*3=6 3*3=9
1*4=4 2*4=8 3*4=12 4*4=16
1*5=5 2*5=10 3*5=15 4*5=20 5*5=25
1*6=6 2*6=12 3*6=18 4*6=24 5*6=30 6*6=36
1*7=7 2*7=14 3*7=21 4*7=28 5*7=35 6*7=42 7*7=49
1*8=8 2*8=16 3*8=24 4*8=32 5*8=40 6*8=48 7*8=56 8*8=64
1*9=9 2*9=18 3*9=27 4*9=36 5*9=45 6*9=54 7*9=63 8*9=72 9*9=81
```

默认情况下，print()将数据输出到标准控制台上，通过设置file参数，可将数据输出到文件中。

```
f = open("data.txt", "w")
print("Hello world!",file=f)
f.close()
f = open("data.txt", "r")
content = f.read()
print(content)
f.close()
```

程序运行结果如下：

```
Hello world!
```

3.3 Python列表、元组、字典、集合

为了数据处理方便，Python提供了列表、元组、字典、字符串、集合等类型，这些数据类型统称为序列。序列可以存放多个值，还提供了灵活的操作，例如列表推导式、切片操作等。

3.3.1 列表

列表是一种可变序列，用于存储若干元素，其地址空间是连续的，类似于Java、C++中的数组。在Python中，同一列表中的元素类型可以不相同，可同时包含整数、浮点数、布尔值、字符串等基本类型，也可以是列表、元组、字典、集合及自定义数据类型。例如：

```
x=[1,2,'a',"b","abc",23.56,(10,20,30),[60,70,80]]
    for i in x:
        print(i)
```

程序运行结果如下：

```
1
2
a
b
abc
23.56
(10, 20, 30)
[60, 70, 80]
```

通过下标可直接对列表中的元素进行访问，列表中第一个元素的下标为0。例如：

```
x=[1,2,'a',"b","abc",23.56]
for i in range(len(x)):
    print(x[i],end=' ')
```

程序运行结果如下:

```
1 2 a b abc 23.56
```

len()函数的作用是求列表的长度,在这里的返回值为6。

除此之外,还可以动态地往列表中添加、删除元素。添加的方法有使用+、append()、extend()、insert()等,删除的方法有使用remove()、del、pop()等。例如:

```
x=[1,2,3]
x=x+[5]
print(x)
x.append(10)
print(x)
x.extend([10,20,30])
print(x)
x.insert(5,100)
print(x)
x.remove(20)
print(x)
print(x.pop())
print(x)
```

程序运行结果如下:

```
[1, 2, 3, 5]
[1, 2, 3, 5, 10]
[1, 2, 3, 5, 10, 10, 20, 30]
[1, 2, 3, 5, 10, 100, 10, 20, 30]
[1, 2, 3, 5, 10, 100, 10, 30]
30
[1, 2, 3, 5, 10, 100, 10]
```

代码中,x.insert(5,100)表示在列表x的第5个位置插入元素100,x.pop()表示将列表x中的最后一个元素删除。

Python与Java、C++语言最大的区别就是序列的切片操作,列表、元组、字符串、range对象都支持切片操作。切片由两个冒号分隔的3个数字组成,其语法格式为:

```
[start:stop:step]
```

start表示切片的开始位置;stop表示切片的结束位置,但不包含该结束位置;step表示步长(默认为1),当步长省略时,最后一个冒号也可以省略。例如:

```
m=[10,20,30,40,50,60]
print(m[2:len(m)])
print(m[::])
print(m[::-1])
```

程序运行结果如下：

```
[30, 40, 50, 60]
[10, 20, 30, 40, 50, 60]
[60, 50, 40, 30, 20, 10]
```

当步长为负数时，表示从右往左切片。

在数据处理过程中，经常会遇到嵌套列表，如果要取嵌套列表中的某一行元素或某一列元素，则需要列表推导式。例如：

```
a=[[1,2,3],[4,5,6]]
print(a[0])              # 取一行
#print(a[:,0])           # 这样写会产生错误TypeError: list indices must be
                            integers or slices, not tuple
b=[x[0] for x in a]      # 取嵌套列表中的第1列元素
print(b)
```

程序运行结果如下：

```
[1, 2, 3]
[1, 4]
```

列表推导式的语法格式为：

```
[express for variable in iterable if condition]
```

3.3.2　元组

元组与列表类似，其区别在于元组是不可变的序列。元组支持元素引用，但不支持修改、增加与删除操作。

```
a=(1,2,3,4,5)        #创建元组a
print(a)
for i in a:
    print(i,end=' ')
```

程序运行结果如下：

```
(1, 2, 3, 4, 5)
1 2 3 4 5
```

zip()函数可将多个可迭代对象按照相应位置上的元素组合为元组，然后返回由这些元组组成的zip对象。如果各个迭代器的元素个数不一致，则返回列表长度与最短的对象相同。与列表类似，若对多个元素操作，可采用生成器表达式。例如：

```
a=('name','age','grade','tel')
b=('张三',25,'大三',13125328970)
```

```
for i,j in zip(a,b):
    print(i,j,end=';')
c=(i*2 for i in range(10))
print(tuple(c))
```

程序运行结果如下：

```
name 张三;age 25;grade 大三;tel 13125328970;
(0, 2, 4, 6, 8, 10, 12, 14, 16, 18)
```

3.3.3　字典

字典是由若干"键-值"对构成的无序序列，字典中每个元素由两部分组成：键和值。其中，键的取值可以是任意不变的数据类型，如整数、浮点数、字符串、元组等，但不能是列表、字典、集合等可变的数据类型；并且，键中的元素不能相同，值可以相同。

```
key=['101','102','103','104','105']
value=[10,9,8,7,6]
dic=dict(zip(key,value))
print(dic)
print(dic['102'])
dic['106']=10
dic['101']=5
for i,j in dic.items():
    print(i,j,sep=':')
```

程序运行结果如下：

```
{'101': 10, '102': 9, '103': 8, '104': 7, '105': 6}
9
101:5
102:9
103:8
104:7
105:6
106:10
```

字典的引用、添加和修改可通过"键"进行。如果字典中不存在相应的键，当为该键赋值时，就会将该键和值添加到字典中；如果字典中存在该键，则将用新的值替换原来的值。字典中的items()方法可返回字典中的"键-值"对，keys()方法返回的是字典中元素的"键"，values()方法返回的是字典中元素的"值"。

3.3.4　集合

集合也是一个无序的可变序列，同一个集合中的对象不能重复出现，这与数学中的集合具有同样的性质。集合运算包括并集、交集、差集和子集等。例如：

```
x=set(range(10))
y={-1,-2,-3,5,6}
z=x|y          # 并集
print("x=",x)
print("y=",y)
print("并集操作：",z)
z=x&y          # 交集
print("交集操作：",z)
z=x-y          # 差集
print("差集操作：",z)
z.pop(0)
print(z)
z.remove(3)
print(z)
```

程序运行结果如下：

```
x= {0, 1, 2, 3, 4, 5, 6, 7, 8, 9}
y= {5, 6, -2, -3, -1}
并集操作： {0, 1, 2, 3, 4, 5, 6, 7, 8, 9, -1, -3, -2}
交集操作： {5, 6}
差集操作： {0, 1, 2, 3, 4, 7, 8, 9}
{1, 2, 3, 4, 7, 8, 9}
{1, 2, 4, 7, 8, 9}
```

3.4　函数与类

3.4.1　函数

Python中的函数定义是以def 关键词为开头的，后面是函数名称和圆括号，圆括号后面要加一个冒号，表示函数声明结束。圆括号内是传递的参数列表。

函数体中的语句以缩进格式书写，函数是否有返回值是根据函数体内部是否有return语句决定的。如果有return语句，则表示该函数有返回值；否则表示没有返回值。

例如，求列表中最大值元素和最小值元素的下标函数定义如下：

```
def max_min_value(mylist):          # 定义函数
    return mylist.index(max(mylist)),mylist.index(min(mylist))
# 调用函数
mylist = [36, 16, 33, 52, 68, 100, 70, 85, 6, 75]
max_min=max_min_value(mylist)
print('最大值元素下标和最小值元素下标: ',max_min)
```

输出结果如下：

```
最大值元素下标和最小值元素下标: (5, 8)
```

该函数返回最大值和最小值元素所在下标构成的元组。Python允许返回多个值，多个元素的返回值类型可以不一样。

```python
def find(table,e):
    for i in range(len(table)):
        if table[i]==e:
            return True,i
        else:
            return False,None

mylist = [36, 16, 33, 52, 68, 100, 70, 85, 6, 75]
flag,value=find(mylist,85)
print(flag,value)
```

程序运行结果如下：

```
True 7
```

3.4.2 类

Python是一门面向对象的程序设计语言，在一个模块功能较多且考虑到系统的可维护性和可复用性时，选择类来管理更为合适。下面是一个矩形类的定义。

```python
# 定义一个矩形类
class Rectangle:
    def _init_(self, width, height):
        self.width = width
        self.height = height

    def area(self):
        return self.width * self.height
```

其中，class是关键字；Rectangle是类名，类的头部声明以冒号结束，下面就是类体。Python中类的构造方法名字是_init_()，主要是对类中的实例变量width和height进行初始化。area()是成员方法，用于求矩形的面积。在类的定义中，每个方法在声明时，第一个参数必须是self，从第二个参数开始是用于接收其他方法调用时传递的参数值。

创建矩形类对象并调用成员方法area()的方法如下：

```python
# 创建一个矩形对象并调用它的area()方法
rectangle = Rectangle(6, 9)
print("矩形的面积为:", rectangle.area())
```

运行程序会输出结果如下：

```
矩形的面积为:54
```

在矩形类定义的基础上，还可以对矩形类进行继承。假如定义一个立方体类，立方体是在矩形类的基础上，增加一个高构成的，类的定义如下：

```
# 定义一个立方体类，继承自矩形类
class Cube(Rectangle):
    def _init_(self, high):
        self.high = high

    # 实现立方体类的volume()方法
    def volume(self,rect):
        return self.high *rect.area()
```

这样就构造了一个简单的立方体类Cube，其中类名Cube后面括号中的Rectangle就是要继承的类名，作为当前类Cube的父类。

```
# 创建一个立方体对象并调用它的volume()方法
cube = Cube(10)
print("立方体的体积为:", cube.volume(rectangle))
```

程序运行结果如下：

```
立方体的体积为:540
```

3.5 NumPy中的array

NumPy是一个功能强大、非常高效的数值运算包，在数据分析和机器学习领域被广泛使用。其中，使用最多的是array数组。array中提供了很多常用的操作，可大幅提高程序开发效率，同时，使用array编写的程序运行效率要比使用list写出的程序高出很多。

list和NumPy中的数组array在形式上很类似，但在本质上有很多不同。同一个列表可存放不同类型的数据，而同一个array数组中存放的数据类型必须全部相同。对于使用列表和array数组存储的矩阵，如果想要取出同一列的元素，对于列表，需要使用列表推导式才能完成；对于array，直接使用切片即可。例如：

```
import numpy as np
a=np.array([[5,6,7],[8,9,10]])
print(a[:,0])
```

如果要获取二维数组中某一行的均值或某一列的均值，可使用means()函数实现，其语法格式如下：

```
numpy.mean(a, axis=None, dtype=None, out=None, keepdims=<no value>)
```

其中，*a* 为数组名，axis 为计算均值方向上的轴。假设 *a* 为 *m*×*n* 的矩阵，当 axis=0 时，求各列的平均值，返回 1×*n* 的矩阵；当 axis=1 时，求各行的平均值，返回 *m*×1 的矩阵；当 axis 没有赋值时，对 *m*×*n* 个数求平均值，返回一个浮点数。

```python
a = np.array([[1, 2, 3], [4, 5, 6]])
print(a)
m=np.mean(a)
print(m)
m=np.mean(a, axis=0) #axis=0，计算每一列的平均值
print(m)
m=np.mean(a, axis=1) #axis=1，计算每一行的平均值
print(m)
```

程序运行结果如下：

```
[[1 2 3]
 [4 5 6]]
3.5
[2.5 3.5 4.5]
[2. 5.]
```

除以上所述，还可以使用 mat() 函数表示矩阵，求均值方法如下：

```python
a = np.array([[1,2,3],[4,5,6],[7,8,9]])
b = np.mat(a)
print(b)
print(np.mean(b))          # 对所有元素求平均值
print(np.mean(b,0))        # 对各列求平均值
print(np.mean(b,1))        # 对各行求平均值
```

程序运行结果如下：

```
[[1 2 3]
 [4 5 6]
 [7 8 9]]
5.0
[[4. 5. 6.]]
[[2.]
 [5.]
 [8.]]
```

有时，需要将矩阵转换为数组，可通过以下方法转换：

```python
# 矩阵转换为数组
mat = np.mat([[1,2,3,4]])
print(mat, type(mat))
mat_arr = mat.A
print(mat_arr, type(mat_arr))
```

程序运行结果如下:

```
[[1 2 3 4]] <class 'numpy.matrix'>
[[1 2 3 4]] <class 'numpy.ndarray'>
```

求矩阵中非零元素的行号和列号:

```
data = np.array([[2, 0, 0], [0, 0, 5], [0, 2, 0]])
print(data)
print(data.nonzero())
```

程序运行结果如下:

```
[[2 0 0]
 [0 0 5]
 [0 2 0]]
(array([0, 1, 2], dtype=int64), array([0, 2, 1], dtype=int64))
```

Python

第4章
线性表——最简单
的线性结构

线性表是一种最简单、最基本的线性结构。线性表、栈、队列、串等都属于线性结构。

线性结构的特点：

① 在非空的有限集合中，存在唯一的一个被称为"第一个"的数据元素和唯一的一个被称为"最后一个"的数据元素。

② 除第一个元素没有直接前驱元素、最后一个元素没有直接后继元素外，其他元素都有唯一的前驱元素和唯一的后继元素。

线性表有两种存储结构：顺序存储结构和链式存储结构。

生活中，关于线性表的例子也有很多，比如英文字母表中A、B、C、D……Z字母之间就是一种线性结构；教职工基本情况表中，每一行表示一条员工信息，两条员工信息之间就是线性关系。学习线性表有什么用途呢？通过线性表将这些线性关系表示出来后，就可以利用线性表的基本操作让计算机帮我们解决一些实际问题。例如，求两个集合的并集、交集，将两个一元多项式相加、相乘。

本章主要介绍线性表的定义及运算、线性表的顺序存储、线性表的链式存储、循环链表、双向链表及链表的运用。

学习目标：

- 线性表的顺序表示和链式表示。
- 顺序表和单链表的基本操作实现。
- 双向链表的存储表示与基本操作实现。
- 线性表的应用。

知识点结构：

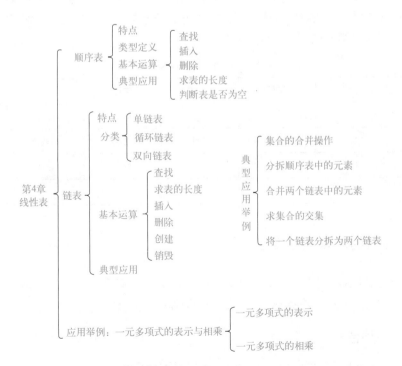

4.1　线性表的定义及抽象数据类型

线性表是最简单且最常用的一种线性结构。本节主要介绍什么是线性表、线性表的抽象数据类型。

4.1.1　什么是线性表

线性表是由n个类型相同的数据元素组成的有限序列，记为（$a_1,a_2,\cdots,a_{i-1},a_i,a_{i+1},\cdots,a_n$）。其中，这里的数据元素可以是原子类型，也可以是结构类型。线性表的数据元素存在着序偶关系，即数据元素之间具有一定的次序。在线性表中，数据元素a_{i-1}在a_i的前面，a_i又在a_{i+1}的前面，可以把a_{i-1}称为a_i的直接前驱元素，a_i称为a_{i+1}的直接前驱元素。a_i称为a_{i-1}的直接后继元素，a_{i+1}称为a_i的直接后继元素。

在简单的线性表中，例如，英文单词"China""Science""Structure"等就属于线性结构。这些每一个英文单词可看成是一个线性表，其中的每一个英文字母就是一个数据元素，每个数据元素之间存在着唯一的顺序关系。如"China"中字母"C"后面是字母"h"，字母"h"后面是字母"i"。"China"的逻辑结构如图4-1所示。

图4-1　"China"的逻辑结构

在较为复杂的线性表中，一个数据元素由若干个数据项组成，在表4-1所示的一所学校的教职工基本情况表中，一个数据元素，也称为记录，由姓名、性别、出生年月、籍贯、学历、职称及任职时间7个数据项组成，每一行代表一条记录，第一条记录是第二条记录的直接前驱，第二条记录是第一条记录的直接后继。

表4-1　教职工基本情况表

姓名	性别	出生年月	籍贯	学历	职称	任职时间
赵丽丽	女	1969年10月	湖南	博士	教授	2012年12月
刘娜	女	1980年5月	陕西	研究生	副教授	2016年12月
李建设	男	1988年12月	四川	博士	讲师	2018年11月
⋮	⋮	⋮	⋮	⋮	⋮	⋮

4.1.2　线性表的抽象数据类型

线性表的抽象数据类型包括数据对象集合和基本操作集合，主要描述数据元素的性质、数据元素之间的关系和在这些数据元素上的一些操作。

（1）数据对象集合

线性表的数据对象集合为{$a_1,a_2,\cdots,a_n$}，元素类型为DataType。

数据元素之间的关系是一对一的关系。除了第一个元素 a_1 外，每个元素有且只有一个直接前驱元素，除了最后一个元素 a_n 外，每个元素有且只有一个直接后继元素。

（2）基本操作集合

① InitList(&L)：初始化操作，建立一个空的线性表L。这就像在日常生活中，一所院校为了方便管理，建立一个教职工基本情况表，准备登记教职工信息。

② ListEmpty(L)：若线性表L为空，返回1，否则返回0。这就像刚刚建立了教职工基本情况表，还没有登记教职工信息。

③ GetElem(L,i,&e)：返回线性表L的第 i 个位置元素值给e。这就像在教职工基本情况表中，根据给定序号查找某个教师信息。

④ LocateElem(L,e)：在线性表L中查找与给定值e相等的元素。如果查找成功，返回该元素在表中的序号表示成功；否则返回0表示失败。这就像在教职工基本情况表中，根据给定的姓名查找教师信息。

⑤ InsertList(&L,i,e)：在线性表L中的第 i 个位置插入新元素e。这就类似于经过招聘考试，引进了一名教师，这个教师的信息被登记到教职工基本情况表中。

⑥ DeleteList(&L,i,&e)：删除线性表L中的第 i 个位置元素，并用e返回其值。这就像某个教职工到了退休年龄或者调入其他学校，需要将该教职工从教职工基本情况表中删除。

⑦ ListLength(L)：返回线性表L的元素个数。这就像查看教职工基本情况表中有多少个教职工。

⑧ ClearList(&L)：将线性表L清空。这就像学校被撤销，不需要再保留教职工基本信息，将这些教职工信息全部清空。

⑨ AppendList(L, e)：在线性表 L 的末尾增加元素e。这就像一个新的教师入职，将其基本信息添加到教职工基本情况表中。

⑩ DestroyList(&L)：销毁线性表 L 的空间。这就像学校被撤销，不需要再保留存储这些教职工基本信息的空间。

4.2　线性表的顺序表示与实现

在了解了线性表的基本概念和逻辑结构之后，接下来就需要将线性表的逻辑结构转化为计算机能识别的存储结构，以便实现线性表的操作。线性表的存储结构主要有顺序存储结构和链式存储结构两种。本节主要介绍线性表的顺序存储结构及操作实现。

4.2.1　线性表的顺序存储结构

线性表的顺序存储指的是将线性表中的各个元素依次存放在一组地址连续的存储单元中。

假设线性表的每个元素需占用 m 个存储单元，并以所占的第一个单元的存储地址作为数据元素的存储位置，则线性表中第 $i+1$ 个元素的存储位置 $LOC(a_{i+1})$ 和第 i 个元素的存储位置 $LOC(a_i)$ 之间满足关系 $LOC(a_{i+1})=LOC(a_i)+m$。

线性表中第 i 个元素的存储位置与第一个元素 a_1 的存储位置满足以下关系。

$$LOC(a_i)=LOC(a_1)+(i-1)m$$

式中，第一个元素的位置 $LOC(a_1)$ 称为起始地址或基地址。

线性表的这种机内表示称为线性表的顺序存储结构或顺序映像（sequential mapping），通常将这种方法存储的线性表称为顺序表。顺序表逻辑上相邻的元素在物理上也是相邻的。每一个数据元素的存储位置都和线性表的起始位置相差一个和数据元素在线性表中的位序成正比的常数（见图4-2）。只要确定了第一个元素的起始位置，线性表中的任一元素都可以随机存取，因此，线性表的顺序存储结构是一种随机存取的存储结构。

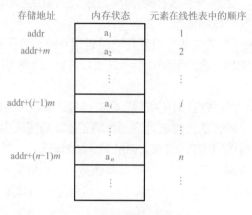

图4-2 线性表存储结构

由于Python语言的列表具有随机存取特点，因此可采用列表存储线性表中的元素。顺序表的初始化如下。

```
def __init__(self, size=100):                        # 初始化顺序表
    self.MAXSIZE=size
    self.length=0
    self.data=[None for x in range(0, self.MAXSIZE)] # 构建一个固定大小的列表
```

其中，MAXSIZE 表示线性表的最大容量；length 表示线性表中已有元素的个数；data 是一个列表，用于存放线性表中的元素，初始时取值为None。

4.2.2　顺序表的基本运算

在顺序存储结构中，线性表的基本运算如下。
① 判断线性表是否为空。

```
def ListEmpty(self):
# 判断线性表是否为空。若线性表为空，返回True；否则返回False
    if self.length ==0:
        return True
    else:
        return False
```

② 判断线性表是否已满。

```
def ListFull(self):    #判断线性表是否为满。若线性表已满，返回True；否则返回False
    return self.length is self.MAXSIZE
```

③ 按序号查找。先判断序号是否合法，如果合法，返回对应位置上的元素；否则抛出异常表示下标越界。

```
def GetElem(self, i):
 # 取线性表中某一位置上的元素值
    if not isinstance(i, int):
        raise TypeError
    if 1<=i<=self.MAXSIZE:
        return self.data[i-1]
    else:
        raise IndexError
```

④ 按内容查找。从线性表中的第一个元素开始，依次与e比较，如果相等，返回该序号表示成功；否则返回0表示查找失败。

```
def LocateElem(self,x):
    for i in range(self.MAXSIZE):
        if self.data[i]==x:
            return i+1
    return 0
```

⑤ 插入操作。插入操作是在线性表L中的第i个位置插入新元素e，使线性表$\{a_1,a_2,\cdots,a_{i-1},a_i,\cdots,a_n\}$变为$\{a_1,a_2,\cdots,a_{i-1},e,a_i,\cdots,a_n\}$，线性表的长度也由$n$变成$n+1$。

如果是在表尾追加元素，则只需先判断线性表是否已满，若表空间未满，则将元素e放置在表尾，并将表长加1即可。

```
def AppendList(self, value):
    if self.length>=self.MAXSIZE:
        print("list is full")
    else:
        self.data[self.length]=value
        self.length+=1
```

如果在顺序表中的任意位置插入元素，即第i个位置上插入元素e，首先将第i个位置以后的元素依次向后移动1个位置，然后把元素e插入第i个位置。移动元素时要从后往前移动元素，先移动最后1个元素，再移动倒数第2个元素，依次类推。

例如，在线性表{6, 10, 19, 12, 8, 33, 55, 49}中，要在第4个元素之前插入1个元素25，需要将序号为8、7、6、5、4的元素依次向后移动1个位置，然后在第4号位置插入元素25，这样，线性表就变成了{6, 10, 19, 25, 12, 8, 33, 55, 49}，如图4-3所示。

插入元素的位置i的合法范围应该是$1 \leqslant i \leqslant$ self.length+1。当$i=1$时，插入位置是在第一个元素之前，对应Python中list列表的第0个元素；当$i=$self.length+1时，插入位置是最后一个元素之后，此时不需要移动元素；当插入位置是$i=0$时，则需要移动所有元素。

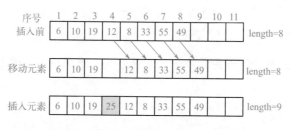

图4-3　在顺序表中插入元素25的过程

插入元素之前要判断插入的位置是否合法，顺序表是否已满，在插入元素后要将表长增加1。插入元素的算法实现如下。

```python
def InsertList(self, i, e):
    if not isinstance(i, int):
        raise IndexError
    if self.length>=self.MAXSIZE:
        print("list is full!")
        return False
    if 1<=i<=self.length +1:
        for j in range(self.length, i-1, -1):
            self.data[j]=self.data[j-1]
        self.data[i-1]=e
        self.length+=1
        return True
    else:
        raise IndexError
```

⑥ 删除第i个元素。删除第i个元素之后，线性表$\{a_1,a_2,\cdots,a_{i-1},a_i,a_{i+1},\cdots,a_n\}$变为$\{a_1,a_2,\cdots,a_{i-1},a_{i+1},\cdots,a_n\}$，线性表的长度由$n$变成$n-1$。

为了删除第i个元素，需要将第$i+1$个元素后面的元素依次向前移动一个位置，将前面的元素覆盖。移动元素时要先将第$i+1$个元素移动到第i个位置，再将第$i+2$个元素移动到第$i+1$个位置，依次类推，直到最后一个元素移动到倒数第二个位置。最后将顺序表的长度减1。

例如要删除线性表$\{6, 10, 19, 25, 12, 8, 33, 55, 49\}$的第5个元素，需要依次将序号为6、7、8、9的元素向前移动一个位置，并将表长减1，如图4-4所示。

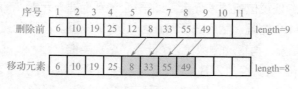

图4-4　删除元素12的过程

在进行删除操作时，先判断顺序表是否为空。若不空，接着判断序号是否合法。若不空且合法，则将要删除的元素赋给e，并把该元素删除，将表长减1。

```python
def DelList(self, i):
    if self.length <=0:
        raise Exception('线性表为空，不能进行删除操作')
    if not isinstance(i, int):
        raise IndexError
    if 1<=i<=self.length:
        e=self.data[i-1]
        for j in range(i, self.length):
            self.data[j-1]=self.data[j]
        self.length-=1
        return e
    else:
        raise IndexError
```

删除元素的位置 i 的合法范围应该是 $1 \leqslant i \leqslant$ self. length。当 i=1时，表示要删除第一个元素，对应Python语言列表中的第0个元素；当 i=self. length时，要删除的是最后一个元素。

⑦ 求线性表的长度。

```python
def ListLength(self):
    return self.length
```

⑧ 清空顺序表，代码如下。

```python
# 销毁线性表
def DestroyList(self):
    self._init_()
```

4.2.3 顺序表的基本运算性能分析

在以上顺序表的基本操作算法中，除了按内容查找运算、插入和删除操作外，其他基本操作的算法时间复杂度都为 O（1）。

（1）按内容查找算法性能分析

对于按内容查找，在最好的情况下，如果要查找的元素在第一个位置，则需要比较一次；最坏的情况是要查找的元素在最后一个位置，则需要比较 n 次（ n 为线性表的长度）。设 p_i 为在第 i 个位置上找到与e相等元素的概率，假设在任何位置上找到元素的概率相等，即 p_i=1/n，则查找过程中需要比较的平均次数为

$$E_{loc} = \sum_{i=1}^{n} p_i i = \frac{1}{n} \sum_{i=1}^{n} i = \frac{n+1}{2}$$

因此，按内容查找的平均时间复杂度为 $O(n)$。

（2）插入操作算法性能分析

对于插入操作，时间的耗费主要集中在移动元素上。如果要插入的元素在第一个位置，

则需要移动元素的次数为n次；如果要插入的元素在最后一个位置，则需要移动元素的次数为1次；如果插入位置在最后一个元素之后，即第$n+1$个位置，则需要移动的次数为0次。设p_i为在第i个位置上插入元素的概率，假设在任何位置上找到元素的概率相等，即p_i=1/（$n+1$），则顺序表的插入操作需要移动元素的平均次数为

$$E_{\text{ins}} = \sum_{i=1}^{n+1} p_i(n-i+1) = \frac{1}{n+1} \sum_{i=1}^{n+1} (n-i+1) = \frac{n}{2}$$

因此，插入操作的平均时间复杂度为$O(n)$。

（3）删除操作算法性能分析

对于删除操作，时间的耗费同样在移动元素上。如果要删除的元素是第一个元素，则需要移动元素次数为$n-1$次；如果要删除的元素是最后一个元素，则需要移动0次。设p_i表示删除第i个位置上元素的概率，假设在任何位置上找到元素的概率相等，即p_i=1/n，则顺序表的删除操作需要移动元素的平均次数为

$$E_{\text{del}} = \sum_{i=1}^{n} p_i(n-i) = \frac{1}{n} \sum_{i=1}^{n} (n-i) = \frac{n-1}{2}$$

因此，删除操作的平均时间复杂度为$O(n)$。

4.2.4　顺序表的优缺点

线性表顺序存储结构的优缺点如下。

（1）优点

　　① 无须为表示表中元素之间的关系而增加额外的存储空间。
　　② 可以快速地存取表中任一位置的元素。

（2）缺点

　　① 插入和删除操作需要移动大量的元素。
　　② 使用前须事先分配好存储空间，当线性表长度变化较大时，难以确定存储空间的容量。分配空间过大会造成存储空间的巨大浪费；分配的空间过小，难以适应问题的需要。

4.2.5　顺序表应用举例

【例4-1】假设线性表list_A和list_B分别表示两个集合A和B，利用线性表的基本运算实现新的集合$A=A \cup B$，即扩大线性表list_A，将存在于线性表B中且不存在于A中的元素插入A中。

【分析】需依次从线性表list_B中取出每个数据元素，并依次在线性表list_A中查找该元素，如果list_A中不存在该元素，则将该元素插入list_A中。程序的实现代码如下所示。

```python
def TravelList(self):
    for i in range(self.length):
        print(self.data[i], end=" ")
    print("")
def UnionAB(listA,listB):
    for i in range(listB.length):    # 依次取出集合B中的元素e
        e=listB.GetElem(i+1)
        pos=listA.LocateElem(e)      # 将集合B中的元素依次与集合A中的元素进行比较
        if pos==-1:                  # 如果集合A中不存在与集合B中相同的元素
            listA.InsertList(listA.length +1,e)    # 则将其追加到集合A中


if _name_ == '_main_':
    list_A= SeqList()
    list_B= SeqList()
    i=1
    print("依次输入集合A中的元素:")
    while True:
            elem=input("请输入第{0}个数".format(i))
            if elem=="#":
                break
            else:
                list_A.AppendList(eval(elem))
            i=i+1
    i=1
    print("依次输入集合B中的元素:")
    while True:
        elem = input("请输入第{0}个数".format(i))
        if elem == "#":
            break
        else:
            list_B.AppendList(eval(elem))
        i = i + 1
    print("集合A中的元素是: ")
    list_A.TravelList()
    print("集合B中的元素是: ")
    list_B.TravelList()
    #合并集合A与B中的元素
    list_A.UnionAB(list_B)
    print("合并后中的元素: ")
    list_A.TravelList()
```

程序运行结果如下所示。

```
依次输入集合A中的元素：
请输入第1个数5
请输入第2个数9
请输入第3个数6
请输入第4个数21
请输入第5个数#
依次输入集合B中的元素：
请输入第1个数21
请输入第2个数8
请输入第3个数6
请输入第4个数15
请输入第5个数#
集合A中的元素是：
5 9 6 21
集合B中的元素是：
21 8 6 15
合并后中的元素：
5 9 6 21 8 15
```

说明： 如果直接使用列表list_A存储线性表中的元素，可使用list_A = map(int, raw_input().split())接收多个数据输入并存放在列表中，也可直接利用list_A.Append(int(raw_input("请输第 %d个数:"%i)))接收用户输入。

【例4-2】 利用顺序表的基本运算，将非递减排列的顺序表Seq_A和Seq_B合并为顺序表Seq_C，使Seq_C也呈非递减排列。例如Seq_A=(8,15,16,16,19,19,26,32,40)，Seq_B=(5,9,17,17,26,53)，则合并后Seq_C=(5,8,9,15,16,16,17,17,19,19,26,26,32,40,53)。

【分析】 顺序表Seq_C是一个空表，首先取出顺序表Seq_A和Seq_B中的元素e1和e2，并比较这两个元素，若e1≤e2，则将Seq_A中的元素e1插入到Seq_C中，继续取Seq_A中的下一个元素与Seq_B中的e2进行比较；否则，将Seq_B中的元素e2插入到Seq_C中，继续取Seq_B中的下一个元素与Seq_A中的元素e1进行比较；依次类推，直到Seq_A或Seq_B中的元素比较完毕，将表中剩下的元素插入到Seq_C中。

将顺序表Seq_A和Seq_B合并为非递减排列顺序表Seq_C的实现算法如下：

```python
def MergeList(A,B,C):
    # 合并顺序表A和B的元素到顺序表C中，并保持非递减排列
    i=1
    j=1
    k=1
    while i<=A.length and j<B.length:
        e1=A.GetElem(i)               # 取出顺序表A中第i个元素
        e2=B.GetElem(j)               # 取出顺序表B中第j个元素
        if e1<=e2:                    # 若A中的元素小于B中的元素
            C.InsertList(k,e1)        # 则将A中的元素插入到C中
            i+=1
```

```
                k+=1
        else:#若A中的元素大于B中的元素
            C.InsertList(k,e2)                # 则将B中的元素插入到C中
            j+=1
            k+=1
    while i<=A.length:                        # 若顺序表A中的元素还有其他元素
        e1=A.GetElem(i)
        C.InsertList(k,e1)                    # 将剩余元素插入到C中
        i+=1
        k+=1
    while j<=B.length:                        # 若顺序表B中的元素还有其他元素
        e2=B.GetElem(j)
        C.InsertList(k,e2)                    # 将剩余元素插入到C中
        j+=1
        k+=1
    C.length=A.length+B.length
```

测试程序如下:

```
if_name_ == '_main_':
    list_A=[8, 15, 16, 16, 19, 19, 26, 32, 40]
    list_B=[5, 9, 17, 17, 26, 53]
    Seq_A= SeqList()
    Seq_B = SeqList()
    Seq_C=SeqList()
    i=1
    for e in list_A:                   # 将list_A中的元素插入到顺序表Seq_A中
        Seq_A.InsertList(i,e)
        i+=1
    i=1
    for e in list_B:                   # 将list_B中的元素插入到顺序表Seq_B中
        Seq_B.InsertList(i,e)
        i+=1
    print('顺序表A中有%d个元素:'%Seq_A.Listlength())
    Seq_A.TravelList()
    print('顺序表B中有%d个元素:'%Seq_B.Listlength())
    Seq_B.TravelList()
    MergeList(Seq_A,Seq_B,Seq_C)
    print('合并顺序表A和B为C，顺序表C中有%d个元素:'%Seq_C.Listlength())
    Seq_C.TravelList()
```

程序运行结果如下所示。

```
顺序表A中有9个元素：
8 15 16 16 19 19 26 32 40
顺序表B中有6个元素：
5 9 17 17 26 53
合并顺序表A和B为C，顺序表C中有15个元素：
5 8 9 15 16 16 17 17 19 19 26 26 32 40 53
```

4.3　线性表的链式表示与实现

是不是顺序表适合解决所有线性结构的问题呢？当然不是的，任何事物都有它的两面性，顺序表也不例外，虽然顺序表具有随机存取的优势，但需要事先为要处理的数据分配存储单元，这样就不适合后期调整，像在设计图书信息管理系统，求解两个一元多项式的相加、相乘的问题时就不适合采用顺序存储结构。这就需要采用线性表另一种存储结构——链式存储来处理，本节主要介绍单链表的存储结构、单链表的基本运算、单链表存储结构与顺序存储结构的优缺点、单链表应用举例等。

4.3.1　单链表的存储结构

线性表的链式存储是采用一组任意的存储单元存放线性表的元素。这组存储单元可以是连续的，也可以是不连续的。也就是说，线性表中逻辑上相邻的元素，其存储地址并不一定连续。那如何表示线性表中元素之间的先后顺序关系呢？例如，线性表(A, B, C, D)中元素A、B、C、D的存储地址是不连续的，它们之间的逻辑关系需要通过辅助的"箭头"去表示。如图4-5所示。

图4-5　(A, B, C, D)中元素的逻辑关系

为了表示每个元素a_i与其直接后继元素a_{i+1}的逻辑关系，除了存储元素本身的信息外，还需要存储一个指示其直接后继元素的信息（即直接后继元素的地址）。这两部分构成的存储结构称为结点（node）。结点包括数据域和指针域两个域。数据域存放数据元素的信息，指针域存放元素的直接后继元素的存储地址。指针域中存储的信息称为指针。结点结构如图4-6所示。

数据域　指针域

图4-6　结点结构

通过指针域将线性表中n个结点元素按照逻辑顺序链接在一起就构成了链表，如图4-7

所示。由于链表中每个结点只有一个指针域，所以将这样的链表称为线性链表或者单链表。

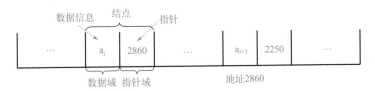

图4-7 单链表

例如，链表(Wu,Feng,Wang,Xu,Zheng,Yang,Geng)在计算机中的存储情况如图4-8所示。第1个元素的地址为1156，也就是说，从"Wu"开始依次访问单链表中的每个元素。在单链表中，每个结点的指针域存放的是其直接后继元素的地址，通过指针域可以找到每一个元素。第一个结点没有直接前驱，因此需要设置一个头指针，用于指向第一个结点。由于表中的最后一个元素没有直接后继元素，需要将单链表最后一个结点的指针域置为"空"(None)。

链表是一种顺序存取结构，必须从头指针head出发，找到第一个结点，然后根据每个结点的指针域访问其他所有结点。

实际上，一般只关心链表中结点的逻辑顺序，而不关心它的实际存储位置。通常用箭头表示指针，把链表表示成通过箭头链接起来的序列。图4-8所示的线性表可表示成如图4-9所示的序列。

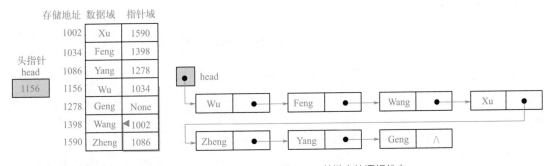

图4-8 线性表的链式存储结构　　　　　图4-9 单链表的逻辑状态

为了操作方便，往往在单链表的第一个结点之前增加一个结点，称为头结点。头结点的数据域可以存放如线性表的长度等信息，头结点的指针域存放第一个元素结点的地址信息，使其指向第一个元素结点。带头结点的单链表如图4-10所示。

若带头结点的链表为空链表，则头结点的指针域为"空"，如图4-11所示。

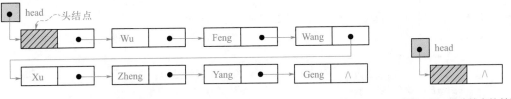

图4-10 带头结点的单链表　　　　　图4-11 带头结点的单链
表为空的情况

注意： 初学者需要区分头指针和头结点。头指针是指向链表第一个结点的指针，若链表有头结点，则其是指向头结点的指针。头指针是访问链表的必要元素，通常用于标识链表，也常常用头指针称呼链表。在链表中增加头结点是为了插入、删除操作的方便，其放在第一个元素结点之前，它不是链表的必要元素。

单链表的存储结构用Python语言描述如下。

```python
class ListNode(object):    #单链表的存储结构
    def _init_(self, data):
        self.data = data
        self.next = None
```

其中，ListNode是链表的结点类型；data用于存放数据元素；next指向直接后继结点，初始化为None。

4.3.2　单链表上的基本运算

单链表上的基本运算有单链表的创建、单链表的插入、单链表的删除、求单链表的长度等。

① 初始化单链表。算法实现如下。

```python
class LinkList(object):
# 初始化单链表
    def _init_(self):
        self.head = ListNode(None)    #头指针head指向头结点
```

② 判断单链表是否为空。若单链表为空，返回True；否则返回False。算法实现如下。

```python
def ListEmpty(self):
# 判断单链表是否为空
    if self.head.next is None:        # 如果链表为空
        return True                   # 返回True
    else:                             # 否则
        return False                  # 返回False
```

③ 按序号查找操作。从单链表的头指针head出发，利用结点的指针域依次扫描链表的结点，并进行计数，直到计数为*i*，就找到了第*i*个结点。如果查找成功，返回该结点的指针；否则返回None表示查找失败。按序号查找的算法实现如下。

```python
def GetElem(self,i):
# 查找单链表中第i个结点。查找成功返回该结点的引用，否则返回None
    if self.ListEmpty():              # 查找第i个元素之前，判断链表是否为空
        return None
    if i < 1:                         # 判断该序号是否合法
        return None
    j = 0
```

```
    p = self.head
    while p.next!=None and j < i:
        p = p.next
        j=j+1
    if j == i:                    # 如果找到第i个结点
        return p                  # 返回元素的引用
    else:                         # 否则
        return None               # 返回None
```

查找元素时，要注意判断条件"p.next!=None"，保证p的下一个结点不为空，如果没有这个条件，就无法保证执行循环体中的"p=p.next"语句。

④ 按内容查找，查找元素值为e的结点。从单链表中的头指针开始，依次与e比较，如果找到，返回该元素结点的指针；否则返回None。查找元素值为e的结点的算法实现如下。

```
def LocateElem(self,e):
# 按内容查找单链表中元素值为e的元素，若查找成功，则返回对应元素的结点指针；否则返回None
  表示失败
        p = self.head.next            # 指针p指向第一个结点
        while p:
            if p.data != e:           # 没有找到与e相等的元素
                p = p.next            # 继续找下一个元素
            else:                    # 找到与e相等的元素
                break                # 退出循环
        return p                     # 返回元素值为e的结点指针
```

⑤ 定位操作。定位操作与按内容查找类似，只是返回的是该结点的序号。从单链表的头指针出发，依次访问每个结点，并将结点的值与e比较。如果相等，返回该序号表示成功；如果没有与e值相等的元素，返回0表示失败。定位操作的算法实现如下。

```
def LocatePos(self,e):
# 查找线性表中元素值为e的元素，查找成功返回对应元素的序号，否则返回0
    if self.ListEmpty():          # 查找第i个元素之前，判断链表是否为空
        return 0
    p = self.head.next            # 从第一个结点开始查找
    i = 1
    while p!=None:
        if p.data == e:           # 找到与e相等的元素
            return i              # 返回该序号
        else:                    # 否则
            p = p.next           # 继续查找
            i=i+1
    if p is None:                 # 如果没有找到与e相等的元素，返回0，表示失败
        return 0
```

⑥ 在第i个位置插入元素e。插入成功返回True，否则返回False。

假设p指向存储元素e的结点，要将p指向的结点插入pre和pre.next之间，无须移动其他结点，只需要修改p指向结点的指针域和pre指向结点的指针域即可。即先把pre指向结点的直接后继结点变成p的直接后继结点，然后把p变成pre的直接后继结点，如图4-12所示，代码如下。

```
p.next=pre.next
pre.next=p
```

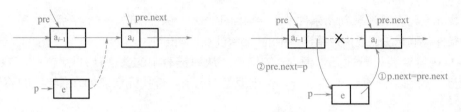

图4-12　在pre结点之后插入新结点p

注意： 插入结点的两行代码不能颠倒顺序。如果先进行pre.next=p，后进行p.next=pre.next操作，则第一条代码就会覆盖pre.next的地址，pre.next的地址就变成了p的地址，执行p.next=pre.next就等于执行p.next=p，这样pre.next就与前一个结点断开了，如图4-13所示。

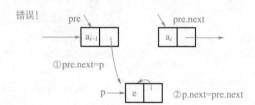

图4-13　插入结点代码顺序颠倒后，pre.next结点与前一个结点断开连接

如果要在单链表的第i个位置插入一个新元素e，首先需要在链表中找到其直接前驱结点，即第$i-1$个结点，并由指针pre指向该结点，如图4-14所示。然后申请一个新结点空间，由p指向该结点，将e赋值给p指向结点的数据域，最后修改p和pre结点的指针域，如图4-15所示。这样就能完成结点的插入操作。

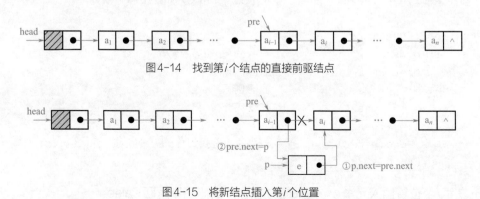

图4-14　找到第i个结点的直接前驱结点

图4-15　将新结点插入第i个位置

在单链表的第i个位置插入新数据元素e的算法实现如下。

```
def InsertList(self,i,e):
# 在单链表中第i个位置插入值e的结点。插入成功返回True，失败返回False
    pre=self.head                    # 指针pre指向头结点
    j=0
    while pre.next!=None and j<i-1:  # 找到第i-1个结点，即第i个结点的前驱结点
        pre=pre.next
        j=j+1
    if j!=i-1:                       # 如果没找到，说明插入位置错误
        print('插入位置错')
        return False
    # 新生成一个结点，并将e赋值给该结点的数据域
    p=ListNode(e)
    # 插入结点操作
    p.next = pre.next
    pre.next = p
    return True
```

⑦ 删除第i个结点。

假设p指向第i个结点，要将p结点删除，只需要绕过它的直接前驱结点的指针，使它的直接前驱结点直接指向它的直接后继结点即可删除链表的第i个结点，如图4-16所示。

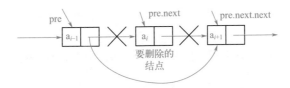

图4-16　删除pre的直接后继结点

将单链表中第i个结点删除可分为3步。第一步，找到第i个结点的直接前驱结点，即第$i-1$个结点，并用pre指向该结点，p指向其直接后继结点，即第i个结点，如图4-17所示；第二步，将p指向结点的数据域赋值给e；第三步，删除第i个结点，即pre.next=p.next，并释放p指向结点的内存空间。删除过程如图4-18所示。

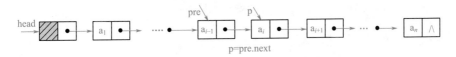

图4-17　找到第$i-1$个结点和第i个结点

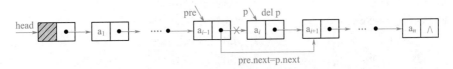

图4-18　删除第i个结点

删除第 *i* 个结点的算法实现如下。

```python
def DeleteList(self,i):
# 删除单链表中的第i个位置的结点。删除成功返回删除的元素值，失败返回False
    pre =self.head
    j = 0
    while pre.next != None and j < i-1:        # 在寻找的过程中确保被删除结点存在
        pre = pre.next
        j =j+1
    if pre.next is None or j != i - 1:          # 如果没找到要删除的结点位置，说明
                                                #   删除位置错误
        print('删除位置错误')
        return False
    p= pre.next
    pre.next=p.next                             # 将前驱结点的指针域指向要删除结点
                                                #   的下一个结点，将pre指向的结点与
                                                #   单链表断开

    e=p.data
    del p
    return e
```

注意：在查找第 *i*-1 个结点时，要注意不可遗漏判断条件 pre.next!=None，确保第 *i* 个结点非空。如果没有此判断条件，而 pre 指针指向了单链表的最后一个结点，在执行循环后的 p=pre.next 和 e=p.data 操作时，p 指针指向的是 None 指针域，会产生访问内存错误。

⑧ 求表长操作。求表长操作即返回单链表的元素个数，求单链表表长的算法实现代码如下。

```python
def ListLength(self):
# 求线性表的表长
    count = 0                  # 初始化计数器变量count
    p = self.head              # 指针p指向头结点
    while p.next!=None:        # 如果指针p没有到达链表末尾
        p = p.next             # 令p指向下一个结点
        count=count+1          # 计数器加1
    return count               # 返回元素个数
```

⑨ 销毁链表操作，实现代码如下。

```python
def DestroyList(self):
#销毁链表
    p=self.head                # 指针p指向头结点
    while p != None:           # 如果链表不为空
        q = p                  # q指向待销毁的结点
        p = p.next             # p指向下一个结点
        del q                  # 释放q指向的结点空间
```

4.3.3　单链表存储结构与顺序存储结构的优缺点

下面简单对单链表存储结构和顺序存储结构进行对比，如表4-2所示。

表4-2　单链表存储结构与顺序存储结构的对比

项目	顺序存储结构	单链表存储结构
存储分配方式	顺序存储结构用一组连续的存储单元依次存储线性表的数据元素	单链表采用链式存储结构，用一组任意的存储单元存放线性表的数据元素
时间性能	查找操作时间复杂度为$O(1)$，插入和删除操作平均需要移动一半的数据元素，时间复杂度为$O(n)$	查找操作时间复杂度为$O(n)$，插入和删除操作不需要大量移动元素，时间复杂度仅为$O(1)$
空间性能	需要预先分配存储空间，分配的空间过大会造成浪费，分配的空间过小不能满足问题需要	可根据需要临时分配，不需要估计问题的规模大小，只要内存够就可以分配，还可以用于一些特殊情况，如一元多项式的表示

4.3.4　单链表应用举例

【例4-3】　已知两个单链表A和B，其中的元素都是非递减排列，编写算法将单链表A和B合并得到一个递减有序的单链表C（值相同的元素只保留一个），并要求利用原链表结点空间。

【分析】　此例为单链表合并问题。利用头插法建立单链表，使先插入的元素值小的结点在链表末尾，后插入的元素值大的结点在链表表头。初始时，单链表C为空（插入的是C的第一个结点），将单链表A和B中较小的元素值结点插入C中。单链表C不为空时，比较C和将插入结点的元素值大小，值不同时插入到C中，值相同时，释放该结点。当A和B中有一个链表为空时，将另一个链表剩下的结点依次插入C中。程序的实现代码如下。

```
def MergeList(A,B):
#将非递减排列的单链表A和B中的元素合并到C中，使C中的元素递减排列，相同值的元素只保留一个
    pa=A.head.next              # pa指向单链表A
    pb=B.head.next              # pb指向单链表B
    del B                       # 释放单链表B的头结点
    C=A                         # 初始化单链表C，利用单链表A的头结点作为C的头结点
    C.head.next is None         # 单链表C初始时为空
    # 利用头插法将单链表A和B中的结点插入到单链表C中（先插入元素值较小的结点）
    while pa and pb:            # 单链表A和B均不空时
        if pa.data<pb.data:    # pa指向结点元素值较小时，将pa指向的结点插入到C中
            qa=pa              # qa指向待插入结点
            pa=pa.next         # pa指向下一个结点
            if C.head.next is None:      # 单链表C为空时，直接将结点插入到C中
                qa.next=C.head.next
                C.head.next=qa
            elif C.head.next.data<qa.data:   # pa指向的结点元素值不同于已
                                             #   有结点元素值时，才插入结点
```

```
                    qa.next=C.head.next
                    C.head.next=qa
                else:                      # 否则，释放元素值相同的结点
                    del qa
            else:                          # pb指向结点元素值较小，将pb指向的结点插入到C中
                qb=pb                      # qb指向待插入结点
                pb=pb.next                 # pb指向下一个结点
                if C.head.next is None:        # 单链表C为空时，直接将结点插入到C中
                    qb.next=C.head.next
                    C.head.next=qb
                elif C.head.next.data<qb.data:  # pb指向的结点元素值不同于已有
                                                   结点元素时，才将结点插入
                    qb.next=C.head.next
                    C.head.next=qb
                else:                      # 否则，释放元素值相同的结点
                    del qb
    while pa:                          # 如果pb为空、pa不为空，则将pa指向的后继结点插入到C中
        qa=pa                          # qa指向待插入结点
        pa=pa.next                     # pa指向下一个结点
        if C.head.next and C.head.next.data<qa.data:
        #pa指向的结点元素值不同于已有结点元素时，才将结点插入
            qa.next=C.head.next
            C.head.next=qa
        else:                          # 否则，释放元素值相同的结点
            del qa
    while pb:                          # 如果pa为空、pb不为空，则将pb指向的后继结点插入到C中
        qb=pb                          # qb指向待插入结点
        pb=pb.next                     # pb指向下一个结点
        if C.head.next and C.head.next.data<qb.data:
        # pb指向的结点元素值不同于已有结点元素时，才将结点插入
            qb.next=C.head.next
            C.head.next=qb
        else:                          # 否则，释放元素值相同的结点
            del qb
    return C
if _name_=='_main_':
    a=[8, 10, 15, 21, 67, 91]
    b = [5, 9, 10, 13, 21, 78, 91]
    A = LinkList()
    B=LinkList()
    for i in range(1,len(a)+1):                    # 利用列表元素创建单链表A
        if A.InsertList(i, a[i - 1]) == 0:         # 如果插入元素失败
            print("插入位置不合法!")                 # 输出错误提示信息
    for i in range(1,len(b)+1):                    # 利用列表元素创建单链表B
        if B.InsertList(i, b[i - 1]) == 0:         # 如果插入元素失败
            print("插入位置不合法!")                 # 输出错误提示信息
```

```
print('A中有%d个元素: '%A.ListLength())
A.DispLinkList()
print('\nB中有%d个元素: '%B.ListLength())
B.DispLinkList()
C=MergeList(A,B)
print('\n将A和B合并为一个递减有序的单链表C, C中有%d个元素: '%C.ListLength())
C.DispLinkList()
```

程序的运行结果如下所示。

```
A中有6个元素:
8 10 15 21 67 91
B中有7个元素:
5 9 10 13 21 78 91
将A和B合并为一个递减有序的单链表C, C中有10个元素:
91 78 67 21 15 13 10 9 8 5
```

在将两个单链表A和B的合并算法 MergeList 中，需要特别注意的是，不要遗漏单链表为空时的处理。当单链表为空时，将结点插入C中，代码如下。

```
if C.head.next is None:              # 单链表C为空时，直接将结点插入到C中
        qb.next=C.head.next
        C.head.next=qb
```

针对此例，经常会遗漏单链表为空的情况。以下代码遗漏了单链表为空的情况。

```
if C.head.next and C.head.next.data<qb.data:
    #pb指向的结点元素值不同于已有结点元素时，才将结点插入
        qb.next=C.head.next
C.head.next=qb
```

所以，对于初学者而言，写完算法后，一定要上机调试所写算法的正确性。

【例4-4】 利用单链表的基本运算，求两个集合的交集。

【分析】 假设A和B是两个带头结点的单链表，分别表示两个给定的集合A和B，求$C=A\cap B$。先将单链表A和B分别从小到大排序，然后依次比较两个单链表中的元素值大小，pa指向A中当前比较的结点，pb指向B中当前比较的结点。如果pa.data<pb.data，则pa指向A中下一个结点；如果pa.data>pb.data，则pb指向B中下一个结点；如果pa.data==pb.data，则将当前结点插入C中。

程序实现如下。

```
def InterctionAB(A,B):                # 求A和B的交集
    Sort(A)                           # 对A进行排序
    print("\n排序后A中的元素:")        # 输出提示信息
    A.DispLinkList()                  # 输出排序后A中的元素
    Sort(B)                           # 对列表B进行排序
```

```
        print("\n排序后B中的元素:")                    # 输出提示信息
        B.DispLinkList()                              # 输出排序后B中的元素
        pa = A.head.next                              # pa指向A的第一个结点
        pb = B.head.next                              # pb指向B的第一个结点
        C = LinkList()                                # 为指针C指向的新链表分配内存空间
        while pa and pb:                              # 若pa和pb指向的结点都不为空
            if pa.data < pb.data:                     # 如果pa指向的结点元素值小于pb指向的结点
                                                      #   元素值
                pa = pa.next                          # 则略过该结点
            elif pa.data > pb.data:                   # 如果pa指向的结点元素值大于pb指向的结点
                                                      #   元素值
                pb = pb.next                          # 则略过该结点
            else:                                     # 否则,即pa.data == pb.data,则将当前
                                                      #   结点插入C中
                pc = ListNode(None)
                pc.data = pa.data
                pc.next = C.head.next
                C.head.next=pc
                pa = pa.next                          # 则pa指向A中下一个结点
                pb = pb.next                          # 则pb指向B中下一个结点
        return C


def Sort(S):                                          # 利用选择排序法对链表S进行从小到大排序
    p=S.head.next                                     # p指向链表S的第一个结点
    while p.next:                                     # 若当前结点不为空
        r=p                                           # r指向待排序元素的第一个结点
        q=p.next                                      # q指向待排序元素的第二个结点
        while q:                                      # 若当前链表不为空
            if r.data>q.data:                         # 如果r指向的结点元素值大于q指向的结点元素值
                r=q                                   # 令r指向元素值较小的结点
            q=q.next                                  # q指向下一个结点
        if p!=r:                                      # 将当前未排序元素列中最小的元素放在最前
                                                      #   面,即交换r与p指向结点的元素值
            t=p.data
            p.data=r.data
            r.data=t
        p=p.next                                      # p指向待排序元素序列的下一个结点


if_name_=='_main_':
    a=[5,9,6,20,70,58,44,81]
    b = [21,81,8,31,5,66,20,95,50]
    A = LinkList()
    B=LinkList()
    for i in range(1,len(a)+1):                       # 利用列表元素创建单链表A
        if A.InsertList(i, a[i - 1]) == 0:            # 如果插入元素失败
            print("插入位置不合法!")                    # 输出错误提示信息
    for i in range(1,len(b)+1):                       # 利用列表元素创建单链表B
```

```
    if B.InsertList(i, b[i - 1]) == 0:          # 如果插入元素失败
        print("插入位置不合法!")                   # 输出错误提示信息
print('A中有%d个元素: '%A.ListLength())
A.DispLinkList()
print('\nB中有%d个元素: '%B.ListLength())
B.DispLinkList()
C=InterctionAB(A,B)
print('\nA和B的交集有%d个元素: '%C.ListLength())
C.DispLinkList()
```

程序的运行结果如下所示。

```
A中有8个元素:
5 9 6 20 70 58 44 81
B中有9个元素:
21 81 8 31 5 66 20 95 50
排序后A中的元素:
5 6 9 20 44 58 70 81
排序后B中的元素:
5 8 20 21 31 50 66 81 95
A和B的交集有3个元素:
81 20 5
```

4.4　循环单链表

循环单链表（circular linked list）是首尾相连的单链表，是另一种形式的单链表。本节主要从循环单链表的存储结构并结合实例讲解循环单链表的使用。

4.4.1　循环单链表的链式存储

将单链表最后一个结点的指针域由空指针改为指向头结点或第一个结点，整个链表就形成一个环，这样的单链表称为循环单链表。从表中任何一个结点出发均可找到表中其他结点。

与单链表类似，循环单链表也可分为带头结点结构和不带头结点结构两种。对于不带头结点的循环单链表，当表不为空时，最后一个结点的指针域指向头结点，如图4-19所示。对于带头结点的循环单链表，当表为空时，头结点的指针域指向头结点本身，如图4-20所示。

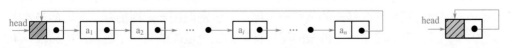

图4-19　循环单链表　　　　　　　　　　　　　　　图4-20　结点为空的循环单链表

　　循环单链表与单链表在结构、类型定义及实现方法上都是一样的，唯一的区别仅在于判断链表是否为空的条件上。判断单链表为空的条件是head.next==None，判断循环单链表为空的条件是head.next==head。

　　在单链表中，访问第一个结点只需要执行一次head=head.next操作，因此，时间复杂度为$O(1)$，而访问最后一个结点则需要对整个单链表扫描一遍，故时间复杂度为$O(n)$。若设置一个尾指针rear，使其指向循环单链表的最后一个结点，这样访问第一个结点和最后一个结点的时间复杂度均为$O(1)$。如图4-21所示。

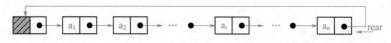

图4-21　仅设置尾指针的循环单链表

　　在循环单链表中，设置尾指针还可以使有些操作变得简单，例如要将如图4-22所示的两个循环单链表（尾指针分别为LA和LB）合并成一个链表，将一个表的表尾和另一个表的表头连接即可，如图4-23所示。

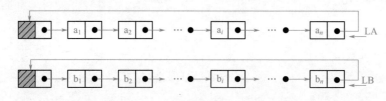

图4-22　两个设置尾指针的循环单链表

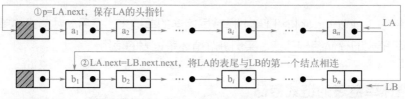

图4-23　合并两个设置尾指针的循环单链表

　　合并两个设置尾指针的循环单链表需要4步操作：

　　① 保存LA的头指针，即p=LA.next；

　　② 将LA的表尾与LB的第一个结点相连接，即LA.next=LB.next.next；

　　③ 释放LB的头结点，即del LB.next；

　　④ 把LB的表尾与LA的表头相连接，即LB.next=p。

　　对于设置了头指针的两个循环单链表（头指针分别是head1和head2），要将其合并成一个循环单链表，需要先找到两个链表的最后一个结点，分别增加一个尾指针，使增加的尾指针指向最后一个结点。然后将第一个链表的尾指针与第二个链表的第一个结点连接起来，第二个链表的尾指针与第一个链表的第一个结点连接起来，就形成了一个循环链表。

合并两个循环单链表的算法实现如下。

```
def LinkAB(LA,LB):
#将两个链表head1和head2连接在一起形成一个循环链表
    p=LA.head                          # p指向第一个链表
    while p.next!=LA.head:             # 指针p指向链表的最后一个结点
        p=p.next
    q=LB.head
    while q.next!=LB.head:             # 指针q指向链表的最后一个结点
        q=q.next                       # 指向下一个结点
    p.next=LB.head.next                # 将第一个链表的尾端连接到第二个链表的第一个结点
    del LB.head
    q.next=LA.head                     # 将第二个链表的尾端连接到第一个链表的第一个结点
    return LA.head                     # 返回第一个链表的头指针
```

4.4.2 循环单链表应用举例

【例4-5】 已知一个带哨兵结点 h 的循环单链表中的数据元素含有正数和负数，试编写一个算法，构造两个循环单链表，使一个循环单链表中只含正数，另一个循环单链表只含负数。

【分析】 初始时，先创建两个空的单链表 ha 和 hb。然后依次查看指针 p 指向的结点元素值。如果值为正数，则将其插入 ha 中；否则将其插入 hb 中。最后使最后一个结点的指针域指向头结点，构成循环单链表。

程序实现代码如下所示。

```
if_name_=='_main_':
    ha=LinkList()
    ha.CreateCycList()                 # 创建一个循环单链表
    p = ha.head
    while p.next != ha.head:           # 查找ha的最后一个结点，p指向该结点
        p = p.next
    # 为ha添加哨兵结点
    s = ListNode(None)
    s.next = ha.head
    ha.head = s
    p.next = ha.head
    # 创建一个空的循环单链表hb
    hb=LinkList()
    hb.head.next=hb.head
    Split(ha, hb)                      # 按ha中元素值的正数和负数分成两个循环单链
                                       #   表ha和hb
    print("输出循环单链表A(正数):")       # 输出提示信息
    ha.DispCycList()                   # 输出循环单链表ha
    print("输出循环单链表B(负数):")       # 输出提示信息
    hb.DispCycList()                   # 输出循环单链表hb
```

```python
def Split(ha,hb):
# 将一个循环单链表ha构造成两个循环单链表，其中ha中的元素只含正数，hb中的元素只含负数
    p = ha.head.next           # 定义3个指针变量
    ra = ha.head
    ra.next = None
    rb = hb.head
    rb.next = None
    while p != ha.head:        # 当ha中还有结点没有被处理时
        v = p.data             # 取出p指向结点的数据
        if v > 0:              # 若该结点的元素值大于0，则将其插入ha中
            ra.next = p        # 将p指向的结点插入到ra指向的结点之后
            ra = p             # 使ra指向ha的最后一个结点
        else:                  # 若元素值小于0，则将其插入hb中
            rb.next = p        # 将p指向的结点插入到rb指向的结点之后
            rb = p             # 使rb指向hb的最后一个结点
        p = p.next             # 使p指向下一个待处理结点
    ra.next = ha.head          # 使ha变为循环单链表
    rb.next = hb.head          # 使hb变为循环单链表


def CreateCycList(self):
# 创建循环单链表
    h = None
    t = None
    i = 1
    print("创建一个循环单链表(输入0表示创建链表结束):")        # 输出提示信息
    while True:
        print("请输入第%d个结点的data域值:"%i,end='')        # 输出提示信息
        e=int(input(""))                      # 输入结点的元素值
        if e == 0:                            # 如果输入为0
            break                             # 则退出创建过程
        if i == 1:                            # 如果是第一个结点
            self.head = ListNode(None)        # 为第一个结点分配内存空间
            self.head.data = e                # 将元素值赋给第一个结点的数据域
            self.head.next = None
            t=self.head
        else:                                 # 否则
            s = ListNode(None)                # 生成一个结点空间
            s.data = e                        # 将元素值赋给新生成结点的数据域
            s.next = None
            t.next = s                        # 将新结点插入到t指针指向的结点之后
            t = s
        i +=1                                 # 计数器加1
    if t != None:                             # 若链表不为空
        t.next=self.head                      # 则使其构成循环单链表


def DispCycList(self):                        # 输出循环单链表
    p = self.head.next                        # 定义结点指针变量，并使p指向h的第一个结点
    if p == self.head:                        # 若链表为空
```

```
            print("链表为空!")              # 则输出错误提示信息
            return                           # 返回
        while p.next != self.head:          # 若还没有输出完毕
            print("%4d"%p.data,end='')      # 输出结点数据
            p = p.next                       # 使其指向下一个待输出结点
        print("%4d"%p.data)                  # 输出最后一个结点元素的值
```

程序运行结果如下所示。

```
创建一个循环单链表(输入0表示创建链表结束)：
请输入第1个结点的data域值:23
请输入第2个结点的data域值:-87
请输入第3个结点的data域值:66
请输入第4个结点的data域值:98
请输入第5个结点的data域值:-1
请输入第6个结点的data域值:90
请输入第7个结点的data域值:-70
请输入第8个结点的data域值:20
请输入第9个结点的data域值:129
请输入第10个结点的data域值:0
输出循环单链表A(正数)：
  23  66  98  90  20 129
输出循环单链表B(负数)：
 -87  -1 -70
```

从以上程序容易看出，循环单链表的创建与单链表的创建基本一样，只是最后增加了如下所示的语句使最后一个结点指向第一个结点，构成一个循环单链表。

```
if t != None:                           # 若链表不为空
        t.next=self.head                # 则使其构成循环单链表
```

4.5　双向链表

在单链表和循环单链表中，每个结点只有一个指向其后继结点的指针域，只能根据指针域查找后继结点，要查找指针p指向结点的直接前驱结点，必须从p指针出发，顺着指针域把整个链表访问一遍，才能找到该结点，其时间复杂度是$O(n)$。因此，在这两种链表中，要访问某个结点的前驱结点，效率太低，为了便于操作，可将单链表设计成双向链表（double linked list）。本节主要介绍双向链表的存储结构及双向链表存储结构下线性表的操作实现。

4.5.1　双向链表的存储结构

顾名思义，双向链表就是链表中的每个结点有两个指针域：一个指向直接前驱结点，另一个指向直接后继结点。双向链表的每个结点有data域、prior域和next域3个域。双向链

表的结点结构如图4-24所示。

其中，data域为数据域，存放数据元素；prior域为前驱结点指针域，指向直接前驱结点；next域为后继结点指针域，指向直接后继结点。

与单链表类似，也可以为双向链表增加一个头结点，这样使某些操作更加方便。双向链表也有循环结构，称为双向循环链表（double circular linked list）。带头结点的双向循环链表如图4-25所示。双向循环链表为空的情况如图4-26所示，判断带头结点的双向循环链表为空的条件是head.prior==head或head.next==head。

图4-24　双向链表的结点结构

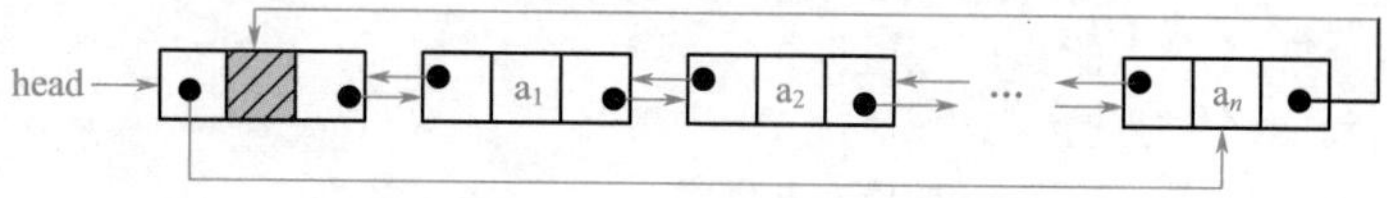

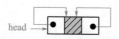

图4-25　带头结点的双向循环链表

图4-26　带头结点的空双向循环链表

在双向链表中，因为每个结点既有前驱结点的指针域，又有后继结点的指针域，所以查找结点非常方便。对于带头结点的双向链表，如果链表为空，则有p=p.prior.next=p.next.prior。

双向链表的结点存储结构描述如下。

```python
class DListNode(object):
    def _init_(self, data):
        self.data = data          # 数据域
        self.prior=None           # 指向前驱结点的指针域
        self.next = None          # 指向后继结点的指针域
```

4.5.2　双向链表的插入和删除操作

在双向链表中，有些操作如求链表的长度、查找链表的第i个结点等，仅涉及一个方向的指针，与单链表中的算法实现基本没什么区别。但是对于双向循环链表的插入和删除操作，因为涉及前驱结点和后继结点的指针，所以需要修改两个方向上的指针。

（1）在第i个位置插入元素值为e的结点

首先找到第i个结点，用p指向该结点；再申请一个新结点，由s指向该新结点，将e放入新结点数据域；然后修改p和s指向的结点指针域，修改s的prior域，使其指向p的直接前驱结点，即s.prior=p.prior；修改p的直接前驱结点的next域，使其指向s指向的结点，即p.prior.next=s；修改s的next域，使其指向p指向的结点，即s.next=p；修改p的prior域，使其指向s指向的结点，即p.prior=s。插入操作指针修改情况如图4-27所示。

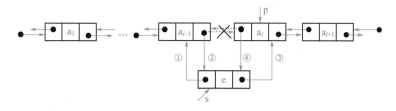

图4-27 双向循环链表的插入结点操作过程

插入操作算法实现如下。

```
def InsertDList(self,i,e):
# 双向链表插入操作的算法实现
    p = self.head.next              # p指向链表的第一个结点
    j = 1                           # 计数器初始化为1
    while p != self.head and j < i: # 若还未到第i个结点
        p = p.next                  # 则继续查找下一个结点
        j +=1                       # 计数器加1
    if j != i:                      # 若不存在第i个结点
        print('插入位置不正确')      # 则输出错误提示信息
        return False                # 返回False
    s = DListNode(e)                # 生成元素值为e的结点s
    s.prior = p.prior               # 修改s的prior域，使其指向p的直接前驱结点
    p.prior.next = s                # 修改p的直接前驱结点的next域，使其指向
                                    #   s指向的结点
    s.next = p                      # 修改s的next域，使其指向p指向的结点
    p.prior = s                     # 修改p的prior域，使其指向s指向的结点
    return True                     # 插入成功，返回True
```

（2）删除第*i*个结点

首先找到第*i*个结点，用p指向该结点；然后修改p指向结点的直接前驱结点和直接后继结点的指针域，从而将p与链表断开。将p指向的结点与链表断开需要两步。第一步，修改p的直接前驱结点的next域，使其指向p的直接后继结点，即p.prior.next=p.next；第二步，修改p的直接后继结点的prior域，使其指向p的直接前驱结点，即p.next.prior=p.prior。删除操作指针修改情况如图4-28所示。

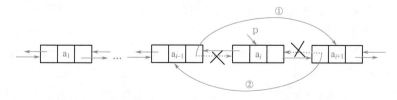

图4-28 双向循环链表的删除结点操作过程

删除操作算法实现如下。

```python
def DeleteDList(self,i):
    # 双向链表删除操作的算法实现
    p = self.head.next              # p指向双向链表的第一个结点
    j = 1                          # 计数器初始化为1
    while p != self.head and j < i:  # 若还未找到待删除的结点
        p = p.next                 # 则令p指向下一个结点继续查找
        j +=1                      # 计数器加1
    if j != i:                     # 若不存在待删除的结点位置
        print('删除位置不正确')      # 则输出错误提示信息
        return 0                   # 返回0
    p.prior.next = p.next          # 修改p的直接前驱结点的next域，使其指向
                                   # p的直接后继结点
    p.next.prior = p.prior         # 修改p的直接后继结点的prior域，使其指向
                                   # p的直接前驱结点
    del p                          # 释放p指向结点的空间
    return 1                       # 返回1
```

插入和删除操作的时间耗费主要在查找结点上，两者的时间复杂度都为$O(n)$。

说明：双向链表的插入和删除操作需要修改结点的prior域和next域，比单链表操作要复杂，因此要注意修改结点指针域的顺序。

4.6　综合案例：一元多项式的表示与相乘

一元多项式的相乘是线性表在生活中一个实际应用，它涵盖了本章所学到的链表的各种操作。通过使用链表实现一元多项式的相乘，巩固对链表基本操作的理解与掌握。

4.6.1　一元多项式的表示

在数学中，一个一元多项式$A_n(x)$可以写成降幂的形式，即$A_n(x)=a_nx^n+a_{n-1}x^{n-1}+\cdots+a_1x+a_0$，如果$a_n \neq 0$，则$A_n(x)$称为$n$阶多项式。一个$n$阶多项式由$n+1$个系数构成。一个$n$阶多项式的系数可以用线性表$(a_n,a_{n-1},\cdots,a_1,a_0)$表示。

线性表的存储可以采用顺序存储结构，这样使多项式的一些操作变得更加简单。可以定义一个维数为$n+1$的数组a[n+1]，a[n]存放系数a_n，a[n-1]存放系数a_{n-1}……a[0]存放系数a_0。但是，实际情况是多项式的阶数（最高的指数项）可能会很高，多项式每个项的指数会差别很大，这可能会浪费很多的存储空间。例如一个多项式$P(x)=10x^{2001}+x+1$，若采用顺序存储，则存放系数需要2002个存储空间，但是有用的数据只有3个。若只存储非零系数项，还必须存储相应的指数信息。

一元多项式$A_n(x)=a_nx^n+a_{n-1}x^{n-1}+\cdots+a_1x+a_0$的系数和指数同时存放，可以表示成一个线性表，线性表的每一个数据元素由一个二元组构成。因此，多项式$A_n(x)$可以表示成线性表$((a_n, n),(a_{n-1}, n-1), \cdots, (a_1, 1), (a_0, 0))$。

多项式$P(x)$可以表示成$((10,2001),(1,1),(1,0))$的形式。

因此，多项式可以采用链式存储方式表示，每一项可以表示成一个结点，结点的结构由存放系数的coef域、存放指数的expn域和指向下一个结点的next指针域3个域组成，如图4-29所示。

结点结构类型描述如下：

```python
class PolyNode(object):
    def _init_(self, coef, expn):
        self.coef = coef
        self.expn= expn
        self.next = None
```

例如，多项式$S(x)=9x^8+5x^4+6x^2+7$可以表示成链表，如图4-30所示。

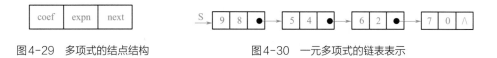

图4-29 多项式的结点结构　　　　　图4-30 一元多项式的链表表示

4.6.2 一元多项式相乘

两个一元多项式的相乘运算，需要将一个多项式每一项的指数与另一个多项式每一项的指数相加，并将其系数相乘。假设两个多项式$A_n(x)=a_nx^n+a_{n-1}x^{n-1}+\cdots+a_1x+a_0$和$B_m(x)=b_mx^m+b_{m-1}x^{m-1}+\cdots+b_1x+b_0$，要将这两个多项式相乘，就是将多项式$A_n(x)$中的每一项与$B_m(x)$相乘，相乘的结果用线性表表示为$((a_nb_m, n+m), (a_{n-1}b_m, n+m-1),\cdots,(a_1,1),(a_0,0))$。

例如，两个多项式$A(x)$和$B(x)$相乘后得到$C(x)$，$A(x)=5x^4+3x^2+3x$，$B(x)=7x^3+5x^2+6x$，$C(x)=35x^7+25x^6+51x^5+36x^4+33x^3+18x^2$，表示成链式存储结构如图4-31所示。

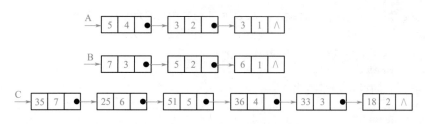

图4-31 多项式的链表表示

算法思想：设A、B和C分别是多项式$A(x)$、$B(x)$和$C(x)$对应链表的头指针，要计算$A(x)$和$B(x)$的乘积，先计算出$A(x)$和$B(x)$的最高指数和，即4+3=7，则$A(x)$和$B(x)$的乘积$C(x)$的指数范围在0~7之间。然后将$A(x)$的各项按照指数降幂排列，将$B(x)$按照指数升幂排列，分别设两个指针pa和pb，pa用来指向链表A，pb用来指向链表B，从第一个结点开始计算两个链表的expn域的和，并将其与k比较（k为指数和的范围，从7到0递减），使链表的和呈递减排列。若和小于k，则pb=pb.next；若和等于k，则求出两个多项式系数的乘积，并将其存入新结点中；若和大于k，则pa=pa.next。这样就可以得到多项式$A(x)$和

$B(x)$的乘积$C(x)$。算法结束后重新将链表B逆置，将链表B恢复原样。

```python
class PolyNode(object):
    def _init_(self, coef, expn):
        self.coef = coef
        self.expn= expn
        self.next = None


    def DispLinkList(self):
        if self.next==None:
            return
        p=self.next
        while p!=None:
            print(p.coef,end='')
            if p.expn:
                print("*x^%d"%(p.expn),end='')
            if p.next and p.next.coef > 0:
                print("+",end='')
            p=p.next
class PLinkList(object):
    def_init_(self):
        self.head = PolyNode(0.0,0)                # 动态生成一个头结点
```

（1）一元多项式的创建

```python
# 创建一元多项式，使一元多项式呈指数递减
def CreatePolyn(self):
    h=self.head
    while True:
        coef2=float(input("输入系数coef(系数和指数都为0时，表示结束)"))
        expn2=int(input)("输入指数exp(系数和指数都为0时，表示结束)")))
        if (int)(coef2) == 0 and expn2 == 0:
            break
        s=PolyNode(coef2,expn2)
        q = h.next                    # q指向链表的第一个结点，即表尾
        p = h                         # p指向q的前驱结点
        while q and expn2 < q.expn:   # 将新输入的指数与q指向的结点指数比较
            p = q
            q = q.next
        if q == None or expn2 > q.expn: # q指向要插入结点的位置，p指向要插入
                                        # 结点的前驱
            p.next = s                # 将s结点插入到链表中
            s.next = q
        else:
            q.coef += coef2           # 如果指数与链表中结点指数相同，则将系数
                                      # 相加即可
```

（2）两个一元多项式的相乘

```python
def MultiplyPolyn(A, B):
    #计算两个多项式A(x)和B(x)的乘积
    h = PolyNode(0.0,0)                              # 动态生成头结点
    if A.head.next != None and B.head.next != None:
        maxExp = A.head.next.expn + B.head.next.expn  # maxExp为两个链表指数的
                                                      #     和的最大值

    else:
        return h
    pc = h
    B.Reverse()                                      # 使多项式B(x)呈指数递增形式
    for k in range(maxExp,-1,-1):                    # 多项式的乘积指数范围为0 - maxExp
        pa = A.head.next
        while pa != None and pa.expn > k:            # 找到pa的位置
            pa = pa.next
        pb = B.head.next
        while (pb != None and pa != None and pa.expn+pb.expn < k):
                                                     # 如果和小于k,使pb移到下一个结点
            pb = pb.next
        coef = 0.0
        while (pa != None and pb != None):
            if pa.expn+pb.expn == k:                 # 如果在链表中找到对应的结点,即和等于k,
                                                     #     求相应的系数
                coef += pa.coef * pb.coef
                pa = pa.next
                pb = pb.next
            elif pa.expn + pb.expn > k:              # 如果和大于k,则使pa移到下一个结点
                pa=pa.next
            else:
                pb=pb.next                           # 如果和小于k,则使pb移到下一个结点
        if coef != 0.0:

                                                     # 如果系数不为0,则生成新结点,并将系数和
                                                     #     指数分别赋值给新结点。将结点插入到链表中

            u = PolyNode(coef,k)
            u.next = pc.next
            pc.next = u
            pc = u
    B = B.Reverse()                                  # 完成多项式乘积后,将B(x)呈指数递减形式
    return h

def Reverse(self):
# 将链表逆置,使一元多项式呈指数递增形式
    p = None
    q = self.head.next
```

```
    while q! = None:
        r = q.next            # r指向链表的待处理结点
        q.next = p            # 将链表结点逆置
        p = q                 # p指向刚逆置后链表结点
        q = r                 # q指向下一准备逆置的结点
    self.head.next = p        # 将头结点的指针指向已经逆置后的链表
    #return self.head
```

（3）测试程序

```
if_ name_=='_main_':
    A = PLinkList()
    A.CreatePolyn()
    print('A(x)=',end='')
    A.OutPut()
    B=PLinkList()
    B.CreatePolyn()
    print('B(x)=',end='')
    B.OutPut()
    C = MultiplyPolyn(A, B)
    print('C(x)=A(x)*B(x)=',end='')
    C.DispLinkList()                  # 输出结果
```

程序运行结果如下所示。

```
输入系数coef(系数和指数都为0时，表示结束)5
输入指数exp(系数和指数都为0时，表示结束)4
输入系数coef(系数和指数都为0时，表示结束)3
输入指数exp(系数和指数都为0时，表示结束)2
输入系数coef(系数和指数都为0时，表示结束)3
输入指数exp(系数和指数都为0时，表示结束)1
输入系数coef(系数和指数都为0时，表示结束)0
输入指数exp(系数和指数都为0时，表示结束)0
A(x)=5.0*x^4+3.0*x^2+3.0*x^1
输入系数coef(系数和指数都为0时，表示结束)7
输入指数exp(系数和指数都为0时，表示结束)3
输入系数coef(系数和指数都为0时，表示结束)5
输入指数exp(系数和指数都为0时，表示结束)2
输入系数coef(系数和指数都为0时，表示结束)6
输入指数exp(系数和指数都为0时，表示结束)1
输入系数coef(系数和指数都为0时，表示结束)0
输入指数exp(系数和指数都为0时，表示结束)0
B(x)=7.0*x^3+5.0*x^2+6.0*x^1
C(x)=A(x)*B(x)=35.0*x^7+25.0*x^6+51.0*x^5+36.0*x^4+33.0*x^3+18.0*x^2
```

Python

第5章
栈与递归——一种后进先出的线性结构

　　栈是一种操作受限的线性结构。栈中元素之间的关系与线性表类似,具有线性表的特点,即每一个元素只有一个前驱元素和后继元素(除了第一个元素和最后一个元素外);但在操作上与线性表不同,即栈只允许在表的一端进行插入和删除操作。栈的应用十分广泛,表达式求值、括号匹配、编辑工具软件就利用了栈的设计思想。

　　"栈"这个词语看似很抽象,但其实很容易理解,等学习了表达式求值、数制转换和行编辑程序,就会明白栈的用途。

学习目标:

- 栈的概念、存储结构及基本运算。
- 栈在实际生活中的应用。
- 递归的实现原理、递归的消除。

知识点结构:

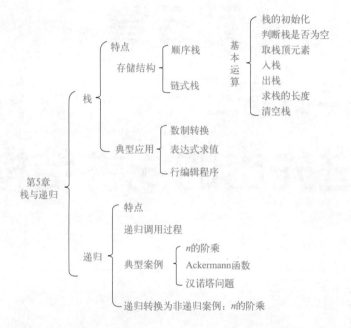

5.1 栈的表示与实现

　　栈(stack)是一种限定性线性表,只允许在表的一端进行插入和删除操作。

5.1.1 什么是栈

　　栈也称为堆栈,它是一种特殊的线性表,只允许在表的一端进行插入和删除操作。允许在表操作的一端称为栈顶(stack top),另一端称为栈底(stack bottom)。栈顶是动态变化的,它由一个称为栈顶指针的变量,即top指示。当表中没有元素时,称为空栈。

栈的插入操作称为入栈或进栈，删除操作称为出栈或退栈。

在栈S=(a_1,a_2,…,a_n)中，a_1称为栈底元素，a_n称为栈顶元素。栈中的元素按照a_1,a_2,…,a_n的顺序依次入栈，当前的栈顶元素为a_n。最先入栈的元素一定在栈底，最后入栈的元素一定在栈顶。每次删除的元素是栈顶元素，也就是最后入栈的元素。因此，栈是一种后进先出的线性表。栈的结构如图5-1所示。可以把栈想象成一个木桶，先放进去的东西在下面，后放进去的东西在上面，最先取出来的是最后放进去的，最后取出来的是最先放进去的。

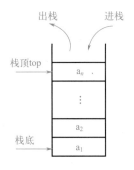

图5-1　栈的结构

在图5-1中，a_1是栈底元素，a_n是栈顶元素，由栈顶指针top指示。最先出栈的元素是a_n，最后出栈的元素是a_1。

图5-2演示了元素A、B、C、D和E依次入栈和出栈的过程。

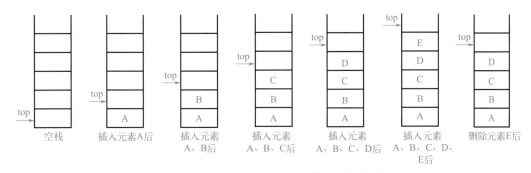

图5-2　元素A、B、C、D、E入栈和出栈的过程

如果一个进栈的序列由A、B、C组成，它的出栈序列有ABC、ACB、BAC、BCA和CBA五种可能，只有CAB是不可能的输出序列。因为A、B、C依次入栈后，C出栈，接着就是B要出栈，不可能A在B之前出栈，所以CAB是不可能出现的序列。

5.1.2　栈的抽象数据类型

栈的抽象数据类型包含数据对象集合和基本操作集合。

（1）数据对象集合

栈的数据对象集合为{a_1,a_2,…,a_n}，元素类型为DataType。

数据元素之间的关系是一对一的关系。除了第一个元素a_1外，每个元素有且只有一个直接前驱元素，除了最后一个元素a_n外，每个元素有且只有一个直接后继元素。通常第一个元素位于栈底，最后一个元素位于栈顶。

（2）基本操作集合

① InitStack(&S)：初始化操作。建立一个空栈S。这就像盖房子前，先打了地基，建好框架结构，准备垒墙。

② StackEmpty(S)：判断栈S是否为空。若栈S为空，则返回True；否则，返回False。栈为空就类似于打好了地基，还没有开始垒墙。栈不为空就类似于开始垒墙。

③ GetTop(S,&e)：将栈S的栈顶元素返回给e。栈顶就像刚垒好的墙最上面的一层砖。

④ PushStack(&S,x)：在栈S中插入元素x，使其成为新的栈顶元素。这就像在墙上放置了一层砖，成为墙的最上面一层。

⑤ PopStack(&S,&e)：删除栈S的栈顶元素，并用e返回其值。这就像拆墙，需要把墙的最上面一层从墙上取下来。

⑥ StackLength(S)：返回栈S的元素个数。这就像整个墙由多少层组成。

⑦ ClearStack(S)：将栈S清为空栈。这就像把墙全部拆除。

与线性表一样，栈也有两种存储表示：顺序存储和链式存储。

5.1.3　顺序栈

（1）栈的顺序存储结构

采用顺序存储结构的栈称为顺序栈。顺序栈利用一组连续的存储单元存放栈中的元素，存放顺序依次从栈底到栈顶。由于栈中元素之间存放地址的连续性，在Python语言中，同样采用列表list或数组array实现栈的顺序存储。另外，增加一个栈顶指针top，用于指向顺序栈的栈顶元素。

栈的顺序存储结构类型描述如下：

```python
def init (self):
    self.top=0
    self.MAXSIZE=50
    self.stack = [None for x in range(0,self.MAXSIZE)]
```

用数组表示的顺序栈如图5-3所示。将元素A、B、C、D、E、F、G、H依次入栈，栈底元素为A，栈顶元素为H。在本书中，约定栈顶指针top指向栈顶元素的下一个位置（而不是栈顶元素）。

图5-3　顺序栈结构

说明：

① 初始时，栈为空，栈顶指针为0，即S.top=0。

② 栈空条件为S.top==0，栈满条件为S.top==StackSize-1。

③ 入栈操作时，先将元素压入栈中，即S.stack[S.top]=e，然后使栈顶指针加1，即S.top+=1。出栈操作时，先使栈顶指针减1，即S.top-=1；然后元素出栈，即e=S.stack[S.top]。

④ 栈的长度即栈中元素的个数为S.top。

注意：当栈中元素个数为StackSize时，称为栈满。当栈满时进行入栈操作，将产生上溢错误。如果对空栈进行删除操作，产生下溢错误。因此，在对栈进行进栈或出栈操作前，要判断栈是否已满或已空。

（2）顺序栈的基本运算

顺序栈的基本运算如下。

① 栈的初始化。

```python
def init_(self):
    self.top=0
    self.MAXSIZE=50
    self.stack = [None for x in range(0,self.MAXSIZE)]
```

② 判断栈是否为空。

```python
def stackEmpty(self):
    if self.top==0:
        return True
     else:
        return False
```

③ 取栈顶元素。

```python
def getTop(self):
    if self.StackEmpty():
        print("栈为空，取栈顶元素失败!")
        return None
    else:
        return self.stack[self.top-1]
```

④ 入栈操作。

```python
def pushStack(self,e):
    if self.top>=self.MAXSIZE:
        print("栈已满! ")
        return False
    else:
        self.stack[self.top]=e
        self.top=self.top+1
        return True
```

⑤ 出栈操作。

```python
def popStack(self):
    if self.StackEmpty():
        print("栈为空，不能进行出栈操作!")
        return None
    else:
        self.top=self.top-1
        x=self.stack[self.top]
        return x
```

⑥ 返回栈的长度。

```
def stackLength(self):
    return self.top
```

⑦ 清空栈。

```
def clearStack(self):
    self.top=0
```

（3）共享栈

栈的应用非常广泛，经常会出现一个程序需要同时使用多个栈的情况。使用顺序栈会因为栈空间的大小难以准确估计，从而造成有的栈溢出，有的栈还有空闲。为了解决这个问题，可以让多个栈共享一个足够大的连续存储空间，利用栈的动态特性使栈空间能够互相补充，存储空间得到有效利用，这就是栈的共享，这些栈被称为共享栈。

在栈的共享问题中，最常用的是两个栈的共享。共享栈主要通过栈底固定、栈顶迎面增长的方式实现。让两个栈共享一个一维数组S[StackSize]，两个栈底设置在数组的两端，当有元素进栈时，栈顶位置从栈的两端向中间迎面增长，当两个栈顶相遇时，栈满。

共享栈（两个栈共享一个连续的存储空间）的数据结构类型描述如下。

```
class SSeqStack(object):
    def_init_(self):
    # 共享栈的初始化操作
        self.top=[None]*2
        self.top[0]=0
        self.top[1]= StackSize -1
        self.StackSize =50
        self.stack = [None for x in range(0,self.StackSize)]
```

其中，top[0]和top[1]分别是两个栈的栈顶指针。

例如，共享栈的存储表示如图5-4所示。

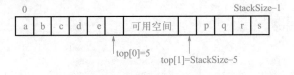

图5-4　共享栈示意图

共享栈的算法操作如下。

① 初始化。

```
def_init_(self):
# 共享栈的初始化操作
    self.top=[None for i in range(2)]
```

```
self.top[0]=0
self.top[1]= StackSize -1
self.StackSize =50
self.stack = [None for x in range(0,self.StackSize)]
```

② 入栈操作。

```
def PushStack(self, e, flag):
# 共享栈入栈操作。入栈成功则返回True，否则返回False
    if self.top[0]==self.top[1]:             # 在入栈操作之前，判断共享栈是否已满
        return False
    if flag==0:                              # 当flag为0时，表示元素要入左端的栈
        self.stack[self.top[0]]=e            # 元素入栈
        self.top[0]+=1                       # 修改栈顶指针
    elif flag==1:                            # 当flag为1时，表示元素要入右端的栈
        self.stack[self.top[1]]=e            # 元素入栈
        self.top[1]-=1                       # 修改栈顶指针
    else:
        return False
    return True
```

③ 出栈操作。

```
def PopStack(self, flag):
# 共享栈出栈操作。出栈成功则返回True和出栈元素值，否则返回False和None
    if flag==0:                              # 在出栈操作之前，判断是哪个栈要进行出栈操作
        if self.top[0]==0:                   # 左端的栈为空，则返回0，表示出栈操作失败
            return False,None
        self.top[0]-=1                       # 修改栈顶指针
        e=S.stack[self.top[0]]               # 将出栈的元素赋值给e
    elif flag==1:
        if self.top[1]==StackSize-1:         # 右端的栈为空，则返回0，表示出栈操作失败
            return False,None
        self.top[1]+=1                       # 修改栈顶指针
        e=self.stack[self.top[1]]            # 将出栈的元素赋值给e
    else:
        return False,None
    return True,e
```

5.1.4 链栈

（1）栈的链式存储结构

采用链式存储方式的栈称为链栈或链式栈。链栈可采用带头结点和不带头结点的单链表实现。由于栈的插入与删除操作仅限在表头的位置进行，因此链表的表头指针就作为栈顶指针。带头结点的链栈如图5-5所示。

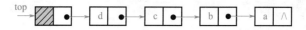

图5-5　链栈示意图

在图5-5中，top为栈顶指针，始终指向栈顶元素前面的头结点。链栈的基本操作与链表的类似，在使用完链栈时，应释放其空间。

链栈结点的类型描述如下：

```python
class LinkStackNode:
    def _init_(self):
        self.data=None
        self.next=None
```

链栈的入栈操作与链表的插入操作类似，出栈操作与链表的删除操作类似。关于链栈的操作说明如下：

① 链栈通过链表实现，链表的第一个结点位于栈顶，最后一个结点位于栈底。

② 设栈顶指针为top，初始化时，对于不带头结点的链栈，top=None；对于带头结点的链栈，top.next =None。

③ 不带头结点的栈空条件为top=None，带头结点的栈空条件为top.next=None。

（2）链栈的基本运算

链栈的基本运算具体实现如下。

① 链栈的初始化。

```python
class MyLinkStack:
    def _init_(self):
        self.top=LinkStackNode()
```

② 判断链栈是否为空。

```python
def stackEmpty(self):
    if self.top.next is None
        return True
    else:
        return False
```

③ 入栈操作。入栈操作是要将新元素结点插入到链表的第一个结点之前，分为两个步骤：p.next=top.next；top.next=p。入栈操作如图5-6所示。

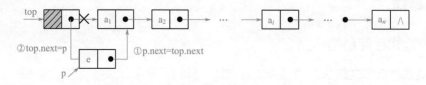

图5-6　入栈操作

```
def pushStack(self,e):
    p=LinkStackNode()
    p.data=e
    p.next=self.top.next
    self.top.next=p
```

④ 出栈操作。出栈操作是将单链表中的第一个结点删除，将结点的元素赋值给e，并释放结点空间。在元素出栈前，要判断栈是否为空。出栈操作如图5-7所示。

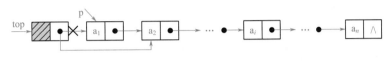

图5-7　出栈操作

```
def popStack(self):
    if self.stackEmpty():
        print("栈为空，不能进行出栈操作!")
        return None
    else:
        p=self.top.next.data
        self.top.next=self.top.next.next
        return p
```

⑤ 取栈顶元素。

```
def getTop(self):
    if self.stackEmpty():
        print("栈为空，取栈顶元素失败!")
        return None
    else:
        return self.top.next.data
```

⑥ 求表长操作。

```
def stackLength(self):
    p=self.top.next
    len=0
    while p is not None:
        p=p.next
        len=len+1
    return len
```

　　求表长操作就是求链栈的元素个数，必须从栈顶指针，即链表的头指针开始，依次访问每个结点，并利用计数器计数，到栈底为止。求表长的时间复杂度为$O(n)$。
　　⑦ 销毁链栈。在程序结束后要将动态申请的结点空间释放。从栈顶开始，依次通过del命令释放结点空间，到栈底为止。销毁链栈的算法实现如下。

```
def clearStack(self):
    while self.top is not None:
        p=self.top
        self.top=self.top.next
        del p
```

⑧ 创建链栈。创建链栈主要是利用链栈的插入操作思想实现，根据用户输入的元素序列，将该元素序列存入eElem中，然后依次取出每个元素，将其插入到链栈中，即将元素依次入栈。创建链栈的算法实现如下。

```
def createStack(self):
    print("请输入要入栈的整数: ")
    eElem=list(map(int, input().split()))
    for e in eElem:
        pnode=LinkStackNode()
        pnode.data=e
        pnode.next=self.top.next
        self.top.next=pnode
```

5.2 栈的应用

栈结构后进先出的特性，使它成为一种重要的数据结构，它在计算机中的应用也非常广泛。在程序的编译和运行过程中，需要利用栈对程序的语法进行检查，如括号的配对、表达式求值和函数的递归调用。

5.2.1 数制转换

将十进制数N转换为x进制数，可用辗转相除法。算法步骤如下：

① 将N除以x，取其余数。

② 判断商是否为零，如果为零，结束程序；否则，将商送N，转①继续执行。

上面算法所得到的余数序列正好与x进制数的数字序列相反，因此利用栈的后进先出特性，先把得到的余数序列放入栈保存，最后依次出栈得到x进制数字序列。

例如，$(1568)_{10}=(3040)_8$，其运算过程如下：

N	$N/8$	$N\%8$
1568	196	0
196	24	4
24	3	0
3	0	3

十进制数转换为八进制数的算法描述如下：

```python
class LinkStackNode:
    def _init_(self):
        self.data=None
        self.next=None
class MyLinkStack:
    def _init_(self):
        self.top=LinkStackNode()


def covert10to8(x):
# 利用栈定义和栈的基本操作实现十进制数转换为八进制数。利用辗转相除法依次得到余数，并将余数
进栈，利用栈的后进先出的思想，最后出栈得到八进制序列
    top=None
    while x != 0:
        p = LinkStackNode()
        p.data = x % 8
        p.next = top
        top = p
        x = x // 8
    num=[]
    while top is not None:
        p = top
        num.append(p.data)
        top = top.next
    return num
```

思考： 以上算法也可以直接利用数组或链表来实现，这个留给大家思考。

5.2.2 行编辑程序

一个简单行编辑程序的功能是：接收用户输入的程序或数据，并存入数据区。由于用户进行输入时，有可能出现差错，因此，在编辑程序时，每接收一个字符即存入数据区的做法显然是不恰当的。比较好的做法是，设立一个输入缓冲区，用来接收用户输入的一行字符，然后逐行存入数据区。如果用户输入出现错误，在发现输入有误时及时更正。例如，当用户发现刚刚键入的一个字符是错误的时候，可以输入一个退格符"#"，以表示前一个字符无效；如果发现当前输入的行内差错较多时，则可以输入一个退行符"@"，以表示当前行中的字符均无效。

例如，假设从终端接收了如下两行字符：

```
whl#ike##le(s#*s)
    opintf@putchar(*s==##++);
```

则实际有效的是下面的两行：

```
while(*s)
    putchar(*s++);
```

为了纠正以上的输入错误，可以设置一个栈，每读入一个字符，如果这个字符不是"#"或"@"，将该字符进栈。如果读入的字符是"#"，将栈顶的字符出栈。如果读入的字符是"@"，则将栈清空。

【例5-1】 试利用栈的"后进先出"思想，编写一个行编辑程序：当前一个字符输入有误时，输入"#"消除；当输入的一行有误时，输入"@"消除当前行的字符序列。

【分析】 逐个检查输入的字符序列，如果当前的字符不是"#"和"@"，则将该字符进栈。如果是字符"#"，将栈顶的字符出栈。如果当前字符是"@"，则清空栈。

行编辑算法实现如下。

```python
from SeqStack import MySeqStack
def LineEdit():                          # 行编辑程序
    S=MySeqStack()
    a=[None for i in range(100)]
    j=0
    ch=input("输入字符序列('#'使前一个字符无效, '@'使当前行的字符无效).\n")
    i=0
    while i<len(ch):
        if ch[i]=='#':                   # 如果当前输入字符是'#',且栈不空,则将栈顶字符出栈
            if S.StackEmpty()==False:
                S.PopStack()
        elif ch[i]=='@':                 # 如果当前输入字符是'@',则将栈清空
            S.ClearStack();
        else:                            # 如果当前输入字符不是'#'和'@',则将字符进栈
            S.PushStack(ch[i])
        i+=1
    while S.StackEmpty()==False:
        e=S.PopStack()                   # 将字符出栈,并存入数组a中
        a[j]=e
        j+=1
    for i in range(j-1,-1,-1):           # 输出正确的字符序列
        print(a[i],end='')
    print()
    S.ClearStack()

if _name_=='_main_':
    LineEdit()
```

程序运行结果如下所示。

```
输入字符序列('#'使前一个字符无效, '@'使当前行的字符无效).
whl#ike##le
while
```

5.2.3　算术表达式求值——计算机如何计算表达式的值

在计算器的使用中，当输入"$(8×(15-9)+6)÷3$"时，在计算器中就会得到18，如图5-8所示。

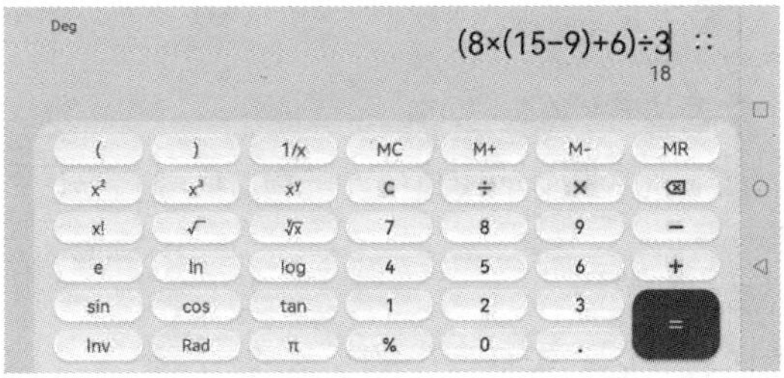

图5-8　在计算器中输入"$(8×(15-9)+6)÷3$"的运算结果

计算器是如何进行计算的？它的工作原理是什么？它是如何知道先计算谁，后计算谁的？其实，计算器是利用了数据结构中的"栈"，它的作用就是确定先计算什么，后计算什么，即确定数据运算的优先顺序。

在计算机中，我们称"$(8×(15-9)+6)÷3$"为算术表达式，计算算术表达式的值，即算术表达式求值是程序设计语言编译中的一个基本问题。在编译系统中，需要利用栈的"后进先出"特性把人们便于理解的表达式翻译成计算机理解的表示序列，然后再进行运算。

一个表达式由操作数（operand）、运算符（operator）和分界符（delimiter）组成。一般地，操作数可以是常数，也可以是变量；运算符包括算术运算符、关系运算符和逻辑运算符；分界符包括左右括号和表达式的结束符等。为了简化问题的描述，我们仅讨论简单算术表达式的求值问题。这种表达式只包含加、减、乘、除等四种运算符和左、右圆括号。

像"$(8×(15-9)+6)÷3$"这样的表达式，运算符+、-、×、÷位于两个操作数的中间，被称为中缀表达式。计算机编译系统在计算算术表达式的值时，需要先将中缀表达式转换为后缀表达式，然后求解表达式的值。

（1）将中缀表达式转换为后缀表达式

例如，一个算术表达式为

```
a-(b+c*d)/e
```

编译系统在计算一个算术表达式之前，要先将上面的中缀表达式转换为后缀表达式，然后对后缀表达式进行计算。在后缀表达式中，算术运算符出现在操作数之后，并且不含括号。

上面的中缀表达式对应的后缀表达式为

```
a b c d * + e / -
```

后缀表达式与中缀表达式相比，具有以下两个特点：

① 后缀表达式与中缀表达式的操作数出现顺序相同，只是后缀表达式的运算符先后顺序改变了；

② 后缀表达式不出现括号。

说明： 由于后缀表达式具有以上特点，所以，编译系统在处理时不必考虑运算符的优先关系。只要从左到右依次扫描后缀表达式的各个字符，当读到的字符为运算符时，对运算符前面的两个操作数利用该运算符运算，并将运算结果作为新的操作对象替换两个操作数和运算符，继续扫描后缀表达式，直到处理完毕。

综上，表达式的运算分为两个步骤：

① 将中缀表达式转换为后缀表达式；

② 依据后缀表达式计算表达式的值。

将一个算术表达式的中缀形式转化为相应的后缀形式前，需要先了解算术四则运算的规则。算术四则运算的规则是：

① 先计算乘除，后计算加减；

② 先计算括号内的表达式，后计算括号外的表达式；

③ 同级别的运算从左到右进行计算。

如何将中缀表达式转换为后缀表达式呢？设置一个栈，用于存放运算符。依次读入表达式中的每个字符，如果是操作数，则直接输出。如果是运算符，则比较栈顶元素符与当前运算符的优先级，然后进行处理，直到整个表达式处理完毕。这里，约定#作为后缀表达式的结束标志，假设栈顶运算符为 θ_1，当前扫描的运算符为 θ_2。

中缀表达式转换为后缀表达式的算法如下：

① 初始化栈，将"#"入栈。

② 如果当前读入的字符是操作数，则将该操作数输出，并读入下一字符。

③ 如果当前字符是运算符，记作 θ_2，则将 θ_2 与栈顶的运算符 θ_1 比较。如果栈顶的运算符 θ_1 优先级小于当前运算符 θ_2，则将当前运算符 θ_2 进栈；如果栈顶的运算符 θ_1 优先级大于当前运算符 θ_2，则将栈顶运算符 θ_1 出栈并将其作为后缀表达式输出。然后继续比较新的栈顶运算符 θ_1 与当前运算符 θ_2 的优先级，如果栈顶运算符 θ_1 的优先级与当前运算符 θ_2 相等，且 θ_1 为"("，θ_2 为")"，则将 θ_1 出栈，继续读入下一个字符。

④ 如果当前运算符 θ_2 的优先级与栈顶运算符 θ_1 相等，且 θ_1 和 θ_2 都为"#"，将 θ_1 出栈，栈为空，则中缀表达式转换为后缀表达式，算法结束。

运算符优先关系表如表5-1所示。

表5-1 运算符优先关系表

θ_1 \ θ_2	+	-	*	/	(	)	#
+	>	>	<	<	<	>	>
-	>	>	<	<	<	>	>
*	>	>	>	>	<	>	>
/	>	>	>	>	<	>	>
(	<	<	<	<	<	=	
)	>	>	>	>		>	>
#	<	<	<	<	<		=

例如，中缀表达式"（8*（15-9）+6）/3"转换为后缀表达式的过程如表5-2所示。

表5-2　中缀表达式"（8*（15-9）+6）/3"转换为后缀表达式的过程

步骤	中缀表达式	栈	输出后缀表达式	步骤	中缀表达式	栈	输出后缀表达式
1	(8*(15-9)+6)/3#	#		10	+6)/3#	#(*	8 15 9 -
2	8*(15-9)+6)/3#	#(		11	+6)/3#	#(	8 15 9 - *
3	*(15-9)+6)/3#	#(	8	12	6)/3#	#(+	8 15 9 - *
4	(15-9)+6)/3#	#(*	8	13	)/3#	#(+	8 15 9 - * 6
5	15-9)+6)/3#	#(*(	8	14	/3#	#(+	8 15 9 - * 6 +
6	-9)+6)/3#	#(*(	8 15	15	/3#	#	8 15 9 - * 6 +
7	9)+6)3#	#(*(-	8 15	16	3#	#/	8 15 9 - * 6 +
8	)+6)/3#	#(*(-	8 15 9	17	#	#/	8 15 9 - * 6 + 3
9	+6)/3#	#(*(	8 15 9 -	18	#	#	8 15 9 - * 6 + 3 /

（2）后缀表达式的计算

计算后缀表达式的值需要设置一个操作数栈，即S栈，用于存放操作数和中间运算结果。依次读入后缀表达式中的每个字符，如果是操作数，则将操作数进入S栈；如果是运算符，则将操作数出栈两次。然后对操作数进行当前操作符的运算，直到整个表达式处理完毕。

后缀表达式的求值算法如下（假设栈顶运算符为 θ_1，当前扫描的运算符为 θ_2）：

① 初始化S栈；

② 如果当前读入的字符是操作数，则将该操作数进入S栈；

③ 如果当前字符是运算符 θ，则将S栈退栈两次，分别得到操作数 x 和 y，对 x 和 y 进行 θ 运算，即 $y\theta x$，得到中间结果 z，将 z 进S栈；

④ 重复执行步骤②和③，直到表达式处理完毕，此时栈S中只有一个元素。

计算后缀表达式"8 15 9 - * 6 + 3 /"的过程如图5-9所示。

（3）表达式的运算举例

【例5-2】 利用栈将中缀表达式"(8*(15-9)+6)/3"转换为后缀表达式，并计算后缀表达式的值。

【分析】 设置两个字符数组str和exp，str用来存放中缀表达式的字符串，exp用来存放后缀表达式的字符串。将中缀表达式转换为后缀表达式的方法是：依次扫描中缀表达式，如果遇到数字则将其存入数组exp中；如果遇到运算符，则将栈顶运算符与当前运算符比较。如果当前运算符的优先级大于栈顶运算符的优先级，则将当前运算符进栈；如果栈顶运算符的优先级大于当前运算符的优先级，则将栈顶运算符出栈，并保存到数组exp中。

为了处理方便，在遇到数字字符时，需要在其后补一个空格，作为分隔符。在计算后缀表达式值时，需要对两位数以上的字符进行处理，将处理后的数字入栈。

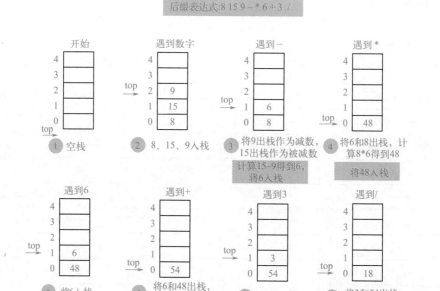

图5-9　计算后缀表达式的过程

中缀表达式转换为后缀表达式的算法如下。

```
def TranslateExpress(self,str,exp):
# 中缀表达式转换为后缀表达式
    i=0
    j=0
    end=False
    ch=str[i]
    i=i+1
    while i <=len(str) and end==False :
        if ch=='(':              # 如果当前字符是左括号，则将其进栈
            self.PushStack(ch)
        elif ch==')':            # 如果是右括号，将栈中的运算符出栈，并将其存入数组exp中
            while self.GetTop()!=None and self.GetTop()!= '(':
                e=self.PopStack()
                exp[j] = e
                j =j+1
            e=self.PopStack()    # 将左括号出栈
        elif ch=='+' or ch=='-': # 如果遇到的是 '+' 和'-'，因为其优先级低于栈顶运
                                 # 算符的优先级，所以先将栈顶字符出栈，并将其存入数
                                 # 组exp中，然后将当前运算符进栈
            while self.StackEmpty()==False and self.GetTop() != '(':
                e=self.PopStack()
                exp[j]=e
                j=j+1
```

```
                    self.PushStack(ch)          # 当前运算符进栈
            elif ch=='*' or ch=='/' :       # 若遇到'*'和'/'，先将同级运算符出栈，并存入数组
                                              exp中，然后将当前的运算符进栈
                    while self.StackEmpty()==False and self.GetTop()== '/' or
self.GetTop()  == '*':
                        e=self.PopStack()
                        exp[j] = e
                        j=j+1
                    self.PushStack(ch)          # 当前运算符进栈
            elif ch==' ':                    # 如果遇到空格，忽略
                break
            else:                            # 若遇到操作数，则将操作数直接送入数组exp中
                while ch >= '0' and ch <= '9':
                    exp[j] = ch
                    j=j+1
                    if i<len(str):
                        ch = str[i]
                    else:
                        end=True
                        break
                    i=i+1
                i=i-1
            ch = str[i]                      # 读入下一个字符，准备处理
            i=i+1
    while self.StackEmpty()==False:  # 将栈中所有剩余的运算符出栈，送入数组exp中
        e=self.PopStack()
        exp[j] = e
        j=j+1
```

表达式"(8*(15-9)+6)/3"经过转换后，后缀表达式为"8 15 9 - * 6 + 3 /"。

计算后缀表达式值的算法如下：

```
def ComputerExpress(self,a):
    i=0
    while i<len(a):
        if a[i]>='0' and a[i]<='9':
            self.PushStack(int(a[i]))   # 处理之后将数字进栈
        else:
            if a[i]=='+':
                x1=self.PopStack()
                x2=self.PopStack()
                result=x1+x2
                self.PushStack(result)
            elif a[i]=='-':
                x1=self.PopStack()
                x2=self.PopStack()
```

```
                    result=x2-x1
                    self.PushStack(result)
              elif a[i]=='*':
                    x1=self.PopStack()
                    x2=self.PopStack()
                    result=x1*x2
                    self.PushStack(result)
              elif a[i]=='/':
                    x1=self.PopStack()
                    x2=self.PopStack()
                    result=x2/x1
                    self.PushStack(result)
          i=i+1
     if self.StackEmpty()==False:          # 如果栈不空，将结果出栈，并返回
          result=self.PopStack()
     if self.StackEmpty()==True:
          return result
     else:
          print("表达式错误")
          return result
```

测试程序如下：

```
if _name_=='_main_':
    S1 = MySeqStack()
    str=input("请输入一个算术表达式: ")
    exp=''
    str = [x for x in str[::1]]
    exp = [None for x in str[::1]]
    S1.TranslateExpress(str,exp)
    exp2=[]
    exp2 = list(filter(None, exp))
    str="".join(str)
    print("表达式",str,"的值=",S1.ComputerExpress(exp2))
def CalExpress(str):
    #计算表达式的值
    Optr=OptStack()
    Opnd=OptStack()
    TempStack=OptStack()
    Optr.Push('#')
    n=len(str)
    i=0
    base=1
    res=0
    a=[]
    print("运算符栈和操作数栈的变化情况如下: ")
```

```
    while i<n or Optr.GetTop() is not None:
        if i<n and IsOptr(str[i])==False:          # 是操作数
            '''
            while i<n and not IsOptr(str[i]):        # 读入的是数字
                TempStack.Push(int(str[i]))          # 将数字字符转换为数字并暂存起来
                i+=1
            while not TempStack.StackEmpty():        # 将暂存的数字序列转换为一个完整的数字
                evalue=TempStack.Pop()
                res+=evalue*base
                base*=10
            '''
            '''另外一种方法'''
            while i<n and not IsOptr(str[i]):
                a.append(str[i])
                i+=1
            if len(a)>=1:
                res=StrtoInt(a)
            a=[]
        base = 1
        if res!=0:
            Opnd.Push(res)                           # 将运算结果压入Opnd栈
            DispStackStatus(Optr,Opnd)
        res = 0
        if IsOptr(str[i]):                           # 是运算符
            if Precede(Optr.GetTop(),str[i])=='<':
                Optr.Push(str[i])
                i+=1
                DispStackStatus(Optr,Opnd)
            elif Precede(Optr.GetTop(),str[i])=='>':
                theta=Optr.Pop()
                rvalue=Opnd.Pop()
                lvalue=Opnd.Pop()
                exp=GetValue(theta,lvalue,rvalue)
                Opnd.Push(exp)
                DispStackStatus(Optr,Opnd)
            elif Precede(Optr.GetTop(),str[i])=='=':
                theta=Optr.Pop()
                i+=1
                DispStackStatus(Optr,Opnd)
    return Opnd.GetTop()
```

程序运行结果如下。

请输入算术表达式串：(8*(15-9)+6)/3#

运算符栈和操作数栈的变化情况如下：

```
运算符栈:  #(  ,   操作数栈:
运算符栈:  #(  ,   操作数栈:  8
运算符栈:  #( * ,   操作数栈:  8
运算符栈:  #( * ( ,   操作数栈:  8
运算符栈:  #( * ( ,   操作数栈:  8 15
运算符栈:  #( * ( - ,   操作数栈:  8 15
运算符栈:  #( * ( - ,   操作数栈:  8 15 9
运算符栈:  #( * ( ,   操作数栈:  8 6
运算符栈:  #( * ,   操作数栈:  8 6
运算符栈:  #(  ,   操作数栈:  48
运算符栈:  #( + ,   操作数栈:  48
运算符栈:  #( + ,   操作数栈:  48 6
运算符栈:  #(  ,   操作数栈:  54
运算符栈:  #,   操作数栈:  54
运算符栈:  #/ ,   操作数栈:  54
运算符栈:  #/ ,   操作数栈:  54 3
运算符栈:  #,   操作数栈:  18.0
运算符栈:   ,   操作数栈:  18.0
表达式  (8*(15-9)+6)/3#  的运算结果为:  18.0
```

5.3 递归

程序设计中递归的设计就是利用了栈的后进先出的思想。利用栈可以将递归程序转换为非递归程序。

5.3.1 递归——自己调用自己

递归是指在函数的定义中,在定义自己的同时又出现了对自身的调用。如果一个函数在函数体中直接调用自己,称为直接递归函数。如果经过一系列的中间调用,间接调用自己的函数称为间接递归调用。

(1)递归函数

例如,n的阶乘递归定义如下:

$$\text{fact}(n) = \begin{cases} 1 & n = 0 \\ n \times \text{fact}(n-1) & n > 0 \end{cases}$$

n的阶乘算法如下:

```python
def fact(n):                          # n的阶乘的非递归算法实现
    f=1
    for i in range(1,n+1):            # 直接用迭代,通过循环结构就可消除递归
        f=f*i
    return f
```

Ackermann函数定义如下：

$$Ack(m,n) = \begin{cases} n+1 & m=0 \\ Ack(m-1,1) & m \neq 0, n=0 \\ Ack(m-1,Ack(m,n-1)) & -m \neq 0, n \neq 0 \end{cases}$$

Ackermann函数相应算法如下：

```python
def Ack(m,n):                      # Ackermann递归算法实现
    if m==0:
        return n+1
    elif n==0:
        return Ack(m-1,1)
    else:
        return Ack(m-1,Ack(m,n-1))
```

（2）递归调用过程

递归问题可以分解成规模小且性质相同的问题加以解决。下面以著名的汉诺塔问题为例来说明递归的调用过程。

假设有三个塔座A、B、C，在塔座A上放置有n个直径大小各不相同，从小到大编号为$1,2,\cdots,n$的圆盘，如图5-10所示。要求将塔座A上的n个圆盘移动到塔座C上，并按照同样的叠放顺序排列，圆盘移动时必须遵循以下规则：

① 每次只能移动一个圆盘；

② 圆盘可以放置在A、B和C中的任何一个塔座上；

③ 任何时候都不能将一个较大的圆盘放在较小的圆盘上。

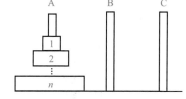

图5-10 n阶汉诺塔的初始状态

如何实现将放在A上的圆盘按照规则移动到C上呢？当$n=1$时，问题比较简单，直接将编号为1的圆盘从塔座A移动到C上即可。当$n>1$时，需要利用塔座B作为辅助塔座，如果能将放置在编号为n之上的$n-1$个圆盘从塔座A上移动到B上，则可以先将编号为n的圆盘从塔座A移动到C上，然后将塔座B上的$n-1$个圆盘移动到塔座C上。而如何将$n-1$个圆盘从一个塔座移动到另一个塔座又成为与原问题类似的问题，只是规模减小了1，因此可以用同样的方法解决。这是一个递归的问题，汉诺塔的算法描述如下。

```python
def Hanoi(n,A,B,C):
# 将塔座A上按照从小到大自上而下编号为1到n的圆盘按照规则搬到塔座C上，B可以作为辅助塔座
    if n==1:
        move(1,A,C)              # 将编号为1的圆盘从A移动到C
    else:
        Hanoi(n-1,A,C,B)         # 将编号为1到n-1的圆盘从A移动到B，C作为辅助塔座
        move(n,A,C)              # 将编号为n的圆盘从A移动到C
        Hanoi(n-1,B,A,C)         # 将编号为1到n-1的圆盘从B移动到C，A作为辅助塔座
def move(tempA,n,tempB):
    print("move plate %d from column %s to column %s" %(n,tempA,tempB))
```

下面以*n*=3为例，来说明汉诺塔的递归调用过程。如图5-11所示，经历3个过程移动圆盘。

第1个过程，将编号为1和2的圆盘从塔座A移动到B。

第2个过程，将编号为3的圆盘从塔座A移动到C。

第3个过程，将编号为1和2的圆盘从塔座B移动到C。

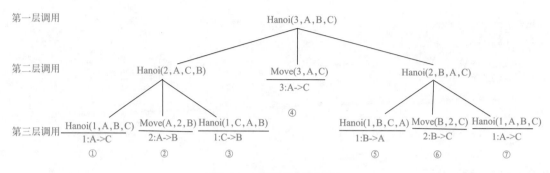

图5-11　汉诺塔递归调用过程

第1个过程，通过调用Hanoi(2,A,C,B)实现。Hanoi(2,A,C,B)又调用自己，完成将编号为1的圆盘从塔座A移动到C，如图5-12所示。编号为2的圆盘从塔座A移动到B，编号为1的圆盘从塔座C移动到B，如图5-13所示。

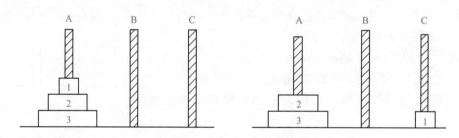

图5-12　将编号为1的圆盘从塔座A移动到C

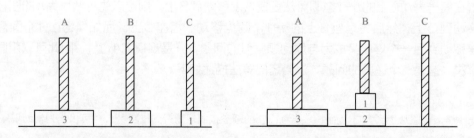

图5-13　将编号为2的圆盘从塔座A移动到B，编号为1的圆盘从塔座C移动到B

第2个过程完成编号为3的圆盘从塔座A移动到C，如图5-14所示。

第3个过程通过调用Hanoi(2,B,A,C)实现圆盘移动。通过再次递归完成将编号为1的圆盘从塔座B移动到A，如图5-15所示。将编号为2的圆盘从塔座B移动到C，将编号为1的圆盘从塔座A移动到C，如图5-16所示。

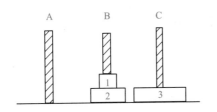

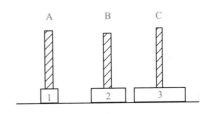

图5-14 将编号为3的圆盘从塔座A移动到C   图5-15 编号为1的圆盘从塔座B移动到A

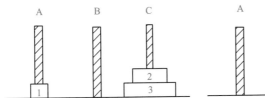

图5-16 将编号为2的圆盘从塔座B移动到C，编号为1的圆盘从塔座A移动到C

在递归调用过程中，运行被调用函数前系统要完成3件事情：

① 将所有参数和返回地址传递给被调用函数保存；

② 为被调用函数的局部变量分配存储空间；

③ 将控制转到被调用函数的入口。

当被调用函数执行完毕，返回到调用函数之前，系统同样需要完成3个任务：

① 保存被调用函数的执行结果；

② 释放被调用函数的数据存储区；

③ 将控制转到调用函数的返回地址处。

在多层嵌套调用时，递归调用过程的原则是后调用的先返回，因此，递归调用是通过栈实现的。函数递归调用过程中，在递归结束前，每调用一次，就进入下一层。当一层递归调用结束时，返回到上一层。

为了保证递归调用的正确执行，系统设置了一个工作栈作为递归函数运行期间使用的数据存储区。每一层递归包括实在参数、局部变量及上一层的返回地址等构成一个工作记录。每进入下一层，就产生一个新的工作栈记录被压入栈顶。每返回到上一层，就从栈顶弹出一个工作记录。因此，当前层的工作记录是栈顶工作记录，被称为活动记录。递归过程产生的栈由系统自动管理，类似用户使用的栈。递归的实现本质上是把嵌套调用变成栈实现。

5.3.2 消除递归——用栈模拟递归调用过程

用递归编制的算法具有结构清晰、易读，容易实现并且递归算法的正确性很容易得到证明。但是，递归算法的执行效率比较低，因为递归需要反复入栈，时间和空间开销大。

递归的算法也完全可以转换为非递归实现，这就是递归的消除。消除递归的方法有两种：一种是对于简单的递归可以直接用迭代，通过循环结构就可以消除；另一种方法是利用栈的方式实现。例如，n的阶乘就是一个简单的递归，可以直接利用迭代消除递归。n的阶乘的非递归算法如下。

```
def fact(n):                    # n的阶乘的非递归算法实现
    f=1
    for i in range(1,n+1):      # 直接利用迭代消除递归
        f=f*i
    return f
```

n的阶乘的递归算法也可以转换为利用栈实现的非递归算法。当n=3时，递归调用过程如图5-17所示（为了叙述方便，用f代表fact函数）。

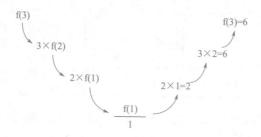

图5-17　递归调用过程

递归函数调用参数进栈情况如图5-18所示。当n=1时，递归调用开始逐层返回，参数出栈情况如图5-19所示。

图5-18　递归调用入栈

图5-19　递归调用出栈

利用栈模拟递归过程可以通过以下步骤实现：

① 设置一个工作栈，用于保存递归工作记录，包括实在参数、返回地址等。

② 将调用函数传递过来的参数和返回地址入栈。

③ 利用循环模拟递归分解过程，逐层将递归过程的参数和返回地址入栈。当满足递归结束条件时，依次逐层退栈，并将结果返回给上一层，直到栈空为止。

【例5-3】 编写求$n!$的递归算法与利用栈实现的非递归算法。

【分析】 通过利用栈模拟在n的阶乘递归实现中，递归过程中工作记录的进栈过程与出栈过程，实现非递归算法。定义一个二维数组，数组的第一维用于存放本层参数n，第二维用于存放本层要返回的结果。

```python
MaxSize=100
def fact2(n):                               # n的阶乘非递归实现
    s=[[0 for i in range(2)] for j in range(MaxSize)]   # 定义一个嵌套列表用于存储
                                                        临时变量及返回结果

    top=-1                                  # 并将栈顶指针置为-1
    top=top+1                               # 栈顶指针加1，将工作记录入栈
    s[top][0]=n                             # 记录每一层的参数
    s[top][1]=0                             # 记录每一层的结果返回值
    while True:
        if s[top][0]==1:                    # 递归出口
            s[top][1]=1
            print("n=%4d, fact=%4d"%(s[top][0],s[top][1]))
        if s[top][0]>1 and s[top][1]==0:            # 通过栈模拟递归的递推过程，将问题
                                                    依次入栈

            top=top+1
            s[top][0]=s[top-1][0]-1
            s[top][1]=0                     # 将结果置为0，还没有返回结果
            print("n=%4d, fact=%4d"%(s[top][0],s[top][1]))
        if s[top][1]!=0:                    # 模拟递归的返回过程，将每一层调用的结果返回
            s[top-1][1]=s[top][1]*s[top-1][0]
            print("n=%4d, fact=%4d",s[top-1][0],s[top-1][1])
            top=top-1
        if top<=0:
            break
    return s[0][1]                          # 返回计算的阶乘结果


if _name_=='_main_':
    n=int(input("请输入一个正整数(n<15)："))
    print("递归实现n的阶乘:")
    f=fact(n)                               # 调用n的阶乘递归实现函数
    print("n!=%4d"%(f))
    f=fact2(n)                              # 调用n的阶乘非递归实现函数
    print("利用栈非递归实现n的阶乘:")
    print("n!=%4d"%(f))
```

程序运行结果如下所示。

```
请输入一个正整数(n<15)：5
递归实现n的阶乘：
n!= 120
n=    4, fact=    0
```

```
n=    3, fact=    0
n=    2, fact=    0
n=    1, fact=    0
n=    1, fact=    1
n=%4d, fact=%4d 2 2
n=%4d, fact=%4d 3 6
n=%4d, fact=%4d 4 24
n=%4d, fact=%4d 5 120
利用栈非递归实现n的阶乘：
n!= 120
```

思考题： 利用栈，将 *n* 阶汉诺塔的递归算法转换为非递归算法。

Python

第6章
队列

俗话说，无规矩不成方圆，队列（queue）遵循的原则是先来先服务，这和在日常生活中排队买火车票一样，先到的先买，后到的后买。在数据结构中，我们将其抽象出来，称为队列。队列也是一种操作受限的线性结构。队列的特殊性在于只能在表的一端进行插入操作，在另一端进行删除操作。队列在操作系统和事务管理等软件设计中应用广泛，如键盘输入缓冲区问题就是利用队列的思想实现的。

学习目标：
- 队列的概念、存储结构及基本运算。
- 队列在实际生活中的应用。

知识点结构：

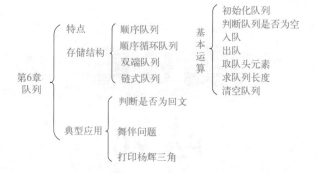

6.1　队列的表示与实现

队列也是一种限定性线性表，允许在表的一端进行插入操作，在表的另一端进行删除操作。

6.1.1　队列的定义

队列是一种先进先出（first in first out，缩写为FIFO）的线性表，它只允许在表的一端插入元素；而在另一端删除元素。其中，允许插入的一端叫作队尾（rear），允许删除的一端称为队头（front）。

假设队列为$q=(a_1,a_2,\cdots,a_i,\cdots,a_n)$，那么$a_1$就是队头元素，$a_n$则是队尾元素。进入队列时，是按照$a_1,a_2,\cdots,a_n$的顺序依次进入的，退出队列时也是按照这个顺序退出的。即出队列时，只有当前面的元素都退出之后，后面的元素才能退出。因此，只有当$a_1,a_2,\cdots,a_{n-1}$都退出队列以后，a_n才能退出队列。队列的示意图如图6-1所示。

图6-1　队列的示意图

在日常生活中，人们买票排的队就是一个队列。新来买票的人到队尾排队，形成新的队尾，即入队，在队头的人买完票离开，即出队。操作系统中的多任务处理也是队列的应用问题。

6.1.2 队列的抽象数据类型

队列的抽象数据类型包括队列的数据对象集合和基本操作集合。

（1）数据对象集合

队列的数据对象集合为$\{a_1, a_2, \cdots, a_n\}$，元素类型为DataType。数据元素之间的关系与线性表类似，数据关系为$R=\{<a_{i-1}, a_i>|a_{i-1}, a_i \in D, i=2,3,\cdots,n\}$，约定$a_1$端为队列头，$a_n$端为队列尾。

（2）基本操作集合

① InitQueue(&Q)。

初始条件：队列Q不存在。

操作结果：建立一个空队列Q。

这就像在日常生活中，火车站售票处新增加了一个售票窗口，这样就可以新增一队用来排队买票。

② QueueEmpty(Q)。

初始条件：队列Q已存在。

操作结果：若Q为空队列，返回1，否则返回0。

这就像售票员查看售票窗口前是否还有人排队买票。

③ EnQueue(&Q,e)。

初始条件：队列Q已存在。

操作结果：插入元素e到队列Q的队尾。

这就像排队买票时，新来买票的人要排在队列的最后。

④ DeQueue(&Q,&e)。

初始条件：队列Q已存在且为非空。

操作结果：删除Q的队头元素，并用e返回其值。

这就像排在队头的人买过票后离开队列。

⑤ Gethead(Q,&e)。

初始条件：队列Q已存在且为非空。

操作结果：用e返回Q的队头元素。

这就像询问排队买票的人是谁。

⑥ ClearQueue(&Q)。

初始条件：队列Q已存在。

操作结果：将队列Q清为空队列。

这就像排队买票的人全部买完了票，离开队列。

6.1.3　顺序队列

队列有两种存储表示：顺序存储和链式存储。采用顺序存储结构的队列称为顺序队列，采用链式存储结构的队列称为链式队列。

（1）顺序队列的表示

顺序队列通常采用一维数组作为存储结构。同时，用两个指针分别指向数组中第一个元素和最后一个元素。其中，指向第一个元素位置的指针称为队头指针（front），指向最后一个元素位置的指针称为队尾指针（rear）。队列的表示如图6-2所示。

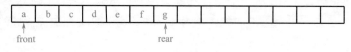

图6-2　顺序队列

为了方便描述，我们约定：初始化时，队列为空，有front=rear=0，队头指针front和队尾指针rear都指向队列的第一个位置（如图6-3所示）。

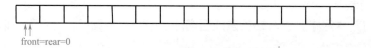

图6-3　初始时，顺序队列为空的情况

插入新元素时，队尾指针rear增1，在空队列中插入3个元素a、b、c之后，如图6-4所示。

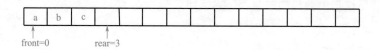

图6-4　顺序队列插入3个元素之后的情况

删除元素时，队头指针front增1。删除2个元素a、b之后，队头和队尾指针状态如图6-5所示。

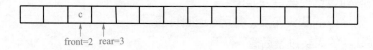

图6-5　顺序队列删除2个元素之后的情况

顺序队列的类型描述如下：

```python
class Sequeue(object):
    def _init_(self):
        self.QUEUESIZE=20
        self.s=[None for x in range(0,self.QUEUESIZE)]
        self.front=0
        self.rear=0
```

假设Q是一个队列，若不考虑队满，则入队操作语句为Q.queue[rear]=x, rear+=1；若不考虑队空，则出队操作语句为x=Q.queue[front],front+=1。

说明： 在队列中，队满指的是元素占据了队列中的所有存储空间，没有空闲的存储空间可以插入元素。队空指的是队列中没有一个元素，这样的队列也称为空队列。

（2）顺序队列的"假溢出"

如果在如图6-6所示的队列中插入3个元素 j、k和 l，然后删除2个元素 a、b之后，就会出现如图6-7所示的情况，即队尾指针已经到达数组的末尾，如果继续插入元素 m，队尾指针将越出数组的下界而造成"溢出"。从图6-7可以看出，这种"溢出"不是因为存储空间不够，而是经过多次插入和删除操作产生的，我们将这种"溢出"称为"假溢出"。

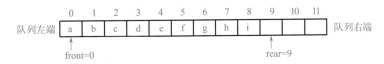

图6-6　在插入元素 j、k、l和删除元素 a、b前

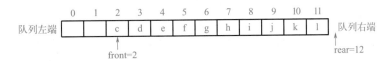

图6-7　在顺序队列中插入 j、k、l和删除 a、b后的"假溢出"

6.1.4　顺序循环队列

为了避免顺序队列的"假溢出"，通常采用顺序循环队列实现队列的顺序存储。

（1）顺序循环队列的构造

为了充分利用存储空间，消除以上所述的"假溢出"，当队尾指针rear（或队头指针front）到达存储空间的最大值QUEUESIZE的时候，让队尾指针rear（或队头指针front）自动转化为存储空间的最小值0。这样，顺序队列的存储空间就构成一个逻辑上首尾相连的循环队列。

当队尾指针rear达到最大值QUEUESIZE −1时，如果要插入新的元素，队尾指针rear自动变为0；当队头指针front达到最大值QUEUESIZE −1时，如果要删除一个元素，队头指针front自动变为0。可通过取余操作实现循环队列的首尾相连。例如，若QUEUESIZE =10，当队尾指针rear=9时，如果要插入一个新的元素，则有rear=(rear+1)%10=0，即实现了逻辑上队列的首尾相连。

（2）顺序循环队列的队空和队满

顺序循环队列在队空状态和队满状态时，队头指针front和队尾指针rear同时都指向同一个位置，即front==rear，顺序循环队列的队空状态和队满状态如图6-8所示。队列为空时，有front=0，rear=0，因此front==rear。队满时也有front=0，rear=0，因此front==rear。

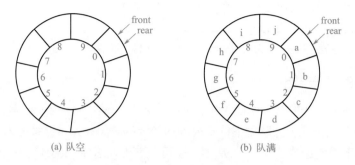

图6-8 队空和队满

因此，为了区分这两种情况，通常有两个办法：

① 增加一个标志位。设这个标志位为flag，初始化为flag=0。当入队成功，有flag=1；出队列成功，有flag=0。则队列为空的判断条件为front==rear&&flag==0，队列满的判断条件为front==rear&&flag==1。

② 少用一个存储空间。队空的判断条件不变，以队尾指针rear加1等于front为队满的判断条件。因此front==rear表示队列为空，front==(rear+1)% QUEUESIZE表示队满。那么，入队的操作语句为rear=（rear+1）% QUEUESIZE，Q[rear]=x。出队的操作语句为front=（front+1）% QUEUESIZE。少用一个存储空间时，队满情况如图6-9所示。

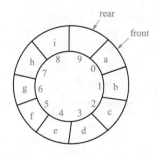

图6-9 顺序循环队列队满情况

注意： 顺序循环队列中的入队操作和出队操作，都要取模，确保操作不出界。循环队列长度即元素个数为（SQ.rear+ QUEUESIZE −SQ.front）% QUEUESIZE。

（3）顺序循环队列的实现

① 初始化。

```python
def _init_(self):
#顺序循环队列的初始化
    self.QUEUESIZE=20
    self.s=[None for x in range(0,self.QUEUESIZE)]
    self.front=0        # 把队头指针置为0
    self.rear=0         # 把队尾指针置为0
```

② 判断队列是否为空。

```
def isEmpty(self):                      # 判断顺序循环队列是否为空
    if self.front== self.rear:          # 当顺序循环队列为空时
        return True                     # 返回True
    else:                               # 否则
        return  False                   # 返回False
```

③ 入队操作。

```
def enQueue(self,x):   # 将元素e插入到顺序循环队列中，插入成功返回True，否则返回False
    if(self.rear+1)%self.QUEUESIZE!=self.front:
                            # 在插入新元素前，判断队尾指针是否到达队列的最大值，即是否上溢
        self.s[self.rear]=x                         # 在队尾插入元素e
        self.rear=(self.rear+1)%self.QUEUESIZE      # 将队尾指针向后移动一个位置
        return True
    else:
        print("当前队列已满!")
        return False
```

④ 出队操作。

```
def deQueue(self):
# 将队头元素出队，并将该元素赋值给e，删除成功返回1，否则返回False
    if (self.front==self.rear):             # 若队列为空
        print("队列为空，出队操作失败！")
        return False
    else:
        e=self.s[self.front]                # 将待出队的元素赋值给e
        self.front=(self.front+1)%self.QUEUESIZE
                            # 将队头指针向后移动一个位置，指向新的队头
        return e                            # 返回出队的元素
```

⑤ 取队头元素。

```
def getHead(self):
# 取队头元素，并将该元素返回，若队列为空，则返回False
    if not self.isEmpty():                  # 若顺序循环队列不为空
        return self.s[self.front]           # 返回队头元素
    else:                                   # 否则
        print("队列为空")
        return False                        # 返回False
```

⑥ 求队列的长度。

```
def seQLength(self):
    return (self.rear-self.front+self.QUEUESIZE)%self.QUEUESIZE
```

⑦ 创建队列。

```python
def createSeqQueue(self):
    data=input("请输入元素（#作为输入结束）:")
    while(data!='#'):
        self.enQueue(data)
        data=input("请输入元素（#作为输入结束）: ")
```

6.1.5　双端队列

双端队列是一种特殊的队列，它是在线性表的两端对插入和删除操作限制的线性表。双端队列可以在队列的任何一端进行插入和删除操作，而一般的队列要求在一端插入元素，在另一端删除元素。双端队列示意如图6-10所示。

图6-10　双端队列

其中，end1和end2分别是双端队列的指针。

在实际应用中，还有输入受限和输出受限的双端队列。输入受限的双端队列指的是只允许在队列的一端进行插入元素，两端都可以删除元素的队列。输出受限的双端队列指的是只允许在队列的一端进行删除元素，两端都可以输入元素的队列。

下面采用一个一维数组作为双端队列的数据存储结构，双端队列为空的状态如图6-11所示。在队列左端元素a、b、c依次入队，在队列右端元素d、e依次入队之后，双端队列的状态如图6-12所示。

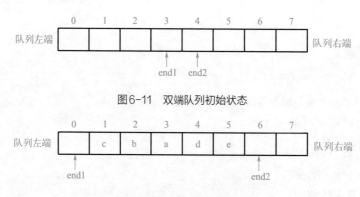

图6-11　双端队列初始状态

图6-12　双端队列插入元素之后

6.1.6　链式队列

为了避免顺序队列在插入和删除操作大量移动元素，造成效率较低，可以采用链式存储结构表示队列。采用链式存储的队列被称为链式队列或链队列。

（1）链式队列概述

一个链式队列通常用链表实现，同时，使用两个指针分别指示链表中存放的第一个元素和最后一个元素的位置。其中指向第一个元素位置的指针被称为队头指针front，指向最后一个元素位置的指针被称为队尾指针rear。不带头结点的链式队列的表示如图6-13所示。

有时，为了操作上的方便，通常在链式队列的第一个结点之前添加一个头结点，并让队头指针指向头结点。其中，头结点的数据域可以存放队列元素个数信息，指针域指向链式队列的第一个结点。带头结点的链式队列如图6-14所示。

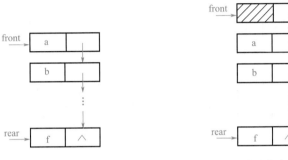

图6-13　不带头结点的链式队列　　　图6-14　带头结点的链式队列

在带头结点的链式队列中，当队列为空时，队头指针front和队尾指针rear都指向头结点，如图6-15所示。

图6-15　带头结点的链式队列为空时的情况

在链式队列中，最基本的操作是插入和删除操作。链式队列的插入和删除操作只需要移动队头指针和队尾指针。图6-16表示在队列中插入元素a的情况，图6-17表示队列中插入了元素a、b、c之后的情况，图6-18表示元素a出队列的情况。

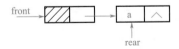

图6-16　插入元素a的情况

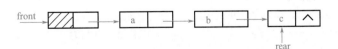

图6-17　插入元素a、b、c之后的情况

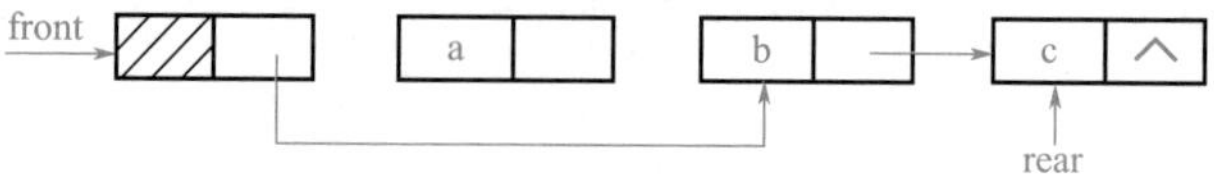

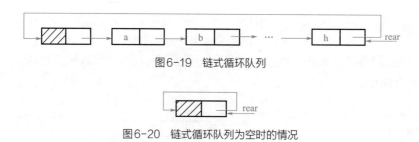

图6-18　删除元素a的情况

链式队列的结点类型描述如下：

```
class QueueNode:
    def init (self):
        self.data=None
        self.next=None
```

对于带头结点的链式队列，初始时，需要生成一个结点，即myQueueNode=QueueNode()，然后令front和rear分别指向该结点。

（2）链式循环队列

链式队列也可以构成循环队列，如图6-19所示。在这种链式循环队列中，可以只设置队尾指针，在这种情况下，队列LQ为空的判断条件为LQ.rear->next==LQ.rear，队空示意如图6-20所示。

图6-19　链式循环队列

图6-20　链式循环队列为空时的情况

（3）链式队列的实现

① 队列的初始化。

```
def init (self):
#初始化队列
    myQueueNode=QueueNode()
    self.front=myQueueNode
    self.rear=myQueueNode
```

② 判断队列是否为空。

```
def queueEmpty(self):
#判断链式队列是否为空，队列为空返回True，否则返回False
    if self.front==self.rear:            # 若链式队列为空时
        return True                      # 则返回True
    else:                                # 否则
        return False                     # 返回False
```

③ 入队操作。

```
def enQueue(self,e):
#将元素e入队
    pNode=QueueNode()              # 生成一个新结点
    pNode.data=e                   # 将元素值赋值给结点的数据域
    self.rear.next=pNode           # 将原队列的队尾结点的指针指向新结点
    self.rear=pNode                # 将队尾指针指向新结点
```

④ 出队操作。

```
def deQueue(self):
# 将链式队列中的队头元素出队并返回该元素，若队列为空，则返回None
    if self.queueEmpty():          # 在出队前，判断链式队列是否为空
        print("队列为空,不能进行出栈操作!")
        return None
    else:
        pNode=self.front.next      # 使pNode指向队头元素
        self.front.next=pNode.next # 使头结点的next指向pNode的下一个结点
        if pNode==self.rear:       # 如果要删除的结点是队尾，则使队尾指针指向队头
            self.rear=self.front
    return pNode.data              # 返回出队元素
```

⑤ 取队头元素。

```
def getHead(self):                 # 取链式队列中的队头元素
    if not self.queueEmpty():      # 若链式队列不为空
        return self.front.next.data # 返回队头元素
```

⑥ 清空队列。

```
def clearQueue(self):
# 清空队列*
    while not self.queueEmpty():
        pnode=self.front           # 将队头结点暂存起来指向队头指针指向的下一个结点
        self.front=pnode.next      # 将队头指针front指向的下一个结点
        del pnode
```

6.2 队列的应用

6.2.1 舞伴问题

【例6-1】 假设在周末舞会上，男士们和女士们进入舞厅时，各自排成一队。跳舞开始时，依次从男队和女队的队头上各出一人配成舞伴。若两队初始人数不相同，则较长的那一

队中未配对者等待下一轮舞曲。现要求写一算法模拟上述舞伴配对问题。

【分析】 根据舞伴配对原则，先入队的男士或女士先出队配成舞伴。因此该问题具有典型的先进先出特性，可用队列作为算法的数据结构。

在算法实现时，假设男士和女士的记录存放在一个列表中作为输入，然后依次扫描该列表的各元素，并根据性别来决定是进入男队还是女队。当这两个队列构造完成之后，依次将两队当前的队头元素出队来配成舞伴，直至某队列变空。此时，若某队仍有等待配对者，算法输出此队列中等待者的人数及排在队头的等待者名字，他（或她）将是下一轮舞曲开始时第一个可获得舞伴的人。

舞伴问题实现代码如下。

```python
from MyQueue import Sequeue                    # 导入用到的顺序队列
class DancePartner:                            # 舞伴结构类型定义
    def _init_(self):
        self.name=None
        self.sex=None
    def getName(self):
        return self.name
    def getSex(self):
        return self.sex


def DispQueue(Q):                              # 输出舞池中正在排队的男士或女士
    if not Q.isEmpty():
        d=Q.getHead()
        if d.sex == "男":
            print("舞池中正在排队的男士:")
        else:
            print("舞池中正在排队的女士:")
    f = Q.front
    while (f != Q.rear):
        print(Q.s[f].name, end=' ')
        f = f + 1
    print()


if _name_=='_main_':
    Q1 = Sequeue()
    Q2 = Sequeue()
    n=int(input("请输入舞池中排队的人数:"))        # 输入舞池中排队的人数
    for i in range(n):
        dancer= DancePartner()
        dancer.name=input("姓名: ")              # 输入姓名
        dancer.sex=str(input("性别: "))
        if dancer.sex == "男":
            Q1.enQueue(dancer)
        else:
            Q2.enQueue(dancer)
```

```
DispQueue(Q1)
DispQueue(Q2)
print("舞池中的舞伴配对方式: ")
while not Q1.isEmpty() and not Q2.isEmpty():
    dancer1=Q1.deQueue()
    dancer2=Q2.deQueue()
    print("(",dancer1.getName(),",",dancer2.getName(),")",end=' ')
print()
if not Q1.isEmpty():
    DispQueue(Q1)
if not Q2.isEmpty():
    DispQueue(Q2)
```

程序的运行结果如下所示。

```
请输入舞池中排队的人数:5
姓名:刘女士
性别:女
姓名:胡女士
性别:女
姓名:张先生
性别:男
姓名:赵女士
性别:女
姓名:冯先生
性别:男
舞池中正在排队的男士:
张先生 冯先生
舞池中正在排队的女士:
刘女士 胡女士 赵女士
舞池中的舞伴配对方式:
( 张先生,刘女士 ) ( 冯先生,胡女士 )
舞池中正在排队的女士:
赵女士
```

6.2.2 队列在杨辉三角中的应用

（1）杨辉三角

杨辉三角是一个由数字排列成的三角形数表，一个8阶的杨辉三角图形如图6-21所示。

从图6-21中可以看出，杨辉三角具有以下性质：

① 第一行只有一个元素；

② 第 i 行有 i 个元素；

③ 第 i 行最左端和最右端元素为1；

④ 第 i 行中间元素是它上一行 $i-1$ 行对应位置元素与对应元素位置前一个元素之和。

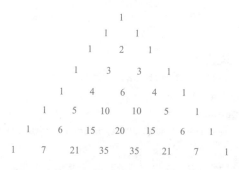

图6-21 8阶的杨辉三角

（2）构造队列

杨辉三角的第 i 行元素是根据第 $i-1$ 行元素得到的，杨辉三角的形成序列是具有先后顺序的，因此杨辉三角可以通过队列来构造。可以把杨辉三角分为2个部分来构造队列：所有的两端元素1作为已知部分和剩下的元素作为要构造的部分。可以通过循环队列实现杨辉三角的打印，在循环队列中依次存入第 $i-1$ 行的元素，再利用第 $i-1$ 行元素得到第 i 行元素，然后依次入队，同时第 $i-1$ 行元素出队并打印输出。

从整体来考虑，利用队列构造杨辉三角的过程其实就是利用上一层元素序列产生下一层元素序列并入队，然后将上一层元素出队并输出，接着由队列中的元素生成下一层元素，依次类推，直到生成最后一层元素并输出。我们以第8行元素为例，来理解杨辉三角的具体构造过程。

① 在第8行中，第一个元素先入队。假设队列为Q，Q.queue[rear]=1；Q.rear=(Q.rear+1)% QUEUESIZE。

② 第8行中的中间6个元素需要通过第7行（已经入队）得到并入队。Q.queue[rear]= Q.queue[front]+Q.queue[front+1]；Q.rear=(Q.rear+1)% QUEUESIZE，Q.front=(Q.front+1)% QUEUESIZE。

③ 第7行最后一个元素出队，Q.front=(Q.front+1)% QUEUESIZE。

④ 第8行最后一个元素入队，Q.queue[rear]=1；Q.rear=(Q.rear+1)% QUEUESIZE。至此，第8行的所有元素都已经入队。其他行的入队操作类似。

（3）杨辉三角队列的实现

【例6-2】 打印杨辉三角。

【分析】 注意在循环结束后，还有最后一行在队列里。在最后一行元素入队之后，要将其输出。打印杨辉三角算法利用两种方法实现：利用链式（或顺序）队列的基本算法实现和直接利用数组模拟队列实现。为了能够按照图6-21的形式正确输出杨辉三角的元素，设置一个临时数组temp[MaxSize]用来存储每一行的元素，利用函数将其输出。

下面只给出打印杨辉三角的链式队列实现，模拟数组实现打印杨辉三角的算法留给大家思考。

```python
from LinkQueue import LinkQueue
def YangHuiTriangle(N):      # 链式队列实现打印杨辉三角
```

```python
    QUEUESIZE =20
    temp=[0 for i in range(QUEUESIZE)]    # 定义一个临时数组，用于存放每一行的元素
    k=0
    Q=LinkQueue()                         # 初始化链队列
    Q.enQueue(1)                          # 第一行元素入队
    for i in range(2,N+1):                # 产生第i行元素并入队，同时将第i-1行的元素保存在
                                          #   临时数组中

        k=0
        Q.enQueue(1)                      # 第i行的第一个元素入队
        for j in range(1,i-1):            # 利用队列中第i-1行元素产生第i行的中间i-2个元素
                                          #   并入队列

            t=Q.deQueue()
            temp[k]=t                     # 将第i-1行的元素存入临时数组
            k+=1
            e=Q.getHead()                 # 取队头元素
            t=t+e                         # 利用队中第i-1行元素产生第i行元素
            Q.enQueue(t)
        t=Q.deQueue()
        temp[k]=t                         # 将第i-1行的最后一个元素存入临时数组
        k+=1
        PrintArray(temp,k,N)
        Q.enQueue(1)                      # 第i行的最后一个元素入队
    k=0                                   # 将最后一行元素存入数组之前，要将下标k置为0
    while Q.queueEmpty()==False:          # 将最后一行元素存入临时数组
        t=Q.deQueue()
        temp[k]=t
        k+=1
        if Q.queueEmpty():
            PrintArray(temp,k,N)
count=0
def PrintArray(a,n, N):                   # 打印数组中的元素，使能够呈正确的形式输出
    global count                          # 记录输出的行
    for i in range(N-count):              # 打印空格
        print("   ",end='')
    count+=1
    for i in range(n):                    # 打印数组中的元素
        print(a[i],end='    ')
    print()


if _name_=='_main_':
    n=int(input("请输入要打印的行数：n="))
    YangHuiTriangle(n)
```

程序运行结果如下所示。

```
请输入要打印的行数: n=8
                        1
                    1       1
                1       2       1
            1       3       3       1
        1       4       6       4       1
    1       5       10      10      5       1
1       6       15      20      15      6       1
1       7       21      35      35      21      7       1
```

6.2.3 队列在回文中的应用

【例6-3】 编程判断一个字符序列是否是回文。回文是指一个字符序列以中间字符为基准两边字符完全相同，即顺着看和倒着看是相同的字符序列。如字符序列"ABCYCBA"就是回文，而字符序列"BYDEYB"就不是回文。

【分析】 考查栈"先进后出"和队列"先进先出"的特点，可以通过构造栈和队列实现。可以把字符序列分别存入队列和堆栈，然后依次把字符逐个出队列和出栈，比较出队列的字符和出栈的字符是否相等。如果全部相等，则该字符序列是回文；否则不是回文。

这里采用链式堆栈和只有尾指针的链式循环队列实现。

```python
from LinkQueue import LinkQueue
from LinkStack import MyLinkStack

def Huiwen():
    LQ1=LinkQueue()
    LQ2=LinkQueue()
    LS1=MyLinkStack()
    LS2=MyLinkStack()
    str1= "XYZMTATMZYX"              # 回文字符序列1
    str2= "ABCBCAB"                  # 回文字符序列2
    for i in range(len(str1)):
        LQ1.enQueue(str1[i])
        LS1.pushStack(str1[i])
    for i in range(len(str2)):
        LQ2.enQueue(str2[i])
        LS2.pushStack(str2[i])       # 依次把字符序列2进栈
    print("字符序列1:", str1)
    print("出队序列   出栈序列")
    while (not LS1.stackEmpty()):    # 判断堆栈1是否为空
        q1=LQ1.deQueue()             # 字符序列依次出队，并把出队元素赋值给q1
        s1=LS1.popStack()            # 字符序列出栈，并把出栈元素赋值给s1
        print(q1,":",s1)
        if (q1 != s1):
            print("字符序列1不是回文！")
```

```
            return
    print("字符序列1是回文！")
    print("字符序列2: ", str2)
    print("出队序列    出栈序列")
    while (not LS2.stackEmpty()):
        q2=LQ2.deQueue()               # 字符序列依次出队，并把出队元素赋值给q2
        s2=LS2.popStack()              # 字符序列出栈，并把出栈元素赋值给s2
        print(q2,":",s2)                     # 输出字符序列
        if (q2 != s2):
            print("字符序列2不是回文！")      # 输出提示信息
            return
    print("字符序列2是回文！")                 # 输出提示信息
```

程序运行结果如下所示。

```
字符序列1: XYZMTATMZYX
出队序列    出栈序列
X ： X
Y ： Y
Z ： Z
M ： M
T ： T
A ： A
T ： T
M ： M
Z ： Z
Y ： Y
X ： X
字符序列1是回文！
字符序列2: ABCBCAB
出队序列    出栈序列
A ： B
字符序列2不是回文！
```

Python

第7章

串——数据为字符串的线性结构

计算机上的非数值处理对象基本上是字符串数据。字符串一般简称为串（string），它也是一种重要的线性结构。在进销存等事务处理中，顾客的姓名和地址，货物的名称、产地和规格都是字符串数据，信息管理系统、信息检索系统、问答系统、自然语言翻译程序等都是以字符串数据作为处理对象的。

📚 **学习目标：**

- 串的存储表示与实现。
- 串的模式匹配算法——Brute-Force（BF）算法和KMP算法。

☘ **知识点结构：**

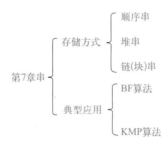

7.1　串的定义及抽象数据类型

串是仅由字符组成的一种特殊的线性表。

7.1.1　什么是串

串，也称为字符串，是由零个或多个字符组成的有限序列。一般记作：$S=\text{“}a_1a_2\cdots a_n\text{”}$。

式中，S是串名；n是串的长度；用双引号括起来的字符序列是串的值。$a_i(1\leqslant i\leqslant n)$可以是字母、数字或其他字符。$n=0$时，串称为空串。

串中任意个连续的字符组成的子序列被称为该串的子串。相应地，包含子串的串被称为主串。通常将字符在串中的序号称为该字符在串中的位置。子串在主串中的位置以子串的第一个字符在主串中的位置来表示。

例如，有四个串a="tinghua university"，b="tinghua"，c="university"，d="tinghuauniversity"。它们的长度分别为18、7、10、17，b和c是a和d的子串，b在a和d的位置都为1，c在a的位置是9，c在d的位置是8。

只有当两个串的长度相等，且串中各个对应位置的字符均相等，两个串才是相等的。即两个串是相等的，当且仅当这两个串的值是相等的。例如，上面的四个串a、b、c、d两两之间都不相等。

需要说明的是，串中的元素必须用一对双引号括起来，但是，双引号并不属于串，双引号的作用仅仅是为了与变量名或常量相区别。

例如，串 a="tinghua university"中，a是一个串的变量名，字符序列 tinghua university 是串的值。

由一个或多个空格组成的串，称为空格串。空格串的长度是串中空格字符的个数。注意，空格串不是空串。

串是一种特殊的线性表，因此，串的逻辑结构与线性表非常相似，区别仅仅在于串的数据对象为字符集合。

7.1.2 串的抽象数据类型

串的抽象数据类型包括数据对象集合和基本操作集合。

（1）数据对象集合

串的数据对象集合为{$a_1,a_2,\cdots,a_n$}，每个元素的类型均为字符。串是一种特殊的线性表，具有线性表的逻辑特征：除了第一个元素 a_1 外，每一个元素有且只有一个直接前驱元素；除了最后一个元素 a_n 外，每一个元素有且只有一个直接后继元素。数据元素之间的关系是一对一的关系。

串是由字符组成的集合，数据对象是线性表的子集。

（2）基本操作集合

串的操作通常不是以单个元素作为操作对象，而是将一连串的字符作为操作对象。例如，在串中查找某个子串，在串中的某个位置插入或删除一个子串等。

为了说明的方便，定义以下几个串：S="I come from Beijing"，T="I come from Shanghai"，R="Beijing"，V="Chongqing"。

串主要有如下基本操作。

① StrAssign(&S,cstr)。

初始条件：cstr是字符串常量。

操作结果：生成一个其值等于cstr的串S**❶**。

② StrEmpty(S)。

初始条件：串S已存在。

操作结果：如果是空串，则返回True，否则返回False。

③ StrLength(S)。

初始条件：串S已存在。

操作结果：返回串中的字符个数，即串的长度。

例如，StrLength(S)=19，StrLength(T)=20，StrLength(R)=7，StrLength(V)=9。

④ StrCopy(&T,S)。

初始条件：串S已存在。

操作结果：由串S复制产生一个与S完全相同的另一个字符串T。

---

❶ 此部分基本操作指令与操作结果中的"S""T"需与上述定义的串区分，仅举例中的"S""T""R""V"为上述定义的串。

⑤ StrCompare(S,T)。

初始条件：串S和T已存在。

操作结果：比较串S和T每个字符的ASCII值的大小，如果S的值大于T，则返回1；如果S的值等于T，则返回0；如果S的值小于T，则返回-1。

例如，StrCompare(S,T)=-1，因为串S和串T比较到第13个字符时，字符"B"的ASCII值小于字符"S"的ASCII值，所以返回-1。

⑥ StrInsert(&S,pos,T)。

初始条件：串S和T已存在，且1≤pos≤StrLength(S)+1。

操作结果：在串S的pos个位置插入串T，如果插入成功，返回True；否则，返回False。

例例如，如果在串S中的第3个位置插入字符串"don't"后，即StrInsert(S,3,"don't")，串S="I don't come from Beijing"。

⑦ StrDelete(&S,pos,len)。

初始条件：串S已存在，且1≤pos≤StrLength（S）-len+1。

操作结果：在串S中删除从第pos个字符开始，长度为len的字符串。如果找到并删除成功，返回1；否则，返回0。

例如，如果在串S中的第13个位置删除长度为7的字符串后，即StrDelete(S,13,7)，则S="I come from"。

⑧ StrConcat(&T,S)。

初始条件：串S和T已存在。

操作结果：将串S连接在串T的后面。连接成功，返回True；否则，返回False。

例如，如果将串S连接在串T的后面，即StrConcat(T,S)，则T="I come from Shanghai I come from Beijing"。

⑨ SubString(&Sub,S,pos,len)。

初始条件：串S已存在，1≤pos≤StrLength(S)且0≤len≤StrLength(S)- len+1。

操作结果：从串S中截取从第pos个字符开始，长度为len的连续字符，并赋值给Sub。截取成功返回True，否则返回False。

例如，如果将串S中从第8个字符开始，长度为4的字符串赋值给Sub，即SubString（Sub,S,8,4），则Sub="from"。

⑩ StrReplace(&S,T,V)。

初始条件：串S、T和V已存在，且T为非空串。

操作结果：如果在串S中存在子串T，则用V替换串S中的所有子串T。替换操作成功，返回True；否则，返回False。

例如，如果将串S中的子串R替换为串V，即StrReplace(S,R,V)，则S="I come from Chongqing"。

⑪ StrIndex(S,pos,T)。

初始条件：串S和T存在，T是非空串，且1≤len≤StrLength（S）。

操作结果：如果主串S中存在与串T的值相等的子串，则返回子串T在主串S中第pos个字符之后第一次出现的位置；否则返回0。

例如，从串S中的第4个字符开始查找，如果串S中存在与子串R相等的子串，则返回R在S中第4个字符后第一次出现的位置，则StrIndex(S,4,R)=13。

⑫ StrClear(&S)。
初始条件：串S已存在。
操作结果：将S清为空串。
⑬ StrDestroy(&S)。
初始条件：串S已存在。
操作结果：将串S销毁。

7.2　串的存储表示

串有顺序存储和链式存储两种。最为常用的是串的顺序存储表示，操作起来更为方便。

7.2.1　串的顺序存储

采用顺序存储结构的串称为顺序串，又称定长顺序串。顺序串可利用Python语言中的字符串或列表存放串值。利用列表存储字符串时，数组的起始地址已经确定，但是串的长度还不确定，需要定义一个变量表示串的长度。

在串的顺序存储结构中，确定串的长度有两种方法，其中一种方法是在串的末尾加上一个结束标记，在Python语言中，可通过一对单引号或双引号括起来的字符表示字符串。例如：

```
str='Hello World!'
```

为了标识串"Hello World!"的长度，可引入变量length来存放串的长度。例如，串"Hello World!"在内存中用设置串长度方法的表示如图7-1所示。

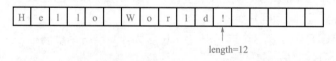

图7-1　设置串长度的"Hello World!"在内存中的表示

在Python中，一旦定义了串，串中字符就不可改变，因此，采用列表存放串中字符便于串的存取操作。串的顺序存储结构类型定义描述如下：

```python
class SeqString(object):
    def _init_(self,str): #定义字符串结构类型
        self.str=[i for i in str]
        self.length=len(str)
```

其中，str是存储串的字符数组，length为串的长度。

采用堆分配存储表示的串称为堆串。堆串仍然采用一组地址连续的存储单元，存放串中的字符。但是，堆串的存储空间是在程序的执行过程中动态分配的。

堆串的类型定义如下：

```
class HeapString:                    # 定义堆串结构体
  def_init_(self):
      self.str=None                  # 定义指向堆串的起始地址的指针
      self.length=length             # 定义堆串的长度
```

其中，str是指向堆串的起始地址的指针，length表示堆串的长度。

7.2.2 串的链式存储

在采用静态顺序存储表示的顺序串中，进行串的插入、连接及替换操作时，如果串的长度超过了MaxLen，串会被截断处理。为了克服顺序串静态分配的缺点（若使用Python中的列表存储串，则可避免以上问题），可使用链式存储动态分配内存单元并实现串的基本操作。

串的链式存储结构与线性表的链式存储类似，通过一个结点实现。结点包含两个域：数据域和指针域。采用链式存储结构的串称为链串。由于串的特殊性，即每个元素只包含一个字符，因此，每个结点可以存放一个字符，也可以存放多个字符。例如，一个结点包含4个字符，即结点大小为4的链串如图7-2所示。

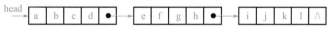

图7-2　一个结点包含4个字符的链串

由于串长不一定是结点大小的整数倍，因此，链串中的最后一个结点不一定被串值占满，可以补上特殊的字符，如"#"。例如一个含有10个字符的链串，通过补上两个"#"填满数据域，如图7-3所示。

图7-3　填充两个"#"的链串

一个结点大小为1的链串如图7-4所示。

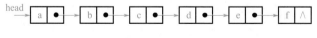

图7-4　结点大小为1的链串

为了方便串的操作，除了用链表实现串的存储，还可增加一个尾指针和一个表示串长度的变量。其中，尾指针指向链表（链串）的最后一个结点。因为块链结点的数据域可以包含多个字符，所以串的链式存储结构也称为块链结构。

串的链式存储结构类型描述如下：

```python
class Chunk:                    # 串的结点类型定义
    def _init_(self,next=None):
        self.ch=[]
        self.next=next
class LinkString:              # 链串的类型定义
    def _init_(self,head=None,tail=None):
        self.head=head
        self.tail=tail
        self.length=0
```

其中，head表示头指针，指向链串的第一个结点；tail表示尾指针，指向链串的最后一个结点；length表示链串中字符的个数。

7.2.3　顺序串应用举例

【例7-1】　要求编写一个删除字符串所有子串的程序，例如，输入的主串为"Peking University, founded in 1898, is a famous university with a long history!"，子串为" with a long history!"，则删除子串后的主串为"Peking University, founded in 1898, is a famous university!"。

【分析】　主要考查串的创建、定位、删除等基本操作的用法。为了删除主串 S1 中出现的所有子串 S2，需要先在主串 S1 中查找子串 S2 出现的位置，然后再进行删除操作。因此，算法的实现分为以下两个主要过程：

① 在主串 S1 中查找子串 S2 的位置；

② 删除 S1 中出现的所有 S2。

为了在 S1 中查找 S2，需要设置 3 个指示器 i、j 和 k，其中，i 和 k 指示 S1 中当前正在比较的字符，j 指示 S2 中当前正在比较的字符。每次比较开始时，先判断 S1 的起始字符是否与 S2 的第一个字符相同。若相同，则令 k 从 S1 的下一个字符开始与 S2 的下一个字符进行比较，直到对应的字符不相同，或子串 S2 中所有字符比较完毕，或到达 S1 的末尾为止；若两个字符不相同，则需要从主串 S1 的下一个字符开始重新与子串 S2 的第一个字符进行比较。重复执行以上过程，直到 S1 的所有字符都比较完毕。完成一次比较后，若 j 的值等于 S2 的长度，则表明在 S1 中找到了 S2，返回 i+1 即可；否则，返回 -1 表明 S1 中不存在 S2。S1 中可能会存在多个 S2，为了删除主串 S1 中的所有子串 S2，所以需要多次调用查找子串的过程，直到所有子串被删除完毕。

删除所有子串的主要程序实现如下。

```python
class SeqString(object):
    def _init_(self,str):           # 定义字符串结构类型
        self.str=[i for i in str]
        self.length=len(str)
    def DelSubString(self,pos,n):
        if pos+n>len(self.str):
```

```
            return 0
        for i in range(pos+n-1,self.length):
            self.str[i - n] = self.str[i]
            self.length-=n
        return 1


    def StrLength(self):
        return self.length

    def Index(self,substr):                          # 比较字符串，获取子串在主串中的位置
        i=0
        while i<len(self.str):                       # 若i小于S1的长度，表明还未查找完毕
        j=0
        if self.str[i]==substr.str[j]:               # 如果两个串的字符相同
            k=i+1                                    # 则令k指向S1下一个字符，准备比较
                                                     #   下一个字符是否相同

            j+=1                                     # 令j指向S2的下一个字符
            while k < len(self.str) and j < len(substr.str) and self.str[k] ==
substr.str[j]:                                       # 若两个串的字符相同
                k+=1                                 # 则令k指向S1的下一个待比较字符
                j+=1                                 # 则令j指向S2的下一个待比较字符
            if j == substr.length:                   # 若完成一次匹配
                break                                # 则跳出循环，表明已在主串中找到子串
            elif j == self.length+1 and k == substr.length+1:
                                                     # 若匹配发生在S1的末尾
                break                                # 则跳出循环，表明已找到子串位置
            else:                                    # 否则
                i+=1                                 # 从主串的下一个字符开始比较
        else:                                        # 若两个串中对应的字符不相同
            i+=1                                     # 需要从主串的下一个字符开始比较
    if j == self.length+1 and k == substr.length+1:
                                                     # 若在主串的末尾找到子串
        return i+1                                   # 则返回子串在主串中的起始位置
    if i >= self.length:                             # 若主串的下标超过S1的长度，表明
                                                     #   主串中不存在子串

        return -1                                    # 则返回-1表示查找子串失败
    else:                                            # 否则，表明查找子串成功
        return i+1                                   # 返回子串在主串的起始位置
    def DelAllString(self, substr):
        n = self.Index(substr)
        print(n)
        while n>=0:
```

```
            self.DelSubString(n,substr.length)
            n=self.Index(substr)
        return self.str[:self.length]
if _name_ == '_main_':
 str=input('字符串')
 S1=SeqString(str)
 substr=input('子串:')
 S2=SeqString(substr)
 s1=S1.DelAllString(S2)
 print("删除所有子串后的字符串:")
 print(''.join(s1))
```

程序的运行结果如下所示。

```
字符串Peking University, founded in 1898, is a famous university with a long
history!
子串:with a long history
删除所有子串后的字符串:
Peking University, founded in 1898, is a famous university !
```

7.3　串的模式匹配

串的模式匹配也称为子串的定位操作，即查找子串在主串中出现的位置。串的模式匹配主要有：朴素模式匹配算法Brute-Force及改进算法KMP。

7.3.1　朴素模式匹配算法——模式匹配算法Brute-Force

子串的定位操作串通常称为模式匹配，是各种串处理系统中最重要的操作之一。设有主串S和子串T，如果在主串S中找到一个与子串T相等的串，则返回串T的第一个字符在串S中的位置。其中，主串S又称为目标串，子串T又称为模式串。

Brute-Force算法的思想是从主串S=“$s_0 s_1 \cdots s_{n-1}$”的第pos个字符开始与模式串T=“$t_0 t_1 \cdots t_{m-1}$”的第一个字符比较，如果相等，则继续逐个比较后续字符；否则从主串的下一个字符开始重新与模式串T的第一个字符比较，依次类推。如果在主串S中存在与模式串T相等的连续字符序列，则匹配成功，函数返回模式串T中第一个字符在主串S中的位置；否则函数返回−1表示匹配失败。

例如，主串S=“abaabababaddecab”，子串T=“abad”，S的长度为$n=14$，T的长度为$m=4$。用变量i表示主串S中当前正在比较字符的下标，变量j表示子串T中当前正在比较字符的下标。模式匹配的过程如图7-5所示。

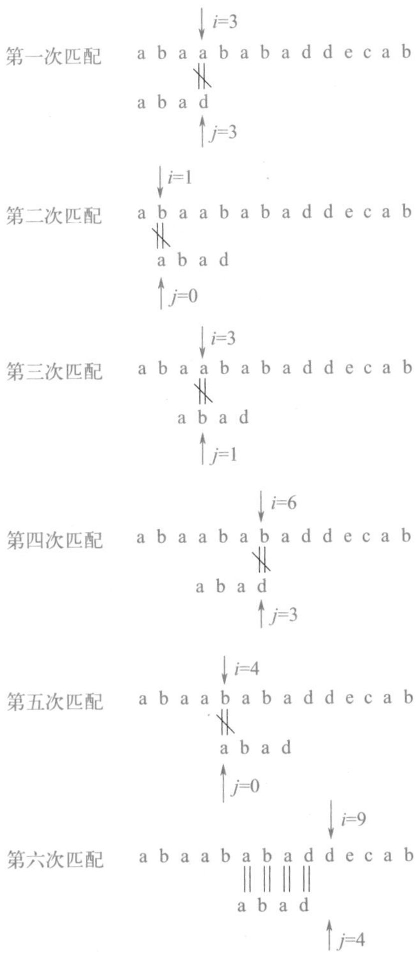

图7-5 经典的模式匹配过程

假设串采用顺序存储方式存储，则Brute-Force匹配算法如下。

```python
def B_FIndex(self,pos,T):
# 在主串S中的第pos个位置开始查找模式串T，如果找到返回子串在主串的位置；否则，返回 -1
    i = pos - 1
    j = 0
    while i < self.length and j < T.length:
        if self.str[i] == T.str[j]:    # 如果串S和串T中对应位置字符相等，则继续
                                        #   比较下一个字符

            i +=1
            j +=1
        else:                           # 如果当前对应位置的字符不相等，则从串S的
                                        #   下一个字符开始，T的第0个字符开始比较

            i = i - j + 1
            j = 0
    if j >= T.length:                   # 如果在S中找到串T，则返回子串T在主串S的位置
        return i - j + 1,count
    else:
        return -1
```

Brute-Force匹配算法简单且容易理解，并且进行某些文本处理时，效率也比较高，如检查"Welcome"是否存在于下列主串"Nanjing University is a comprehensive university with a long history. Welcome to Nanjing University."中时，上述算法中while循环次数（即进行单个字符比较的次数）为79（70+1+8），除了遇到主串"with"中的"w"字符，需要比较两次外，其他每个字符均只和模式串比较一次。在这种情况下，此算法的时间复杂度为$O(n+m)$。其中，n和m分别为主串和模式串的长度。

然而，在有些情况下，该算法的效率却很低。例如设主串S="aaaaaaaaaaaaab"，模式串T="aaab"。其中，$n=14$，$m=4$。因为模式串的前3个字符是"aaa"，主串的前13个字符也是"aaa"，每趟比较模式串的最后一个字符与主串中的字符不相等，所以均需要将主串的指针回退，从主串的下一个字符开始与模式串的第一个字符重新比较。在整个匹配过程中，主串的指针需要回退9次，匹配不成功的比较次数是10×4，成功匹配的比较次数是4次，因此总的比较次数是$10 \times 4+4=11 \times 4$，即$(n-m+1) \times m$。

可见，Brute-Force匹配算法在最好的情况下，即主串的前m个字符刚好与模式串相等，时间复杂度为$O(m)$。在最坏的情况下，Brute-Force匹配算法的时间复杂度是$O(n \times m)$。

在Brute-Force算法中，即使主串与模式串已有多个字符经过比较相等，只要有一个字符不相等，就需要将主串的比较位置回退。

7.3.2　KMP算法

KMP算法是由D.E.Knuth、J.H.Morris、V.R.Pratt共同提出的，因此称为KMP算法（Knuth-Morris-Pratt算法）。KMP算法在Brute-Force算法的基础上有较大改进，可在$O(n+m)$时间数量级上完成串的模式匹配，主要是消除了主串指针的回退，使算法效率有了很大程度的提高。

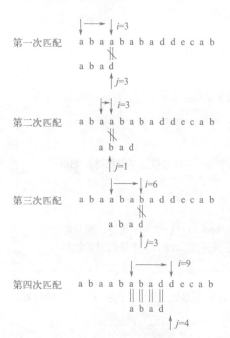

图7-6　KMP算法的匹配过程

（1）KMP算法思想

KMP算法的基本思想是在每一趟匹配过程中出现字符不等时，不需要回退主串的指针，而是利用已经得到的前面"部分匹配"的结果，将模式串向右滑动若干个字符后，继续与主串中的当前字符进行比较。

那到底向右滑动多少个字符呢？仍然假设主串S="abaababaddecab"，子串T="abad"。KMP算法匹配过程如图7-6所示。

从图7-6中可以看出，KMP算法的匹配次数由原来的6次减少为4次。在第一次匹配的过程中，当$i=3$，$j=3$时，主串中的字符与子串中的字符不相等，Brute-Force算法从$i=1$，$j=0$开始比较。而这种将主串的指针回退的比较是没有必要的，在第一次比较遇到主串与子串中的字符不相等时，有$S_0=T_0=$"a"，$S_1=T_1=$"b"，$S_2=T_2=$"a"，$S_3 \neq T_3$；因为$S_1=T_1$且

$T_0 \neq T_1$，所以$S_1 \neq T_0$，S_1与T_0不必比较；又因为$S_2=T_0$且$T_0=T_2$，所以$S_2=T_0$，从S_3与T_1开始比较。

同理，在第三次比较主串中的字符与子串中的字符不相等时，只需要将子串向右滑动两个字符，进行$i=6$、$j=3$的字符比较。在整个KMP算法中，主串中的i指针没有回退。

接下来，主串中的第i个字符应该与子串的第几个字符进行比较呢？假设主串中第i个字符应该与子串中的第k($k<j$)个字符进行比较，则子串中的前k个字符（不可能存在$k'>k$）与主串中的字符满足以下关系：

$$\text{“}s_{i-k}s_{i-k+1}\cdots s_{i-1}\text{”} = \text{“}t_0 t_1 \cdots t_{k-1}\text{”}$$

而根据前面部分匹配的结果，有

$$\text{“}s_{i-k}s_{i-k+1}\cdots s_{i-1}\text{”} = \text{“}t_{j-k}t_{j-k+1}\cdots t_{j-1}\text{”}$$

综合以上两式，有"$t_0 t_1 \cdots t_{k-1}$" = "$t_{j-k}t_{j-k+1}\cdots t_{j-1}$"。也就是说，子串中存在从$t_0$开始到$t_{k-1}$与从$t_{j-k}$到$t_{j-1}$的重叠子串，如图7-7所示。因此，下一次直接从$t_k$开始与$s_i$进行比较。

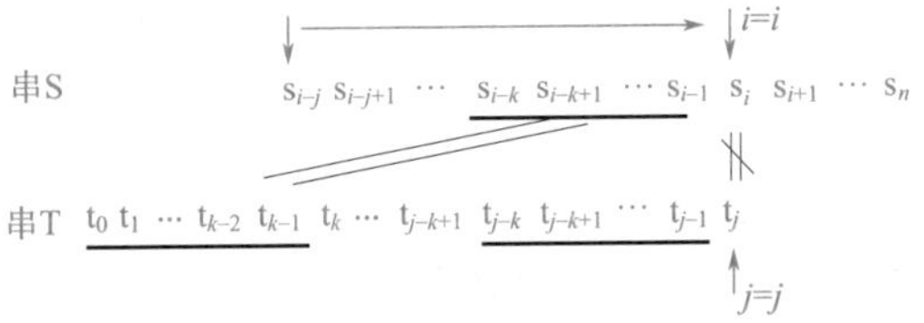

图7-7　在子串有重叠时主串与子串模式匹配

如果令next[j]=k，则next[j]表示当子串中的第j个字符与主串中对应的字符不相等时，下一次子串需要与主串中该字符进行比较的字符的位置。子串即模式串中的next函数定义如下：

$$\text{next}[j] \begin{cases} -1 & \text{当}j=0\text{时} \\ \max\{k|0<k<j\text{且 “}t_0 t_1 \cdots t_{k-1}\text{” = “}t_{j-k}t_{j-k+1}\cdots t_{j-1}\text{”}\} & \text{存在真子串时} \\ 0 & \text{其他情况} \end{cases}$$

其中，第一种情况，next[j]的函数是为了方便算法设计而定义的；第二种情况，如果子串（模式串）中存在重叠的真子串，则next[j]的取值就是k，即模式串的最长子串的长度；第三种情况，如果模式串中不存在重叠的子串，则从子串的第一个字符开始比较。

KMP算法的模式匹配过程：如果模式串T中存在真子串"$t_0 t_1 \cdots t_{k-1}$" = "$t_{j-k}t_{j-k+1}\cdots t_{j-1}$"，当模式串T与主串S的$s_i$不相等，则按照next[$j$]=$k$将模式串向右滑动，从主串中的$s_i$与模式串的$t_k$开始比较。如果$s_i=t_k$，则主串与子串的指针各自增1，继续比较下一个字符。如果$s_i \neq t_k$，则按照next[next[j]]将模式串继续向右滑动，将主串中的s_i与模式串中的next[next[j]]字符进行比较。如果仍然不相等，则按照以上方法，将模式串继续向右滑动，直到next[j]=−1为止。这时，模式串不再向右滑动，比较s_{i+1}与t_0。利用next函数的模式匹配过程如图7-8所示。

利用模式串T的next函数值求T在主串S中的第pos个字符之后的位置的KMP算法描述如下。

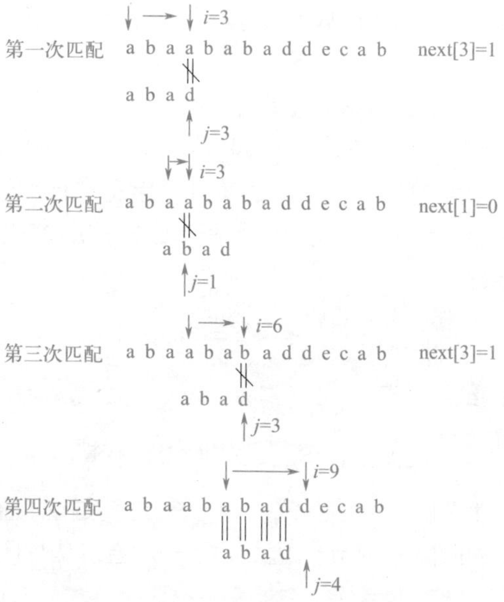

图7-8　利用next函数的模式匹配过程

```
def KMP_Index(self,pos,T,next):
    # KMP模式匹配算法。利用模式串T的next函数在主串S中的第pos个位置开始查找模式串T，如果
      找到，返回模式串在主串的位置；否则，返回 - 1
    i = pos - 1
    j = 0
    while i < S.length and j < T.length:
        if j == -1 or self.str[i] == T.str[j]:   # 如果j = -1或当前字符相等，则
                                                   继续比较后面的字符
            i +=1
            j+=1
        else:                           # 如果当前字符不相等，则将模式串向右移动
            j = next[j]                 # 数组next保存next函数值

    if j >= T.length:                   # 匹配成功，返回子串在主串中的位置
        return i - T.length + 1,count
    else:                               # 否则返回-1
        return -1
```

（2）求next函数值

KMP模式匹配算法是建立在模式串next函数值已知的基础上的。下面来讨论如何求模式串的next函数值。

从上面的分析可以看出，模式串next函数值的取值与主串无关，仅与模式串相关。根据模式串next函数定义，next函数值可用递推的方法得到。

设next[j]=k，表示在模式串T中存在以下关系：

$$\text{“}t_0 t_1 \cdots t_{k-1}\text{”} = \text{“}t_{j-k} t_{j-k+1} \cdots t_{j-1}\text{”}$$

式中，$0<k<j$，k为满足等式的最大值，即不可能存在$k'>k$满足以上等式。那么计算 next[j+1]的值可能有如下两种情况出现。

① 如果$t_j=t_k$，则表示在模式串T中满足关系"$t_0t_1\cdots t_k$" = "$t_{j-k}t_{j-k+1}\cdots t_j$"，并且不可能存在$k'>k$满足以上等式。因此有next[$j$+1]=$k$+1，即next[$j$+1]=next[$j$]+1。

② 如果$t_j \neq t_k$，则表示在模式串T中满足关系"$t_0t_1\cdots t_k$" $\neq$ "$t_{j-k}t_{j-k+1}\cdots t_j$"。在这种情况下，可以把求next函数值的问题看成一个模式匹配的问题。目前已经有"$t_0t_1\cdots t_{k-1}$" = "$t_{j-k}t_{j-k+1}\cdots t_{j-1}$"，但是$t_j \neq t_k$，把模式串T向右滑动到$k'$=next[$k$]（$0<k'<k<j$）。

a.如果有$t_j=t_{k'}$，则表示模式串中有"$t_0t_1\cdots t_{k'}$" = "$t_{j-k'}t_{j-k'+1}\cdots t_j$"，因此有next[$j$+1]=$k'$+1，即next[$j$+1]=next[$k$]+1。

b.如果$t_j \neq t_{k'}$，则将模式串继续向右滑动到第next[k']个字符与t_j比较。如果仍不相等，则将模式串继续向右滑动到下标为next[next[k']]字符与t_j比较。依次类推，直到t_j和模式串中某个字符匹配成功或不存在任何$k'(1<k'<j)$满足"$t_0t_1\cdots t_{k'}$" = "$t_{j-k'}t_{j-k'+1}\cdots t_j$"，则有next[$j$+1]=0。

以上讨论的是如何根据next函数的定义递推得到next函数值。例如，模式串T="abcaabbcab"的next函数值如表7-1所示。

表7-1 模式串"abcaabbcab"的next函数值

j	0	1	2	3	4	5	6	7	8	9
模式串	a	b	c	a	a	b	b	c	a	b
next[j]	-1	0	0	0	1	1	2	0	0	1

在表7-1中，如果已经求得前3个字符的next函数值，再求next[3]，因为next[2]=0，且$t_2 \neq t_0$，则next[3]=0。然后求next[4]，因为next[3]=0，且$t_3=t_0$，则next[4]= next[3]+1=1。接着求next[5]，因为$t_3=t_0$，但"t_3t_4" $\neq$ "t_0t_1"，则需要将t_4与下标为next[1]=0的字符即t_0比较，因为$t_0=t_4$，故next[5]=1。

同理，在求得next[5]=1后，如何求next[6]？因为"t_4t_5" = "t_0t_1"，故next[6]=2，即t_6 b直接与t_2c进行比较。

求next函数值的算法描述如下。

```python
def GetNext(self,T):          # 求模式串T的next函数值并存入数组next
    j=0
    k=-1
    next = [None for i in range(T.length)]
    next[0]=-1
    while j<T.length-1:
        if k==-1 or T.str[j]==T.str[k]:  # 若k=-1或当前字符相等，则继续比较后面
                                         #   字符，并将函数值存入next数组
            j+=1
            k+=1
            next[j]=k
        else:                 # 如果当前字符不相等，则将模式串向右移动继续比较
            k=next[k]
    return next
```

求next函数值的算法时间复杂度是$O(m)$。一般情况下，模式串的长度比主串的长度要小得多，因此，对整个字符串的匹配来说，增加这点时间是值得的。

（3）改进的求next函数算法

上述求next函数值的方法有时也存在缺陷。例如，主串S="aaaacabacaaaba"与模式串T="aaaab"进行匹配时，当$i=4$，$j=4$时，$s_4 \neq t_4$，而因为next[0]=-1，next[1]=0，next[2]=1，next[3]=2，next[4]=3，所以需要将主串的s_4与子串中的t_3、t_2、t_1、t_0依次进行比较。因模式串中的t_3与t_0、t_1、t_2都相等，没有必要将这些字符与主串的s_4进行比较，仅需要直接将s_4与t_0进行比较。

一般地，在求得next[j]=k后，如果模式串中的t_j=t_k，则当主串中的$s_i \neq t_j$时，不必再将s_i与t_k比较，而直接与$t_{next[k]}$比较。因此，可以将求next函数值的算法进行修正，即在求得next[j]=k之后，判断t_j是否与t_k相等，如果相等，还需继续将模式串向右滑动，使k'=next[k]，判断t_j是否与t_k相等，直到两者不等为止。

例如，模式串T="abcdabcdabd"的next函数值与改进后的next函数值如表7-2所示。

表7-2　模式串"abcdabcdabd"的next函数值

j	0	1	2	3	4	5	6	7	8	9	10
模式串	a	b	c	d	a	b	c	d	a	b	d
next[j]	-1	0	0	0	0	1	2	3	4	5	6
nextval[j]	-1	0	0	0	-1	0	0	0	-1	0	6

其中，nextval[j]中存放改进后的next函数值。在表7-2中，，如果主串中对应的字符s_i与模式串T对应的t_8失配，则应取$t_{next[8]}$与主串的s_i比较，即t_4与s_i比较，因为t_4=t_8="a"，所以也一定与s_i失配，则取$t_{next[4]}$与s_i比较，即t_0与s_i比较，又因为t_0="a"，也必然与s_i失配，则取next[0]=-1，这时，模式串停止向右滑动。其中，t_4、t_0与s_i比较是没有意义的，所以需要修正next[8]和next[4]的值为-1。同理，用类似的方法修正其他next的函数值。

求next函数值的改进算法描述如下。

```python
def GetNextVal(self,T):
    # 求模式串T的next函数值的修正值并存入数组nextval
    j = 0
    k = -1
    nextval = [None for i in range(T.length+1)]
    nextval[0] = -1
    while j < T.length-1:
        if k == -1 or T.str[j] == T.str[k]:    # 如果k = -1或当前字符相等，则继
                                                续比较后面的字符并将函数值存入到
                                                nextval数组

            j = j+1
            k = k+1
            if T.str[j] != T.str[k]:    # 如果所求的nextval[j]与已有的nextval
                                        [k]不相等，则将k存放在nextval中 * /
```

```
            nextval[j]=k
        else:
            nextval[j]=nextval[k]
    else:                    #如果当前字符不相等，则将模式串向右移动继续比较
        k=nextval[k]
return nextval
```

注意： 本章在讨论串的实现及主串与模式串的匹配问题时，均将串从下标为0开始计算，与Python语言中的列表起始下标一致。

7.3.3　模式匹配应用举例

【例7-2】　编写程序比较Brute-Force算法与KMP算法的效率。例如主串S="cabaadcabaababaabacabababab"，模式串T="abaabacababa"，统计Brute-Force算法与KMP算法在匹配过程中的比较次数，并输出模式串的next函数值与nextval函数值。

【分析】　通过主串的模式匹配比较Brute-Force算法与KMP算法的效果。朴素的Brute-Force算法也是常用的算法，毕竟它不需要计算next函数值。KMP算法在模式串与主串存在许多部分匹配的情况下，其优越性才会显示出来。

主函数部分主要包括头文件的引用、函数的声明、主函数及打印输出的实现，程序代码如下。

```
if_name_ == '_main_':
    S=SeqString("cabaadcabaababaabacabababab")       # 给主串S赋值
    T=SeqString("abaabacababa")                       # 给模式串T赋值
    next=T.GetNext(T)                                 # 求next函数值
    nextval=T.GetNextVal(T)                           # 求改进后的next函数值
    print("模式串T的next和改进后的next值:")
    S.PrintArray(T,next, nextval, T.length)           # 输出模式串T的next值和
                                                      #   nextval值

    find,count1 = S.B_FIndex(1, T)  #朴素模式串匹配
    if (find > 0):
        print("Brute-Force算法的比较次数为:%2d"%count1)
    find,count2 = S.KMP_Index( 1, T, next)
    if (find > 0):
        print("利用next的KMP算法的比较次数为:%2d"%count2)
    find,count3 = S.KMP_Index(1, T, nextval)
    if (find > 0):
        print("利用nextval的KMP匹配算法的比较次数为:%2d"%count3)

def PrintArray(self,T,next,nextval,length):
# 模式串T的next值与nextval值输出函数
    print("j:\t\t",end='')
```

```python
    for j in range(length):
        print(j,end=' ')
    print()
    print("模式串:\t\t",end='')
    for j in range(length):
        print(T.str[j],end=' ')
    print()
    print("next[j]:\t",end='')
    for j in range(length):
        print(next[j],end=' ')
    print()
    print("nextval[j]:\t",end='')
    for j in range(length):
        print(nextval[j],end=' ')
    print()
```

程序运行结果如下所示。

```
模式串T的next和改进后的next值:
j:          0 1 2 3 4 5 6 7 8 9 10 11
模式串:      a b a a b a c a b a b a
next[j]:    -1 0 0 1 1 2 3 0 1 2 3 2
nextval[j]: -1 0 -1 1 0 -1 3 -1 0 -1 3 -1
Brute-Force算法的比较次数为:40
利用next的KMP算法的比较次数为:31
利用nextval的KMP匹配算法的比较次数为:30
```

Python

第8章

数组与广义表

　　　数组与广义表都是可看作线性数据结构的扩展。线性表、栈、队列、串的数据元素都是不可再分的原子类型，而数组中的数据元素是可以再分的。广义表被广泛应用于人工智能等领域，在Lisp语言中，广义表是一种基本的数据结构。

📚 学习目标：

- 特殊矩阵、稀疏矩阵的压缩存储。
- 广义表的存储表示。

⚛️ 知识点结构：

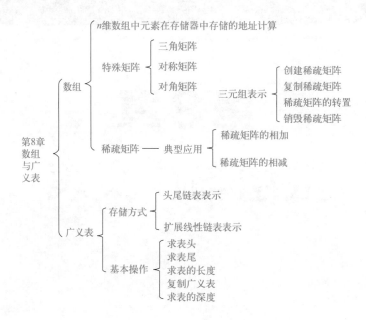

8.1　数组的定义及抽象数据类型

　　　数组（array）是一种特殊的线性表，表中的元素可以是原子类型，也可以是一个线性表。

8.1.1　什么是数组

　　　数组是由n个类型相同的数据元素组成的有限序列。其中，这n个数据元素占用一块地址连续的存储空间。数组中的数据元素可以是原子类型的，如整型、字符型、浮点型等，这种类型的数组称为一维数组；也可以是一个线性表，这种类型的数组称为二维数组。二维数组可以看成是线性表的线性表。

　　　一个含有n个元素的一维数组可以表示成线性表$A=(a_0,a_1,\cdots,a_{n-1})$。其中，$a_i(0 \leq i \leq n-1)$是表$A$中的元素，表中的元素个数是$n$。

　　　一个m行n列的二维数组可以看成是一个线性表，其中数组中的每个元素也是一个线性表。例如，$A=(p_0, p_1, \cdots, p_r)$，$r=n-1$。表中的每个元素$p_j(0 \leqslant j \leqslant r)$又是一个列向量表示的线性表，$p_j=(a_{0,j}, a_{1,j}, \cdots, a_{m-1,j})$，$0 \leqslant j \leqslant n-1$。因此，这样的$m$行$n$列的二维数组可以表示成由列向量组成的线性表，如图8-1所示。

在图8-1中，二维数组的每一列可以看成是线性表中的每一个元素。线性表A中的每一个元素$p_j(0 \leqslant j \leqslant r)$是一个列向量。同样，还可以把图8-1中的矩阵看成是一个由行向量构成的线性表，即$B=(q_0, q_1, \cdots, q_s)$，其中，$s=m-1$。$q_i$是一个行向量，即$q_i=(a_{i,0}, a_{i,1}, \cdots, a_{i,n-1})$，如图8-2所示。

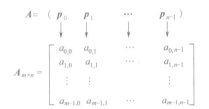 

图8-1　二维数组以列向量表示　　　　　　　图8-2　二维数组以行向量表示

同理，一个n维数组也可以看成是一个线性表，其中线性表中的每个数据元素是n维的数组。n维数组中的每个元素处于n个向量中，每个元素有n个前驱元素，也有n个后继元素。

8.1.2　数组的顺序存储结构

计算机中的存储器结构是一维（线性）结构，而数组是一个多维结构，如果要将一个多维结构存放在一个一维的存储单元里，这就需要先将多维的数组转换成一个一维线性序列，才能将其存放在存储器中。

数组的存储方式有两种。一种是以行序为主序（row major order）的存储方式，另一种是以列序为主序（column major order）的存储方式，对于如图8-3所示的数组A来说，二维数组A以行序为主序的存储顺序为$a_{0,0}, a_{0,1}, \cdots,$ $a_{0,n-1}, a_{1,0}, a_{1,1}, \cdots, a_{1,n-1}, \cdots, a_{m-1,0}, a_{m-1,1}, \cdots, a_{m-1,n-1}$，以列序为主序的存储顺序为$a_{0,0}, a_{1,0}, \cdots, a_{m-1,0}, a_{0,1},$ $a_{1,1}, \cdots, a_{m-1,1}, \cdots, a_{0,n-1}, a_{1,n-1}, \cdots, a_{m-1,n-1}$。

根据数组的维数和各维的长度就能为数组分配存储空间。因为数组中的元素连续存放，所以任意给定一个数组的下标，就可以求出相应数组元素的存储位置。

下面说明以行序为主序的数组元素的存储地址与数组下标之间的关系。设每个元素占m个存储单元，则二维数组A中的任何一个元素a_{ij}的存储位置可以由以下公式确定。

$$\text{Loc}(i, j)=\text{Loc}(0,0)+(i \times n+j) \times m$$

式中，$\text{Loc}(i, j)$表示元素a_{ij}的存储地址；$\text{Loc}(0,0)$表示元素a_{00}的存储地址，即二维数组的

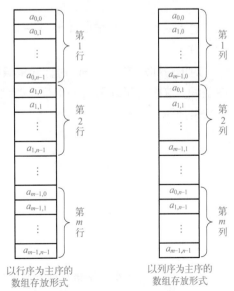

图8-3　数组在内存中的存放形式

起始地址（也称为基地址）。

推广到更一般的情况，可以得到n维数组中数据元素的存储地址与数组下标之间的关系为

$$\text{Loc}(j_1, j_2, \cdots, j_n) = \text{Loc}(0, 0, \cdots, 0) + (b_1 b_2 \cdots b_{n-1} j_0 + b_2 b_3 \cdots b_{n-1} j_1 + \cdots + b_{n-1} j_{n-2} + j_{n-1}) m$$

式中，$b_i (1 \leq i \leq n-1)$是第i维的长度；j_i是数组的第i维下标。

在Python中，通常采用列表来表示数组，若创建一个长度为n的一维数组a[]，其语句如下：

```
n=10
a=[None]*n
```

若创建一个$m \times n$的二维数组a[]，在Python语言中可使用嵌套列表表示，其语句如下：

```
m,n=10,20
a=[[None]*n for i in range(m)]
```

a为嵌套列表，其大小为10行、20列。

8.1.3　特殊矩阵的压缩存储

矩阵是科学计算、工程数学，尤其是数值分析经常研究的对象。在高级语言中，通常使用二维数组来存储矩阵。在有些高阶矩阵中，非零元素非常少，此时若使用二维数组将造成存储空间的浪费，这时可只存储部分元素，从而提高存储空间的利用率。这种存储方式称为矩阵的压缩存储。所谓压缩存储指的是为多个相同值的元素只分配一个存储单元，对值为零的元素不分配存储单元。

非零元素非常少（远小于$m \times n$）或元素分布呈一定规律的矩阵称为特殊矩阵。

（1）对称矩阵的压缩存储

如果一个n阶的矩阵A中的元素满足$a_{ij} = a_{ji} (0 \leq i, j \leq n-1)$，则称这种矩阵为$n$阶对称矩阵。

对于对称矩阵，每一对对称元素值相同，只需要为每一对对称元素其中之一分配一个存储空间，这样就可以用$n(n+1)/2$个存储单元存储n^2个元素。n阶对称矩阵A和下三角矩阵如图8-4所示。

$$A_{n \times n} = \begin{bmatrix} a_{0,0} & a_{0,1} & \cdots & a_{0,n-1} \\ a_{1,0} & a_{1,1} & \cdots & a_{1,n-1} \\ \vdots & \vdots & & \vdots \\ a_{n-1,0} & a_{n-1,1} & \cdots & a_{n-1,n-1} \end{bmatrix} \qquad A_{n \times n} = \begin{bmatrix} a_{0,0} & & & \\ a_{1,0} & a_{1,1} & & \\ \vdots & \vdots & & \\ a_{n-1,0} & a_{n-1,1} & \cdots & a_{n-1,n-1} \end{bmatrix}$$

对称矩阵　　　　　　　　　　下三角矩阵

图8-4　n阶对称矩阵与下三角矩阵

假设用一维数组s存储对称矩阵A的上三角或下三角元素，则一维数组s的下标k与n阶对称矩阵A的元素a_{ij}之间的对应关系为

$$k = \begin{cases} \dfrac{i(i+1)}{2} + j & i \geq j \\ \dfrac{j(j+1)}{2} + i & i < j \end{cases}$$

当 $i \geq j$ 时，矩阵 A 以下三角形式存储，$\dfrac{i(i+1)}{2} + j$ 为矩阵 A 中元素的线性序列编号；当 $i < j$ 时，矩阵 A 以上三角形式存储，$\dfrac{j(j+1)}{2} + i$ 为矩阵 A 中元素的线性序列编号。任意给定一组下标 (i, j)，就可以确定矩阵 A 在一维数组 s 中的存储位置。s 称为 n 阶对称矩阵 A 的压缩存储。

矩阵下三角元素的压缩存储表示如图8-5所示。

图8-5　对称矩阵的压缩存储

（2）三角矩阵的压缩存储

三角矩阵可分为两种，为上三角矩阵和下三角矩阵。其中，下三角元素均为常数 C 或零的 n 阶矩阵称为上三角矩阵，上三角元素均为常数 C 或零的 n 阶矩阵称为下三角矩阵。$n \times n$ 的上三角矩阵和下三角矩阵如图8-6所示。

$$A_{n \times n} = \begin{bmatrix} a_{0,0} & a_{0,1} & \cdots & a_{0,n-1} \\ & a_{1,1} & \cdots & a_{1,n-1} \\ & & & \vdots \\ & C & & \\ & & & a_{n-1,n-1} \end{bmatrix} \qquad A_{n \times n} = \begin{bmatrix} a_{0,0} & & & \\ a_{1,0} & a_{1,1} & & C \\ \vdots & \vdots & & \\ a_{n-1,0} & a_{n-1,1} & \cdots & a_{n-1,n-1} \end{bmatrix}$$

上三角矩阵　　　　　　　　　　　下三角矩阵

图8-6　上三角矩阵与下三角矩阵

上三角矩阵的压缩原则是只存储上三角的元素，不存储下三角的零元素（或只用一个存储单元存储下三角的非零元素）。下三角矩阵的存储元素与上三角压缩存储类似。如果用一维数组来存储三角矩阵，则需要存储 $n(n+1)/2+1$ 个元素。一维数组的下标 k 与矩阵的下标 (i, j) 的对应关系如下。

上三角矩阵：

$$k = \begin{cases} \dfrac{i(2n-i+1)}{2} + j - i & i \leq j \\ \dfrac{n(n+1)}{2} & i > j \end{cases}$$

下三角矩阵：

$$k = \begin{cases} \dfrac{i(i+1)}{2} + j & i \geq j \\ \dfrac{n(n+1)}{2} & i < j \end{cases}$$

式中，第 $k = \dfrac{n(n+1)}{2}$ 个位置存放的是常数 C 或者零元素。上述公式可根据等差数列推导得出。

关于一个以行序为主序与以列序为主序压缩存储相互转换的情况，例如，设有一个 $n \times n$ 的上三角矩阵 A 的上三角元素已按行序为主序连续存放在数组 b 中，设计一个算法 trans 将 b 中元素按列序为主序连续存放在数组 c 中。当 $n=5$ 时，矩阵 A 如图8-7所示。

$$A_{5\times5} = \begin{bmatrix} 1 & 2 & 3 & 4 & 5 \\ 0 & 6 & 7 & 8 & 9 \\ 0 & 0 & 10 & 11 & 12 \\ 0 & 0 & 0 & 13 & 14 \\ 0 & 0 & 0 & 0 & 15 \end{bmatrix}$$

图8-7　5×5上三角矩阵

其中，b=(1,2,3,4,5,6,7,8,9,10,11,12,13,14,15)，c= (1,2,6,3,7,10,4,8,11,13,5,9,12,14,15)。那如何根据数组 b 得到数组 c 呢？

【分析】　本题主要考查特殊矩阵的压缩存储中对数组下标的灵活使用程度。用 i 和 j 分别表示矩阵中元素的行列下标，用 k 表示压缩矩阵 b 元素的下标。解答本题的关键是找出以行序为主序和以列序为主序数组下标的对应关系（初始时，$i=0$，$j=0$，$k=0$），即 $c[j(j+1)/2+i]=b[k]$。式中，$j(j+1)/2+i$ 是根据等差数列得出的。根据这种对应关系，直接把 b 中的元素赋给 c 中对应的位置即可。但是读出 c 中一列即 b 中的一行（元素1、2、3、4、5）之后，还要改变行下标 i 和列下标 j，开始读6、7、8元素时，列下标 j 需要从1开始，行下标 i 也需要增加1，依次类推，可以得出修改行下标和列下标的办法为：当一行还没有结束时，$j++$；否则 $i++$，并修改下一行的元素个数及 i、j 的值，直到 $k=n(n+1)/2$ 为止。

根据以上分析，相应的压缩矩阵转换算法如下。

```python
def trans(b,n):            # 将b中元素按列序为主序连续存放到数组c中
    step=n
    count=0
    i=0
    j=0
    c=[None for i in range(int(n*(n+1)/2))]
    for k in range(int(n*(n+1)/2)):
        count+=1            # 记录一行是否读完
        c[int(j*(j+1)/2+i)] = b[k]   # 把以行序为主序的数存放到对应以列为主序的数组中
        if count==step:    # 一行读完后
            step-=1
            count=0        # 下一行重新开始计数
            i+=1           # 下一行的开始行
            j=n-step       # 一行读完后，下一轮的开始列
        else:
            j+=1           # 一行还没有读完，继续下一列的数
    return c
```

（3）对角矩阵的压缩存储

对角矩阵（也叫带状矩阵）是另一类特殊的矩阵。所谓对角矩阵，就是所有的非零元素都集中在以主对角线为中心的带状区域内（对角线的个数为奇数）。也就是说除了主对角线和主对角线上、下若干条对角线上的元素外，其他元素的值均为零。一个3对角矩阵如图8-8所示。

通过观察，可以发现该对角矩阵具有以下特点。

当$i=0$且$j=0,1$时，即第1行有2个非零元素；当$0<i<n-1$且$j=i-1$，i，$i+1$时，即第2行到第$n-1$行之间有3个非零元素；当$i=n-1$且$j=n-2$，$n-1$时，即最后1行有2个非零元素。除此以外，其他元素均为零。

除了第1行和最后1行的非零元素为2个，其余各行非零元素为3个，因此，若用一维数组存储这些非零元素，需要$2+3(n-2)+2=3n-2$个存储单元。对角矩阵的压缩存储在数组中的情况如图8-9所示。

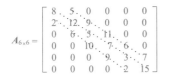

图8-8 3对角矩阵

图8-9 对角矩阵的压缩存储

下面确定一维数组的下标k与矩阵中元素的下标(i, j)之间的关系。先确定下标为(i, j)的元素与第一个元素之间在一维数组中的关系，$\text{Loc}(i, j)$表示a_{ij}在一维数组中的位置，$\text{Loc}(0,0)$表示第一个元素在一维数组中的地址。

$\text{Loc}(i, j)=\text{Loc}(0,0)+$第$0$~$i-1$行的非零元素个数$+$第$i$行的非零元素个数，其中，第$0$~$i-1$行的非零元素个数为$3i-1$，第$i$行的非零元素个数为$j-i+1$。其中，$j-i=\begin{cases}-1 & i>j \\ 0 & i=j \\ 1 & i<j\end{cases}$。

因此，$\text{Loc}(i, j)=\text{Loc}(0,0)+3i-1+j-i+1=\text{Loc}(0,0)+2i+j$。

8.1.4 稀疏矩阵的压缩存储

稀疏矩阵中的大多数元素是零，为了节省存储单元，需要对稀疏矩阵进行压缩存储。本小节主要介绍稀疏矩阵的定义、三元组表示、三元组实现及应用举例。

（1）什么是稀疏矩阵

所谓稀疏矩阵，假设在$m\times n$矩阵中有t个元素不为零，令$\delta=\dfrac{t}{m\times n}$，$\delta$为矩阵的稀疏因子，如果$\delta\leq 0.05$，则称矩阵为稀疏矩阵。通俗来讲，若矩阵中大多数元素值为零，只有很少的非零元素，这样的矩阵就是稀疏矩阵。

例如，图8-10所示是一个6×7的稀疏矩阵。

$$M_{6\times7}=\begin{bmatrix} 0 & 0 & 0 & 6 & 0 & 0 & 0 \\ 0 & 3 & 0 & 0 & 0 & 0 & 0 \\ 0 & 0 & 7 & 2 & 0 & 0 & 0 \\ 9 & 0 & 0 & 0 & -2 & 0 & 0 \\ 0 & 0 & 4 & 3 & 0 & 0 & 0 \\ 0 & 0 & 0 & 0 & 8 & 0 & 0 \end{bmatrix}$$

图8-10 6×7稀疏矩阵

（2）稀疏矩阵的三元组表示

为了节省内存单元，需要对稀疏矩阵进行压缩存储。在进行压缩存储的过程中，我们可以只存储稀疏矩阵的非零元素，为了表示非零元素在矩阵中的位置，还需存储非零元素对应的行和列的位置(i, j)。即可以通过存储非零元素的行号、列号和元素值实现稀疏矩阵的压缩存储，这种存储表示称为稀疏矩阵的三元组表示。三元组的结点结构如图8-11所示。

图8-10中的非零元素可以用三元组$((0,3,6),(1,1,3),(2,2,7),(2,3,2),(3,0,9),(3,4,-2),(4,2,4),(4,3,3),(5,4,8))$表示。将这些三元组按照行序为主序存放在结构体数组中，如图8-12所示，其中k表示数组的下标。

k	i	j	e
0	0	3	6
1	1	1	3
2	2	2	7
3	2	3	2
4	3	0	9
5	3	4	-2
6	4	2	4
7	4	3	3
8	5	4	8

i	j	e
非零元素的行号	非零元素的列号	非零元素的值

图8-11　稀疏矩阵的三元组结点结构   图8-12　稀疏矩阵的三元组存储结构

一般情况下，数组采用顺序存储结构，采用顺序存储结构的三元组称为三元组顺序表。三元组顺序表的类型描述如下。

```python
class Triple:                          # 三元组定义
    def _init_(self,i,j,e):
        self.i=i                       # 非零元素的行号
        self.j=j                       # 非零元素的列号
        self.e=e
 class TriSeqMat:                       # 矩阵类型定义
    def _init_(self,m,n,len):
        self.data=[]
        self.m=m                       # 矩阵的行数
        self.n=n                       # 矩阵的列数
        self.len=len                   # 矩阵中非零元素的个数
```

（3）稀疏矩阵的三元组实现

稀疏矩阵基本运算的算法实现如下。

① 创建稀疏矩阵。根据输入的行号、列号和元素值，创建一个稀疏矩阵。注意按照行优先顺序输入。创建成功返回1，否则返回0。算法实现如下。

```python
def CreateMatrix(self):
# 创建稀疏矩阵（按照行优先顺序排列）*/
    self.m, self.n, self.len = (int(i) for i in input("请输入稀疏矩阵的行数、列
数及非零元素个数: ").split(","))
```

```
if self.len>MaxSize:
    return 0
for i in range(self.len):
        m,n,e=(int(i) for i in input("请按行序顺序输入第%d个非零元素所在的行
(0~%d),列(0~%d),元素值:"%(i+1,M.m-1,M.n-1)).split(","))
    triple_value=Triple(m,n,e)
    self.data.append(triple_value)
    self.data.sort(key=lambda x: (x.i, x.j))

return 1
```

② 复制稀疏矩阵。为了得到稀疏矩阵*M*的一个副本*N*，只需将稀疏矩阵*M*非零元素的行号、列号及元素值依次赋给矩阵*N*的行号、列号及元素值。复制稀疏矩阵的算法实现如下。

```
def CopyMatrix(self,M,N):     # 由稀疏矩阵M复制得到另一个副本N
    N.len = M.len             # 修改稀疏矩阵N的非零元素的个数
    N.m = M.m                 # 修改稀疏矩阵N的行数
    N.n = M.n                 # 修改稀疏矩阵N的列数
    for i in range(M.len):    # 把M中非零元素的行号、列号及元素值依次赋值给N的
                              #   行号、列号及元素值

        N.data[i].i=M.data[i].i
        N.data[i].j=M.data[i].j
        N.data[i].e=M.data[i].e
    return N
```

③ 转置稀疏矩阵。转置稀疏矩阵就是将矩阵中的元素由原来的存放位置(i, j)变为(j, i)，也就是将元素的行列互换。例如，图8-10所示的6×7矩阵，经过转置后变为7×6矩阵，并且矩阵中的元素也要以主对角线为准进行交换。

将矩阵*M*三元组中的行和列互换，就可以得到转置后的矩阵*N*，如图8-13所示。稀疏矩阵的三元组顺序表转置过程如图8-14所示。

$$(i, j, e) \longrightarrow j, i, e$$
矩阵*M*   矩阵*N*

图8-13 稀疏矩阵转置

行、列下标互换后，还需要将行、列下标重新进行排序，才能保证转置后的矩阵也是以行序优先存放的。为了避免这种排序，以矩阵中列顺序优先的元素进行转置，然后按照顺序依次存放到转置后的矩阵中，这样经过转置后得到的三元组顺序表正好是以行序为主序存放的。具体算法实现大致有两种：

a.逐次扫描三元组顺序表M，第1次扫描M，找到*j*=0的元素，将行号和列号互换后存入到三元组顺序表N中，即找到（3，0，9），将行号和列号互换，把（3，0，9）直接存入N中，作为N的第一个元素。然后第2次扫描M，找到*j*=1的元素，将行号和列号互换后存入到三元组顺序表N中；依次类推，直到所有元素都存放至N中，最后得到的三元组顺序表N如图8-15所示。

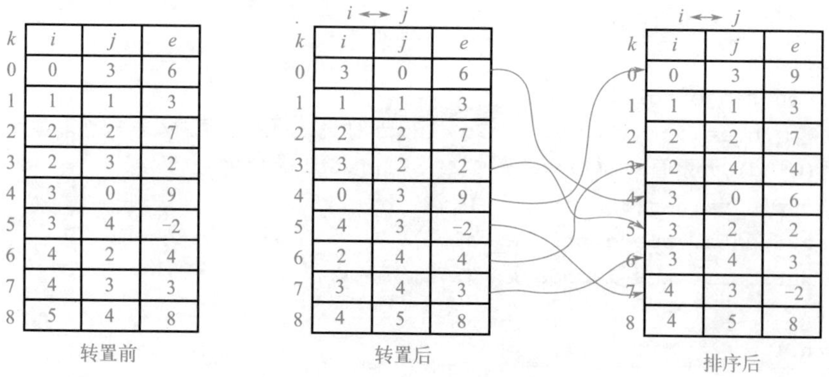

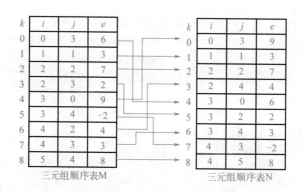

图8-14　矩阵转置的三元组表示

图8-15　稀疏矩阵转置的三元组顺序表表示

稀疏矩阵转置的算法实现如下。

```python
def TransposeMatrix(self, M, N):
    # 稀疏矩阵的转置
    N.m = M.n
    N.n = M.m
    N.len = M.len
    if N.len:
        k=0
        for col in range(M.n):                  # 按照列号扫描三元组顺序表
            for i in range(M.len):
                if M.data[i].j == col:          # 如果元素的列号是当前列，则进行转置
                    N.data[k].i=M.data[i].j
                    N.data[k].j=M.data[i].i
                    N.data[k].e=M.data[i].e
                    k+=1
    return N
```

通过分析该转置算法，其时间主要耗费在for语句的两层循环上，故算法的时间复杂度是 $O(n \times len)$，即与 M 的列数及非零元素的个数成正比。一般矩阵的转置算法为：

```
for col in range(M.n):
    for row in range(M.len):
        N[col][row]=M[row][col]
```

其时间复杂度为$O(n\times m)$。当非零元素的个数len与$m\times n$同数量级时，稀疏矩阵的转置算法时间复杂度就变为$O(m\times n^2)$。假设在200×500的矩阵中，有len=20000个非零元素，虽然三元组存储节省了存储空间，但时间复杂度提高了，因此稀疏矩阵的转置仅适用于len<<$m\times n$的情况。

b.稀疏矩阵的快速转置。按照M中三元组的次序进行转置，并将转置后的三元组置入N中恰当位置。若能预先确定矩阵*M*中的每一列第一个非零元素在*N*中的应有位置，那么对M中的三元组进行转置时，便可直接放到N中的恰当位置。

为了确定这些位置，在转置前，应先求得*M*每一列中非零元素的个数，进而求得每一列的第一个非零元素在*N*中的应有位置。

设置两个数组num和position，num[col]表示三元组顺序表M中第col列的非零元素个数，position[col]表示M中第col列的第一个非零元素在三元组顺序表N中的恰当位置。

依次扫描三元组顺序表M，可以得到每一列非零元素的个数，即num[col]。position[col]的值可以由num[col]得到，显然，position[col]与num[col]存在如下关系。

position[0]=0

position[col]=position[col-1]+num[col-1]，$1\leqslant col\leqslant n-1$

例如，图8-10所示的稀疏矩阵的num[col]和position[col]的值如表8-1所示。

表8-1 矩阵*M*的num[col]与position[col]的值

列号col	0	1	2	3	4	5	6
num[col]	1	1	2	3	2	0	0
position[col]	0	1	2	4	7	9	9

算法实现如下所示。

```
def FastTransposeMatrix(self, M, N):        # 稀疏矩阵的快速转置运算
    num= [0 for i in range(M.n+1)]          # 数组num用于存放M中的每一列非零元素个数
    position = [0 for i in range(M.n+1)]
                                # 数组position用于存放N中每一行非零元素的第一个位置
    N.n = M.m
    N.m = M.n
    N.len = M.len
    if N.len:
        for col in range(M.n):
            num[col]=0                      # 初始化num数组
        for t in range(M.len):              # 计算M中每一列非零元素的个数
            num[M.data[t].j]+=1
        position[0]=0                       # N中第一行的第一个非零元素的序号为0
        for col in range(M.n):              # N中第col行的第一个非零元素的位置
```

```
            position[col]=position[col-1]+num[col-1]
        for i in range(M.len):              # 依据position对M进行转置，存入N
            col=M.data[i].j
            k=position[col]                 # 取出N中非零元素应该存放的位置，赋值给k
            N.data[k].i=M.data[i].j
            N.data[k].j=M.data[i].i
            N.data[k].e=M.data[i].e
            position[col]+=1                # 修改下一个非零元素应该存放的位置
    return N
```

先扫描M，得到M中每一列非零元素的个数，存放到num中。然后根据num[col]和position[col]的关系，求出N中每一行第一个非零元素的位置。初始时，position[col]是M第col列第一个非零元素的位置，每个M中的第col列的非零元素存入N中，则将position[col]加1，使position[col]的值始终为下一个要转置的非零元素应存放的位置。

该算法中有4个并列的单循环，循环次数分别为n和len，因此总的时间复杂度为$O(n+\text{len})$。当M的非零元素个数len与$m \times n$处于同一个数量级时，算法的时间复杂度变为$O(m \times n)$，与经典的矩阵转置算法时间复杂度相同。

④ 销毁稀疏矩阵，代码如下。

```
def DestroyMatrix(self):
# 销毁稀疏矩阵
    self.m,self.n,self.len=0,0,0
```

（4）稀疏矩阵应用举例——三元组表示的稀疏矩阵相加

【例8-1】 有两个稀疏矩阵A和B，相加得到C，如图8-16所示。请利用三元组顺序表实现两个稀疏矩阵的相加，并输出结果。

$$A_{4\times 4}=\begin{bmatrix} 0 & 5 & 0 & 0 \\ 3 & 0 & 0 & 0 \\ 0 & 0 & 3 & 0 \\ 0 & 0 & 0 & -2 \end{bmatrix} \quad B_{4\times 4}=\begin{bmatrix} 0 & 0 & 4 & 0 \\ 0 & -3 & 0 & 2 \\ 0 & 0 & 0 & 0 \\ 8 & 0 & 0 & 0 \end{bmatrix} \quad C_{4\times 4}=\begin{bmatrix} 0 & 5 & 4 & 0 \\ 3 & -3 & 0 & 2 \\ 0 & 0 & 3 & 0 \\ 8 & 0 & 0 & -2 \end{bmatrix}$$

图8-16 两个稀疏矩阵的相加

【提示】 矩阵中两个元素相加可能会出现如下3种情况。

① A中的元素$a_{ij} \neq 0$且B中的元素$b_{ij} \neq 0$，但是结果可能为零，如果结果为零，则不保存元素值；如果结果不为零，则将结果保存在C中。

② A中的第(i, j)个位置存在非零元素a_{ij}，而B中不存在非零元素，则只需要将该值赋值给C。

③ B中的第(i, j)个位置存在非零元素b_{ij}，而A中不存在非零元素，则只需要将b_{ij}赋值给C。

两个稀疏矩阵相加的算法实现如下。

```
def AddMatrix(self, M, N, Q):
```

```python
# 两个稀疏矩阵的和。将两个矩阵M和N对应的元素值相加，得到另一个稀疏矩阵Q
    m=0
    n=0
    k=-1
    # 如果两个矩阵的行数与列数不相等，则不能进行相加运算
    if M.m!=N.m or M.n!=N.n:
        return 0
    Q.m=M.m
    Q.n=M.n
    while m < M.len and n < N.len:
        if self.CompareElement(M.data[m].i, N.data[n].i)==-1:
                                        # 比较两个矩阵对应元素的行号

            k+=1
            Q.data.append(M.data[m])        # 将矩阵M，即行号小的元素赋值给Q
            m += 1
        elif self.CompareElement(M.data[m].i, N.data[n].i)==0:
                                    # 如果矩阵M和N的行号相等，则比较列号

            if self.CompareElement(M.data[m].j, N.data[n].j)==-1:
                                # 如果M的列号小于N的列号，则将矩阵M的元素赋值给Q
                k+=1
                Q.data.append(M.data[m])
                m+=1
            elif self.CompareElement(M.data[m].j, N.data[n].j)==0:
                            # 如果M和N的行号、列号均相等，则将两元素相加，存入Q
                k+=1
                Q.data.append(M.data[m])
                m+=1
                Q.data[k].e += N.data[n].e
                n+=1
                if Q.data[k].e == 0:       # 如果两个元素的和为0，则不保存
                    k -=1
                    Q.data.pop(-1)
            elif self.CompareElement(M.data[m].j, N.data[n].j)==1:
                            # 如果M的列号大于N的列号，则将矩阵N的元素赋值给Q
                k+=1
                Q.data.append(N.data[n])
                n+=1
        elif self.CompareElement(M.data[m].i, N.data[n].i)==1:
                                    # 如果M的行号大于N的行号，则将矩阵N的元素赋值给Q

            k+=1
            Q.data.append(N.data[n])
            n+=1
    while m < M.len:                    # 如果矩阵M的元素还没处理完毕，则将M中的元素赋值给Q
        k+=1
        Q.data.append(M.data[m])
        m+=1
```

```
while n < N.len:            # 如果矩阵N的元素还没处理完毕，则将N中的元素赋值给Q
    k+=1
    Q.data.append(N.data[n])
    n+=1
Q.len = k+1                  # 修改非零元素的个数
return 1
```

m和n分别为矩阵A和B的当前处理的非零元素下标，初始时为0。需要特别注意的是，最后求得的非零元素个数为$k+1$，其中，k为非零元素最后一个元素的下标。

程序运行结果如下所示。

```
请输入稀疏矩阵的行数、列数及非零元素个数：4，4，4
请按行序顺序输入第1个非零元素所在的行(0~3)，列(0~3)，元素值:0，1，5
请按行序顺序输入第2个非零元素所在的行(0~3)，列(0~3)，元素值:1，0，3
请按行序顺序输入第3个非零元素所在的行(0~3)，列(0~3)，元素值:2，2，3
请按行序顺序输入第4个非零元素所在的行(0~3)，列(0~3)，元素值:3，3，-2
稀疏矩阵(按矩阵形式输出)：
长度 4
  0   5   0   0
  3   0   0   0
  0   0   3   0
  0   0   0  -2
稀疏矩阵是4行4列，共4个非零元素
行 列 元素值
  0   1   5
  1   0   3
  2   2   3
  3   3  -2
请输入稀疏矩阵的行数、列数及非零元素个数：4，4，4
请按行序顺序输入第1个非零元素所在的行(0~3)，列(0~3)，元素值:0，2，4
请按行序顺序输入第2个非零元素所在的行(0~3)，列(0~3)，元素值:1，1，-3
请按行序顺序输入第3个非零元素所在的行(0~3)，列(0~3)，元素值:1，3，2
请按行序顺序输入第4个非零元素所在的行(0~3)，列(0~3)，元素值:3，0，8
稀疏矩阵(按矩阵形式输出)：
长度 4
  0   0   4   0
  0  -3   0   2
  0   0   0   0
  8   0   0   0
稀疏矩阵(按矩阵形式输出)：
长度 8
  0   5   4   0
  3  -3   0   2
  0   0   3   0
  8   0   0  -2
```

两个稀疏矩阵*A*和*B*相减的算法实现与相加算法实现类似，只需要将相加算法中的＋改成－即可，也可以将第二个矩阵的元素值都乘上－1，然后调用矩阵相加的函数即可。稀疏矩阵相减的算法实现如下。

```python
def SubMatrix(self, A, B, C):
#稀疏矩阵的相减
    for i in range(B.len):
        B.data[i].e*= -1                    # 将矩阵B的元素都乘-1，然后将两个矩阵相加
    return AddMatrix(A, B, C)
```

8.2　广义表

广义表是一种特殊的线性表，是线性表的扩展。广义表中的元素可以是单个元素，也可以是一个广义表。

8.2.1　什么是广义表

广义表也称为列表（lists），是由*n*个类型相同的数据元素$(a_1,a_2,a_3,\cdots,a_n)$组成的有限序列。其中，广义表中的元素a_i可以是单个元素，也可以是一个广义表。

通常，广义表记为GL=$(a_1,a_2,a_3,\cdots,a_n)$。其中，GL是广义表的名字，*n*是广义表的长度。如果广义表中的a_i是单个元素，则称a_i是原子。如果广义表中的a_i是一个广义表，则称a_i是广义表的子表。

习惯上用大写字母表示广义表的名字，用小写字母表示原子。

对于非空广义表GL，a_1称为广义表GL的表头（head），其余元素组成的表$(a_2,a_3,\cdots,a_n)$称为广义表GL的表尾（tail）。广义表是一个递归的定义，因为在描述广义表时又用到了广义表的概念。如下是一些广义表的例子。

① A=()，广义表A是长度为0的空表。

② B=(a)，B是一个长度为1且元素为原子的广义表（其实就是前面讨论过的一般线性表）。

③ C=(a,(b,c))，C是长度为2的广义表。其中，第1个元素是原子a，第2个元素是一个子表(b,c)。

④ D=(A,B,C)，D是一个长度为3的广义表，这3个元素都是子表，第1个元素是一个空表A。

⑤ E=(a,E)，E是一个长度为2的递归广义表，相当于E=(a,(a,(a,(a,(a,\cdots)))))。

由上述定义和例子可推出如下广义表的重要结论。

① 广义表的元素既可以是原子，也可以是子表，子表的元素可以是元素，也可以是子表。广义表的结构是一个多层次的结构。

② 一个广义表还可以是另一个广义表的元素。例如A、B和C是D的子表，在表D中不需要列出A、B和C的元素。

③ 广义表可以是递归的表，即广义表可以是本身的一个子表。例如E就是一个递归的广义表。

任何一个非空广义表的表头可以是一个原子，也可以是一个广义表，而表尾一定是一个广义表。例如head(B)=a，tail（B）=()，head(C)=a,tail(C)=((b,c))，head(D)=A，tail(D)=(B,C)。其中，head(B)表示取广义表B的表头元素，tail(B)表示取广义表B的表尾元素。

注意： 广义表()和(())不同，前者是空表，长度为0；后者长度为1，表示元素值为空表的广义表，可分解得到表头、表尾均为空表()。对非空广义表，才有求表头和求表尾操作。

8.2.2 广义表的抽象数据类型

（1）数据对象集合

广义表的数据对象集合为$\{a_i|1 \leq i \leq n$，a_i可以是原子，也可以是广义表$\}$。例如，A=(a,(b,c))是一个广义表，A中包含两个元素a和(b,c)，第2个元素为子表，包含了2个元素b和c。若把(b,c)看成一个整体，则a和(b,c)构成了一个线性表，在子表(b,c)的内部，b和c又构成了线性表。故广义表可看作是线性表的扩展。

（2）基本操作集合

① GetHead(L)：求广义表的表头。如果广义表是空表，则返回None；否则返回指向表头结点的指针。

② GetTail(L)：求广义表的表尾。如果广义表是空表，则返回None；否则返回指向表尾结点的指针。

③ GListLength(L)：求广义表的长度。如果广义表是空表，则返回0；否则返回广义表的长度。

④ CopyGList(&T,L)：复制广义表。由广义表L复制得到广义表T。复制成功返回True，否则返回False。

⑤ GListDepth(L)：求广义表的深度。广义表的深度就是广义表中括号嵌套的层数。如果广义表是空表，则返回1；否则返回广义表的深度。

8.2.3 广义表的头尾链表表示

因广义表中有原子和子表两种元素，所以广义表的链表结点也分为原子结点和子表结点两种。其中，子表结点包含标志域、指向表头的指针域和指向表尾的指针域3个域。原子结点包含标志域和值域两个域。表结点和原子结点的存储结构如图8-17所示。

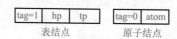

图8-17　表结点和原子结点的存储结构

其中，tag=1表示是子表，hp和tp分别指向表头结点和表尾结点，tag=0表示原子，

atom用于存储原子的值。

　　广义表的这种存储结构称为头尾链表存储表示。例如用头尾链法表示的广义表A=()，B=(a)，C=(a,(b,c))，D=(A,B,C)，E=(a,E)如图8-18所示。

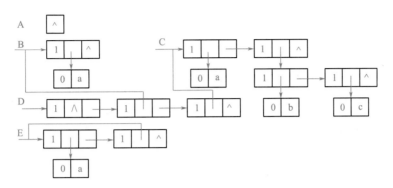

图8-18　广义表的存储结构

8.2.4　广义表的扩展线性链表表示

　　采用扩展线性链表表示的广义表也包含两种结点，分别为表结点和原子结点。这两种结点都包含3个域。其中，表结点由标志域tag、表头指针域hp和表尾指针域tp构成，原子结点由标志域、原子的值域和表尾指针域构成。

　　标志域tag用来区分当前结点是表结点还是原子结点，tag=0时为原子结点，tag=1时为表结点。hp和tp分别指向广义表的表头和表尾，atom用来存储原子结点的值。扩展性链表的结点结构如图8-19所示。

图8-19　扩展性链表结点存储结构

　　例如，A=()，B=(a)，C=(a,(b,c))，D=(A,B,C)，E=(a,E)，则广义表A、B、C、D、E的扩展性链表存储结构如图8-20所示。

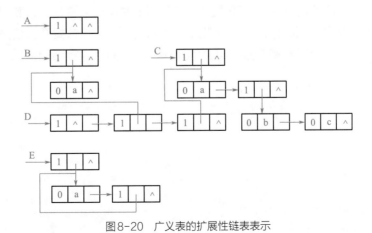

图8-20　广义表的扩展性链表表示

广义表扩展线性链表存储结构的类型描述如下。

```python
class GListNode:
    def _init_(self, tag = None, ptr = None, tp = None):
        self.tag=tag
        self.ptr=ptr
        self.tp=tp
```

这里的ptr是广义表扩展线性链表中atom和hp的统一表示。

求广义表长度和深度的算法实现如下:

```python
def getGListNodeLength(self, GLNode):      # 求广义表的长度
    if GLNode.tp is None or GLNode.tp.ptr is None:
        return 0
    count = 0
    node = GLNode.tp
    while node:
        count += 1
        node = node.tp
    return count


# 求广义表的深度
def getGListNodeDepth(self, GLNode):
    depth =- 1
    while GLNode:
        if GLNode.tag == 1:                 # 如果是子表就递归遍历
            count = self.getGListNodeDepth(GLNode.ptr)
            if count > depth:
                depth = count
        GLNode = GLNode.tp                   # 遍历下一个元素
    return depth + 1
```

拓展阅读

KMP算法是在BF算法的基础上改进的，特殊矩阵的压缩存储是充分利用各种矩阵的特点而选择合适的策略进行压缩存储，以降低压缩存储空间。做事情要尊重物质运动的客观规律，从客观实际出发，找出事物本身所具有的规律性，从而作为行动的依据，这样可起到事半功倍的效果。

Python

第 9 章
树和二叉树——一对多的数据结构

前面主要介绍了常见的线性结构，接下来，将要介绍一种非线性数据结构——树（tree）和二叉树（binary tree）。与线性结构不同的是，树和二叉树中元素之间的关系是一种一对多的关系。树形结构应用非常广泛，特别是在大量数据处理，如在文件系统、编译系统、目录组织等方面，显得更加突出。

学习目标：

- 树和二叉树的基本概念、逻辑表示与性质。
- 树和二叉树的存储结构。
- 二叉树的先序遍历、中序遍历、后序遍历和层次遍历。
- 二叉树的线索化。
- 树、森林与二叉树的转化。
- 并查集。
- 哈夫曼树及二叉树的典型应用。

知识点结构：

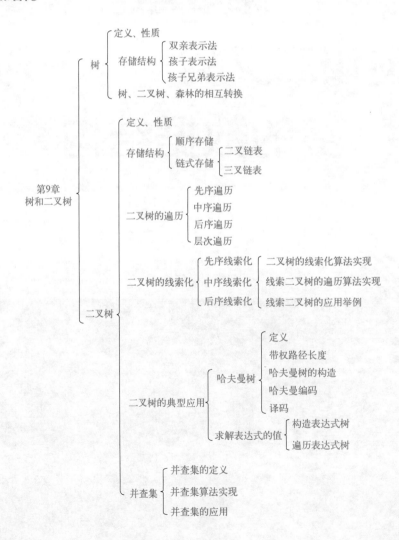

9.1 树

树是一种非线性的数据结构，树中元素之间的关系是一对多的层次关系。

9.1.1 什么是树

树是$n(n \geq 0)$个结点的有限集合。其中，$n=0$时，称为空树。当$n>0$时，称为非空树，该集合满足以下条件：

① 有且只有一个称为根（root）的结点。

② 当$n>1$时，其余$n-1$个结点可以划分为m个有限集合T_1，T_2，…，T_m，且这m个有限集合不相交，其中T_i（$1 \leq i \leq m$）又是一棵树，称为根的子树。

图9-1给出了一棵树的逻辑结构，它像一棵倒立的树。

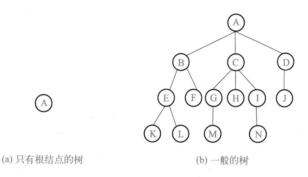

(a) 只有根结点的树　　　　　　　　　　　　(b) 一般的树

图9-1 树的逻辑结构

在图9-1中，"A"为根结点，图9-1（a）的树只有根结点，图9-1（b）的树有14个结点，除了根结点，其余的13个结点分为3个不相交的子集：T_1={B,E,F,K,L}、T_2={C,G,H,I,M,N}和T_3={D,J}。其中，T_1、T_2和T_3是根结点"A"的子树，并且它们本身也是一棵树。例如，T_2的根结点是"C"，其余的5个结点又分为三个不相交的子集：T_{21}={G,M}、T_{22}={H}和T_{23}={I,N}。其中，T_{21}、T_{22}和T_{23}是T_2的子树，"G"是T_{21}的根结点，{M}是"G"的子树，"I"是T_{23}的根结点，{N}是"I"的子树。

表9-1是关于树的一些基本概念。

表9-1 树的基本概念

术语	定义	举例
树的结点	包含一个数据元素及若干指向子树分支的信息	"A" "B" "C" "F"和"M"等都是结点
结点的度	一个结点拥有子树的个数称为结点的度	结点"C"有3个子树，度为3
叶子结点	也称为终端结点，没有子树的结点也就是度为零的结点称为叶子结点	"K" "L" "F" "M" "H" "N"和"J"都是叶子结点
分支结点	也称为非终端结点，度不为零的结点称为非终端结点	"B" "C" "D" "E"等都是分支结点

术语	定义	举例
孩子结点	一个结点的子树的根结点称为孩子结点	"B"是"A"的孩子结点，"E"是"B"的孩子结点，"H"是"C"的孩子结点
双亲结点	也称为父结点，如果一个结点存在孩子结点，则该结点就称为孩子结点的双亲结点	"A"是"B"的双亲结点，"B"是"E"的双亲结点，"I"是"N"的双亲结点
子孙结点	在一个根结点的子树中的任何一个结点都称为该根结点的子孙结点	{G,H,I,M,N}是"C"的子树，子树中的结点"G""H""I""M"和"N"都是"C"的子孙结点
祖先结点	从根结点开始到达一个结点，所经过的所有分支结点，都称为该结点的祖先结点	"N"的祖先结点为"A""C"和"I"
兄弟结点	一个双亲结点的所有孩子结点之间互相称为兄弟结点	"E"和"F"是"B"的孩子结点，因此，"E"和"F"互为兄弟结点
树的度	树中所有结点的度的最大值	结点"C"的度为3，结点"A"的度为3，这两个结点的度是树中拥有最大的度的结点，因此，树的度为3
结点的层次	从根结点开始，根结点为第一层，根结点的孩子结点为第二层，依此类推，如果某一个结点是第L层，则其孩子结点位于第L+1层	在图9-1所示的树中，"A"的层次为1，"B"的层次为2，"G"的层次为3，"M"的层次为4
树的深度	也称为树的高度，树中所有结点的层次最大值称为树的深度	例如，图9-1所示的树的深度为4
有序树	如果树中各个子树的次序是有先后次序的，则称该树为有序树	根据二叉树的定义，左右子树是有顺序的，因此，二叉树属于有序树
无序树	如果树中各个子树的次序没有先后次序，则称该树为无序树	普通的树是一棵无序树
森林	m棵互不相交的树构成一个森林。如果把一棵非空树的根结点删除，则该树就变成一个森林，森林中的树由原来的根结点各个子树构成。如果把一个森林加上一个根结点，将森林中的树变成根结点的子树，则该森林就转换成一棵树	这是一个包含3棵树的森林

9.1.2 树的逻辑表示

树的逻辑表示可分为4种：树形表示法、文氏图表示法、广义表表示法和凹入表示法。

（1）树形表示法

图9-1就是树形表示法。树形表示法是最常用的一种表示法，它能直观、形象地表示出树的逻辑结构，能够清晰地反映出树中结点之间的逻辑关系。树中的结点使用圆圈表

示，结点间的关系使用直线表示，位于直线上方的结点是双亲结点，直线下方的结点是孩子结点。

（2）文氏图表示法

文氏图表示是利用数学中的集合来图形化描述树的逻辑关系。图9-1的树用文氏图表示成如图9-2所示。

（3）广义表表示法

采用广义表的形式表示树的逻辑结构，广义表的子表表示结点的子树。图9-1的树利用广义表表示如下所示。

$$(A(B(E(K,L),F),C(G(M),H,I(N)),D(J)))$$

（4）凹入表示法

图9-1的树采用凹入表示法如图9-3所示。

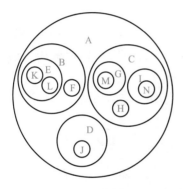

图9-2　树的文氏图表示法

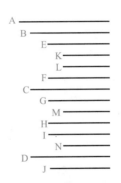

图9-3　树的凹入法表示

其中，在这4种树的表示法中，树形表示法最为常用。

9.2　二叉树

在深入学习树之前，我们先来认识一种比较简单的树——二叉树。

9.2.1　什么是二叉树

二叉树是另一种树结构，它的特点是每个结点最多只有两棵子树。在二叉树中，每个结点的度只可能是0、1和2，每个结点的孩子结点有左右之分，位于左边的孩子结点称为左孩子结点或左孩子，位于右边的孩子结点称为右孩子结点或右孩子。如果$n=0$，则称该二叉树为空二叉树。

下面给出二叉树的5种基本形态，如图9-4所示。

一个由12个结点构成的二叉树如图9-5所示。"F"是"C"的左孩子结点，"G"是"C"的右孩子结点，"L"是"G"的右孩子结点，"G"的左孩子结点不存在。

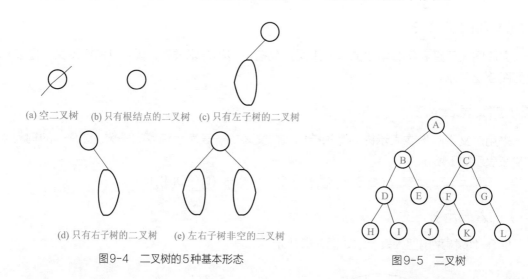

(a) 空二叉树   (b) 只有根结点的二叉树   (c) 只有左子树的二叉树

(d) 只有右子树的二叉树   (e) 左右子树非空的二叉树

图9-4   二叉树的5种基本形态

图9-5   二叉树

对于深度为k的二叉树，若结点数为2^k-1，即除了叶子结点外，其他结点都有两个孩子结点，这样的二叉树称为满二叉树。在满二叉树中，每一层的结点都具有最大的结点个数，每个结点的度或者为2，或者为0（即叶子结点），不存在度为1的结点。从根结点出发，从上到下，从左到右，依次对每个结点进行连续编号，一棵深度为4的满二叉树及编号如图9-6所示。

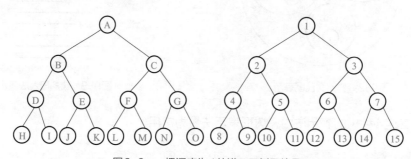

图9-6   一棵深度为4的满二叉树及编号

如果一棵二叉树有n个结点，并且二叉树n个结点的结构与满二叉树前n个结点的结构完全相同，则称这样的二叉树为完全二叉树。完全二叉树及对应编号如图9-7所示。而图9-8所示就不是一棵完全二叉树。

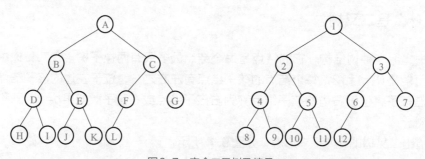

图9-7   完全二叉树及编号

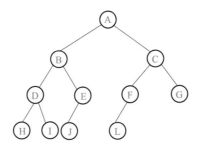

图9-8 非完全二叉树

由此可以看出，如果二叉树的层数为k，则满二叉树的叶子结点一定是在第k层，而完全二叉树的叶子结点一定在第k层或者第$k-1$层出现。满二叉树一定是完全二叉树，而完全二叉树却不一定是满二叉树。

9.2.2 二叉树的性质

二叉树具有以下重要的性质。

性质1 在二叉树中，第$m(m \geq 1)$层上至多有2^{m-1}个结点（规定根结点为第一层）。

证明：利用数学归纳法证明。

当$m=1$时，即根结点所在的层次，有$2^{m-1}=2^{1-1}=2^0=1$，命题成立。

假设当$m=k$时，命题成立，即第k层至多有2^{k-1}个结点。因为在二叉树中，每个结点的度最大为2，则在第$k+1$层，结点的个数最多是第k层的2倍，即$2 \times 2^{k-1}=2^{k-1+1}=2^k$。所以当$m=k+1$时，命题成立。

性质2 深度为$k(k \geq 1)$的二叉树至多有2^k-1个结点。

证明：第i层结点的个数最多为2^{i-1}，将深度为k的二叉树中每一层结点的最大值相加，就得到二叉树中结点的最大值，因此深度为k的二叉树的结点总数至多有

$$\sum_{i=1}^{k}(第i层的结点最大个数) = \sum_{i=1}^{k} 2^{i-1} = 2^0+2^1+\cdots+2^{k-1} = \frac{2^0(2^k-1)}{2-1} = 2^k-1$$

命题成立。

性质3 对任何一棵二叉树T，如果叶子结点总数为n_0，度为2的结点总数为n_2，则有$n_0=n_2+1$。

证明：假设在二叉树中，结点总数为n，度为1的结点总数为n_1。二叉树中结点的总数n等于度为0、度为1和度为2的结点总数的和，即$n=n_0+n_1+n_2$。

假设二叉树的分支数为Y。在二叉树中，除了根结点外，每个结点都存在一个进入的分支，所以有$n=Y+1$。

又因为二叉树的所有分支都是由度为1和度为2的结点发出，所以分支数$Y=n_1+2 \times n_2$。故$n=Y+1=n_1+2 \times n_2+1$。

联合$n=n_0+n_1+n_2$和$n=n_1+2 \times n_2+1$两式，得到$n_0+n_1+n_2=n_1+2 \times n_2+1$，即$n_0=n_2+1$。命题成立。

性质4 如果完全二叉树有n个结点，则深度为$\lfloor \log_2 n \rfloor +1$。符号$\lfloor x \rfloor$表示不大于$x$的最大整数，而$\lceil x \rceil$表示不小于$x$的最小整数。

证明：假设具有n个结点的完全二叉树的深度为k。k层完全二叉树的结点个数介于$k-1$层满二叉树与k层满二叉树结点个数之间。根据性质2，$k-1$层满二叉树的结点总数为$n_1=2^{k-1}-1$，k层满二叉树的结点总数为$n_2=2^k-1$。因此有$n_1<n\leqslant n_2$，即$n_1+1\leqslant n<n_2+1$，又$n_1=2^{k-1}-1$和$n_2=2^k-1$，故得到$2^{k-1}-1\leqslant n<2^k-1$，同时对不等式两边取对数，有$k-1\leqslant \log_2 n<k$。因为$k$是整数，$k-1$也是整数，所以$k-1=\lfloor \log_2 n \rfloor$，即$k=\lfloor \log_2 n \rfloor+1$。命题成立。

性质5　如果完全二叉树有n个结点，按照从上到下，从左到右的顺序对二叉树中的每个结点从1到n进行编号，则对于任意结点i有以下性质：

a.如果$i=1$，则序号i对应的结点就是根结点，该结点没有双亲结点。如果$i>1$，则序号为i的结点的双亲结点的序号为$\lfloor i/2 \rfloor$。

b.如果$2\times i>n$，则序号为i的结点没有左孩子结点。如果$2\times i\leqslant n$，则序号为i的结点的左孩子结点序号为$2\times i$。

c.如果$2\times i+1>n$，则序号为i的结点没有右孩子结点。如果$2\times i+1\leqslant n$，则序号为i的结点的右孩子结点序号为$2\times i+1$。

证明：①利用性质b.和性质c.证明性质a.。当$i=1$时，该结点一定是根结点，根结点没有双亲结点。当$i>1$时，假设序号为m的结点是序号为i结点的双亲结点。如果序号为i的结点是序号为m结点的左孩子结点，则根据性质b.有$2\times m=i$，即$m=i/2$。如果序号为i的结点是序号为m结点的右孩子结点，则根据性质c.有$2\times m+1=i$，即$m=(i-1)/2=i/2-1/2$。综合以上两种情况，当$i>1$时，序号为i结点的双亲结点序号为$\lfloor i/2 \rfloor$。结论成立。

② 利用数学归纳法证明。当$i=1$时，有$2\times i=2$，如果$2>n$，则二叉树中不存在序号为2的结点，也就不存在序号为i的左孩子结点。如果$2\leqslant n$，则该二叉树中存在两个结点，序号2是序号为i结点的左孩子结点的序号。

假设序号$i=k$，当$2\times k\leqslant n$时，序号为k结点的左孩子结点存在且序号为$2\times k$；当$2\times k>n$时，序号为k的结点的左孩子结点不存在。

当$i=k+1$时，在完全二叉树中，如果序号为$k+1$结点的左孩子结点存在$(2\times i\leqslant n)$，则其左孩子结点的序号为序号为k结点的右孩子结点序号加1，即序号为$k+1$结点的左孩子结点序号为$(2\times k+1)+1=2\times (k+1)=2\times i$。因此，当$2\times i>n$时，序号为$i$结点的左孩子不存在。结论成立。

③ 同理，利用数学归纳法证明。当$i=1$时，如果$2\times i+1=3>n$，则该二叉树中不存在序号为3的结点，即序号为i结点的右孩子不存在。如果$2\times i+1=3\leqslant n$，则该二叉树存在序号为3的结点，且序号为3的结点是序号i结点的右孩子结点。

假设序号$i=k$时，当$2\times k+1\leqslant n$时，序号为k结点的右孩子结点存在，且序号为$2\times k+1$；当$2\times k+1>n$时，序号为k的结点的右孩子结点不存在。

当$i=k+1$时，在完全二叉树中，如果序号为$k+1$结点的右孩子结点存在$(2\times i+1\leqslant n)$，则其右孩子结点的序号为序号为k结点的右孩子结点序号加2，即序号为$k+1$结点的右孩子结点序号为$(2\times k+1)+2=2\times (k+1)+1=2\times i+1$。因此，当$2\times i+1>n$时，序号为$i$结点的右孩子不存在。结论成立。

9.2.3　二叉树的抽象数据类型

二叉树的抽象数据类型包含二叉树中的数据集合和基本操作集合。

（1）数据集合

数据对象D：D是具有相同特性的数据元素的集合。

数据关系R：若$D=\varnothing$，则称二叉树为空二叉树。若$D \neq \varnothing$，则$R=\{H\}$，H是如下二元关系。

① 在D中存在唯一的称为根的数据元素root，它在关系H下无前驱。

② 若$D-\{root\} \neq \varnothing$，则存在$D-\{root\}=\{D_l，D_r\}$，且$D_l \cap D_r=\varnothing$。根结点的左右子树顶点集合互不相交。

③ 若$D_l \neq \varnothing$，则D_l中存在唯一的元素x_l，$<root,x_l> \in H$，且存在D_l上的关系$H_l \subset H$；若$D_r \neq \varnothing$，则D_r中存在唯一的元素x_r，$<root,x_r> \in H$，且存在D_r上的关系$H_r \subset H$；$H=\{<root,x_l>,<root,x_r>,H_l,H_r\}$；根结点分别与左右子树中的某个结点元素存在一种序列关系。

④ $(D_l，\{H_l\})$是一棵符合本定义的二叉树，称为根的左子树，$(D_r,\{H_r\})$是一棵符合本定义的二叉树，称为根的右子树。左右子树中的顶点元素也满足以上关系。

（2）基本操作集合

① InitBiTree(&T)。

初始条件：二叉树T不存在。

操作结果：构造空二叉树T。

② CreateBiTree(&T)。

初始条件：给出了二叉树T的定义。

操作结果：创建一棵非空的二叉树T。

③ DestroyBiTree(&T)。

初始条件：二叉树T存在。

操作结果：销毁二叉树T。

④ InsertLeftChild(p,c)。

初始条件：二叉树c存在且非空。

操作结果：将c插入到p所指向的左子树，使p所指结点的左子树成为c的右子树。

⑤ InsertRightChild(p,c)。

初始条件：二叉树c存在且非空。

操作结果：将c插入到p所指向的右子树，使p所指结点的右子树成为c的右子树。

⑥ LeftChild(&T,e)。

初始条件：二叉树T存在，e是T中的某个结点。

操作结果：若结点e存在左孩子结点，则将e的左孩子结点返回，否则返回空。

⑦ RigthChild(&T,e)。

初始条件：二叉树T存在，e是T的某个结点。

操作结果：若结点e存在右孩子结点，则将e的右孩子结点返回，否则返回空。

⑧ DeleteLeftChild(&T,p)。

初始条件：二叉树T存在，p指向T中的某个结点。

操作结果：将p所指向结点的左子树删除。如果删除成功，返回True；否则返回False。

⑨ DeleteRightChild(&T,p)。

初始条件：二叉树T存在，p指向T中的某个结点。

操作结果：将p所指向结点的右子树删除。如果删除成功，返回True；否则返回False。

⑩ PreOrderTraverse(T)。

初始条件：二叉树T存在。

操作结果：先序遍历二叉树T，即先访问根结点，再访问左子树，最后访问右子树，对二叉树中的每个结点访问且仅访问一次。

⑪ InOrderTraverse(T)。

初始条件：二叉树T存在。

操作结果：中序遍历二叉树T，即先访问左子树，再访问根结点，最后访问右子树，对二叉树中的每个结点访问，且仅访问一次。

⑫ PostOrderTraverse(T)。

初始条件：二叉树T存在。

操作结果：后序遍历二叉树T，即先访问左子树，再访问右子树，最后访问根结点，对二叉树中的每个结点访问，且仅访问一次。

⑬ LevelTraverse(T)。

初始条件：二叉树T存在。

操作结果：对二叉树进行层次遍历。即按照从上到下、从左到右的顺序，依次对二叉树中的每个结点进行访问。

⑭ BiTreeDepth(T)。

初始条件：二叉树T存在。

操作结果：若二叉树非空，返回二叉树的深度；若是空二叉树，返回0。

9.2.4　二叉树的存储表示

二叉树的存储结构有两种：顺序存储表示和链式存储表示。

（1）二叉树的顺序存储

完全二叉树中每个结点的编号可通过公式计算得到，因此，完全二叉树的存储可以按照从上到下、从左到右的顺序依次存储在一维数组或列表中。完全二叉树的顺序存储如图9-9所示。

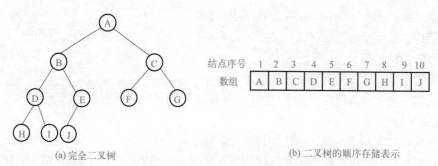

图9-9　完全二叉树的顺序存储表示

如果按照从上到下、从左到右的顺序把非完全二叉树也进行同样的编号，将结点依次存放在一维数组或列表中，为了能够正确反映二叉树中结点之间的逻辑关系，需要在一维数组（列表）中将二叉树中不存在的结点位置空出，并用"∧"填充。非完全二叉树的顺序存储结构如图9-10所示。

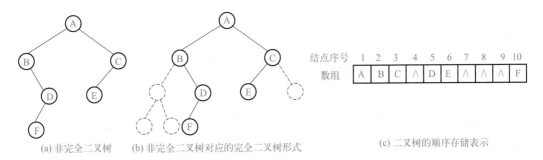

結点序号　1　2　3　4　5　6　7　8　9　10

(a) 非完全二叉树　　(b) 非完全二叉树对应的完全二叉树形式　　(c) 二叉树的顺序存储表示

图9-10　非完全二叉树的顺序存储表示

从理论上讲，任意的二叉树都可以采用顺序存储的方式进行存储表示，由于二叉树在很多情况下并不是完全二叉树，当二叉树的高度较高时，会造成存储空间的极大浪费，因此在很多时候并不适合采用顺序存储的方式表示二叉树。例如，对于图9-11所示的一棵单分支二叉树来说，实际上只有5个结点需要存储，若采用顺序存储表示，则需要$2^5-1=31$个存储单元才能表示该二叉树。

（2）二叉树的链式存储

在二叉树中，每个结点有一个双亲结点和两个孩子结点。从一棵二叉树的根结点开始，通过结点的左右孩子地址就可以找到二叉树的每一个结点。因此二叉树的链式存储结构包括三个域：数据域、左孩子指针域和右孩子指针域。其中，数据域存放结点的值，左孩子指针域指向左孩子结点，右孩子指针域指向右孩子的结点。这种链式存储结构称为二叉链表存储结构，如图9-12所示。

lchild	data	rchild

左孩子指针域　数据域　右孩子指针域

图9-11　单分支二叉树　　　　　图9-12　二叉链表的结点结构

如果二叉树采用二叉链表存储结构表示，其二叉树的存储表示如图9-13所示。对于图9-11所示的二叉树来说，采用二叉链表存储表示的话，只需要6个结点即可。

为了方便找到结点的双亲结点，可在二叉链表的存储结构中增加一个指向双亲结点的指针域parent，这样的存储结构被称为三叉链表存储结构，如图9-14所示。

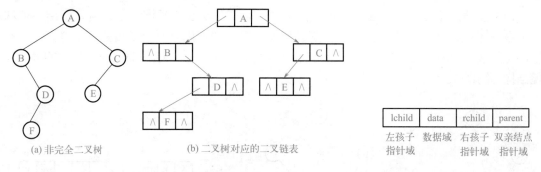

(a) 非完全二叉树   (b) 二叉树对应的二叉链表

左孩子   数据域   右孩子   双亲结点
指针域   指针域   指针域

图9-13   二叉树的二叉链表存储表示   图9-14   三叉链表结点结构

通常情况下，二叉树采用二叉链表进行表示。二叉链表存储结构的类型定义描述如下：

```python
class BiTreeNode():                          # 二叉树中的结点
    def _init_(self,data,lchild=None,rchild=None):
        self.data=data                       # 二叉树的结点值
        self.lchild=lchild                   # 左孩子
        self.rchild=rchild                   # 右孩子
```

在确定了二叉树的存储类型后，要对二叉树进行遍历、插入、删除等操作，必须首先创建一棵二叉树，它是继续学习二叉树操作的基础。二叉树的操作可通过定义BiTree类来实现，二叉树的定义及初始化如下：

```python
class BiTree(object):
    def _init_(self):
        self.root=BiTreeNode(None)
        self.num=0
```

创建二叉树的算法实现如下：

```python
def CreatBiTree(self,vals):
    if len(vals) == 0:
        return None
    if vals[0]!= '#':                    # 本层是构建root、root.lchild、root.rchild三
                                         # 个结点
        node= BiTreeNode(vals[0])
        if self.num==0:
            self.root=node
        self.num+=1
        vals.pop(0)
        node.lchild = self.CreatBiTree(vals)      # 构造左子树
        node.rchild = self.CreatBiTree(vals)      # 构造右子树
        return node                      # 递归结束返回构造好的树的根结点
    else:
        vals.pop(0)
        return None                      # 递归结束，返回构造好的树的根结点
```

使用完二叉树后，需要将二叉树销毁，其算法实现如下：

```
def DestroyBiTree(self,T):          # 销毁二叉树操作
    if T:                           # 如果是非空二叉树
        if T.lchild:
            self.DestroyBiTree(T.lchild)
        if T.rchild:
            self.DestroyBiTree(T.rchild)
        del T
        T=None
    return T
```

9.3　二叉树的遍历

在二叉树的应用中，常常需要对二叉树中每个结点进行访问，即二叉树的遍历。

9.3.1　什么是二叉树的遍历

二叉树的遍历，即按照某种规律对二叉树的每个结点进行访问，使得每个结点仅被访问一次的操作。这里的访问，可以是对结点的输出、统计结点的个数等。

二叉树的遍历过程其实也是将二叉树的非线性序列转换成一个线性序列的过程。二叉树是一种非线性的结构，通过遍历二叉树，按照某种规律对二叉树中的每个结点进行访问，且仅访问一次，得到一个顺序序列。

由二叉树的定义，二叉树由根结点、左子树和右子树构成。二叉树结点的基本结构如图9-15所示。若根结点、左子树和右子树分别用D、L、R表示，根据组合原理，会有6种遍历方案：DLR、DRL、LDR、LRD、RDL和RLD。

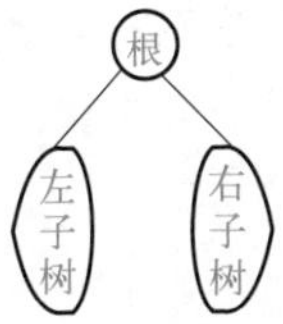

如果限定先左后右的次序，则在以上6种遍历方案中，只剩下3种方案：DLR、LDR和LRD。其中，DLR称为先序遍历，LDR称为中序遍历，LRD称为后序遍历。

图9-15　二叉树结点的基本结构

9.3.2　二叉树的先序遍历

二叉树先序遍历的递归定义如下。

如果二叉树为空，则执行空操作。如果二叉树非空，则执行以下操作：

① 访问根结点。
② 先序遍历左子树。
③ 先序遍历右子树。

根据二叉树的先序递归定义，得到如图9-16所示的二叉树的

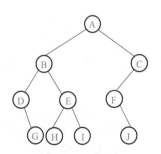

图9-16　二叉树

先序序列为：A、B、D、G、E、H、I、C、F、J。

　　在二叉树先序的遍历过程中，对每一棵二叉树重复执行以上的递归遍历操作，就可以得到先序序列。例如，在遍历根结点A的左子树{B,D,E,G,H,I}时，根据先序遍历的递归定义，先访问根结点B，然后遍历B的左子树为{D,G}，最后遍历B的右子树为{E,H,I}。访问过B之后，开始遍历B的左子树{D,G}，在子树{D,G}中，先访问根结点D，因为D没有左子树，所以遍历其右子树，右子树只有一个结点G，所以访问G。B的左子树遍历完毕，按照以上方法遍历B的右子树。最后得到结点A的左子树先序序列：B、D、G、E、H、I。

　　依据二叉树的先序递归定义，可以得到二叉树的先序递归算法。

```python
def PreOrderTraverse(self,T):
    # 先序遍历二叉树的递归实现
    if T:
        print(T.data, end=' ')              # 访问根结点
        self.PreOrderTraverse(T.lchild)     # 先序遍历左子树
        self.PreOrderTraverse(T.rchild)     # 先序遍历右子树
```

　　下面来介绍二叉树的非递归算法实现。在学习栈的时候，已经对递归的消除做了具体讲解，现在利用栈来实现二叉树的非递归算法。

　　算法实现：从二叉树的根结点开始，访问根结点，然后将根结点的指针入栈，重复执行以下两个步骤，直到栈空为止。

　　① 如果该结点的左孩子结点存在，访问左孩子结点，并将左孩子结点的指针入栈。重复执行此操作，直到结点的左孩子不存在。

　　② 将栈顶的元素（指针）出栈，如果该指针指向的右孩子结点存在，则将当前指针指向右孩子结点。

　　以上算法思想的执行流程如图9-17所示。

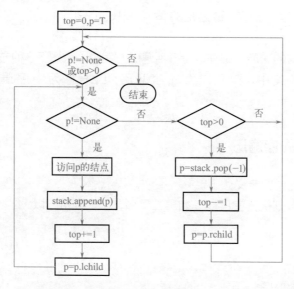

图9-17　二叉树的非递归先序遍历执行流程图

二叉树的先序遍历非递归算法实现如下。

```
def PreOrderTraverse2(self,T):
    # 先序遍历二叉树的非递归实现
    stack=[]                              # 定义一个栈，用于存放结点的指针
    top=0                                 # 定义栈顶指针，初始化栈
    p = T
    while p != None or top>0:
        while p != None:  # 如果p不空，访问根结点，遍历左子树
            print('% 2c' %p.data, end='')    # 访问根结点
            stack.append(p)
            top+=1
            p = p.lchild                  # 遍历左子树
        if top > 0:                       # 如果栈不空
            p=stack.pop(-1)               # 栈顶元素出栈
            top-=1
            p = p.rchild                  # 遍历右子树
```

以上算法是直接利用列表来模拟栈的实现，当然也可以定义一个栈类型实现。如果用链式栈实现，需要将数据类型改为指向二叉树结点的指针类型。

9.3.3　二叉树的中序遍历

二叉树中序遍历的递归定义如下。

如果二叉树为空，则执行空操作。如果二叉树非空，则执行以下操作：

① 中序遍历左子树。

② 访问根结点。

③ 中序遍历右子树。

根据二叉树的中序递归定义，图9-16的二叉树的中序序列为：D、G、B、H、E、I、A、F、J、C。

在二叉树中序的遍历过程中，对每一棵二叉树重复执行以上的递归遍历操作，就可以得到二叉树的中序序列。

例如，如果要中序遍历A的左子树{B,D,E,G,H,I}，根据中序遍历的递归定义，需要先中序遍历B的左子树{D,G}，然后访问根结点B，最后中序遍历B的右子树{E,H,I}。在子树{D,G}中，D是根结点，没有左子树，因此先访问根结点D，接着遍历D的右子树，因为右子树只有一个结点G，所以直接访问G。

在B的左子树遍历完毕之后，访问根结点B，最后要遍历B的右子树{E,H,I}。E是子树{E,H,I}的根结点，需要先遍历左子树{H},因为左子树只有一个H，所以直接访问H；然后访问根结点E；最后要遍历右子树{I}，右子树也只有一个结点，所以直接访问I。因此，A的左子树的中序序列为：D、G、B、H、E和I。

从中序遍历的序列可以看出，A左边的序列是A的左子树元素，右边是A的右子树序列。同样，B的左边是其左子树的元素序列，右边是其右子树序列。根结点把二叉树的中序序列分

为左右两棵子树序列，左边为左子树序列，右边是右子树序列。

依据二叉树的中序递归定义，可以得到二叉树的中序递归算法。

```python
def InOrderTraverse(self,T):
    # 中序遍历二叉树的递归实现
    if T:                               # 如果二叉树不为空
        self.InOrderTraverse(T.lchild)  # 中序遍历左子树
        print(T.data, end=' ')          # 访问根结点
        self.InOrderTraverse(T.rchild)  # 中序遍历右子树
```

下面来介绍二叉树中序遍历的非递归算法实现。

从二叉树的根结点开始，将根结点的指针入栈，执行以下两个步骤：

① 如果该结点的左孩子结点存在，将左孩子结点的指针入栈。重复执行此操作，直到结点的左孩子不存在。

② 将栈顶的元素（指针）出栈，并访问该指针指向的结点，如果该指针指向的右孩子结点存在，则将当前指针指向右孩子结点。

重复执行以上①和②，直到栈空为止。以上算法思想的执行流程如图9-18所示。

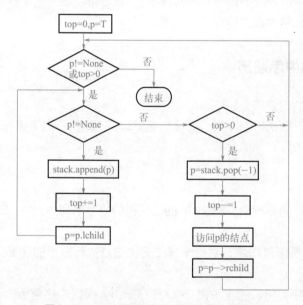

图9-18　二叉树的非递归中序遍历执行流程图

二叉树的中序遍历非递归算法实现如下。

```python
def InOrderTraverse2(self,T):
    # 中序遍历二叉树的非递归实现
    stack=[]                    # 定义一个栈，用于存放结点的指针
    top=0                       # 定义栈顶指针，初始化栈
    p=T
    while p != None or top > 0:
        while p != None:        # 如果p不空，则遍历左子树
```

```
            stack.append(p)              # 将p入栈
            top+=1
            p = p.lchild                 # 遍历左子树
        if top > 0:                      # 如果栈不空
            p=stack.pop(-1)              # 栈顶元素出栈
            top-=1
            print('% 2c'%p.data,end='')  # 访问根结点
            p=p.rchild                   # 遍历右子树
```

9.3.4　二叉树的后序遍历

二叉树的后序遍历的递归定义如下。

如果二叉树为空，则执行空操作。如果二叉树非空，则执行以下操作：

① 后序遍历左子树。

② 后序遍历右子树。

③ 访问根结点。

根据二叉树的后序递归定义，图9-16的二叉树的后序序列为：G、D、H、I、E、B、J、F、C、A。

在二叉树后序的遍历过程中，对每一棵二叉树重复执行以上的递归遍历操作，就可以得到二叉树的后序序列。

例如，如果要后序遍历A的左子树{B,D,E,G,H,I}，根据后序遍历的递归定义，需要先后序遍历B的左子树{D,G}，然后后序遍历B的右子树为{E,H,I}，最后访问根结点B。在子树{D,G}中，D是根结点，没有左子树，因此遍历D的右子树，因为右子树只有一个结点G，所以直接访问G，接着访问根结点D。

在B的左子树遍历完毕之后，需要遍历B的右子树{E,H,I}。E是子树{E,H,I}的根结点，需要先遍历左子树{H}，因为左子树只有一个H，所以直接访问H；然后遍历右子树{I}，右子树也只有一个结点，所以直接访问I；最后访问子树{E,H,I}的根结点E。此时，B的左、右子树均访问完毕。最后访问结点B。因此，A的左子树的后序序列为：G、D、H、I、E和B。

依据二叉树的后序递归定义，可以得到二叉树的后序递归算法。

```
def PostOrderTraverse(self,T):
    # 后序遍历二叉树的递归实现
    if T:                                   # 如果二叉树不为空
        self.PostOrderTraverse(T.lchild)    # 后序遍历左子树
        self.PostOrderTraverse(T.rchild)    # 后序遍历右子树
        print('% 2c'%T.data)                # 访问根结点
```

下面来介绍二叉树后序遍历的非递归算法实现。

从二叉树的根结点开始，将根结点的指针入栈，执行以下两个步骤：

① 如果该结点的左孩子结点存在，将左孩子结点的指针入栈。重复执行此操作，直到结

点的左孩子不存在。

② 取栈顶元素（指针）并赋给p，如果p.rchild==None或p.rchild=q，即p没有右孩子或右孩子结点已经访问过，则访问根结点，即p指向的结点，并用q记录刚刚访问过的结点指针，将栈顶元素退栈。如果p有右孩子且右孩子结点没有被访问过，则执行p=p.rchild。

重复执行以上①和②，直到栈空为止。以上算法思想的执行流程如图9-19所示。

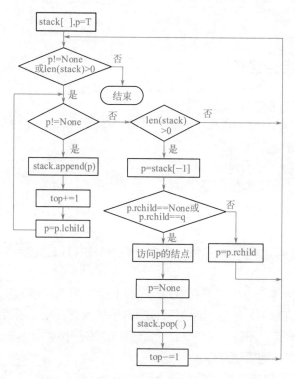

图9-19   二叉树的非递归后序遍历执行流程图

二叉树的后序遍历非递归算法实现如下。

```python
def PostOrderTraverse3(self,T):
# 后序遍历二叉树的非递归实现
    stack=[]                          # 定义一个栈，用于存放结点的指针
    p=T
    q=None                            # 初始化结点的指针
    while p != None or len(stack) > 0:
        while p != None:              # 如果p不空，则遍历左子树
            stack.append(p)           # 将p入栈
            p = p.lchild              # 遍历左子树
        if len(stack)>0:              # 如果栈不空
            p = stack[-1]             # 取栈顶元素
            if p.rchild == None or p.rchild == q:   # 如果p没有右孩子结点，或
                                                    # 右孩子结点已经访问过
                print('% 2c'%(p.data),end='')       # 访问根结点
```

```
            q = p                       # 记录刚刚访问过的结点
            p = None                    # 为遍历右子树做准备
            stack.pop()                 # 出栈
        else:
            p = p.rchild
```

9.3.5 二叉树的层次遍历

除了以上遍历方式，还可以从根结点逐层往下对二叉树进行层次遍历。例如，对于图9-16所示的二叉树，通过层次遍历得到的结点序列依次为A、B、C、D、E、F、G、H、I、J。这可通过队列来实现。在遍历二叉树的结点时，从根结点开始，先将根结点入队，然后依次判断队列是否为空。若队列不为空，则将队列中元素出队，并输出该结点，并判断该结点的左孩子是否为空，若不为空，则将其左孩子入队；若该结点右孩子不为空，则将其右孩子结点入队。重复执行以上过程，直到队列为空。

```
def LevelTraverse(self,T):
    if T is None:
        return
    queue = []                          # 定义队列
    queue.append(T)                     # 将根结点入队
    while queue:
        p = queue.pop(0)                # 出队
        print(p.data, end=' ')          # 输出队头元素
        if p.lchild:                    # 若左孩子不为空
            queue.append(p.lchild)
        if p.rchild:                    # 若右孩子不为空
            queue.append(p.rchild)
```

9.3.6 二叉树遍历的应用

【例9-1】 已知二叉树采用二叉链表存储，要求编写算法，完成计算二叉树中度为0和度为1的结点数目。

【分析】 求二叉树中度为0的结点个数，即求叶子结点的个数，递归定义为

$$Degrees0(T)=\begin{cases}0 & T=None\\1 & T的左右孩子均为空\\Degrees0(T->lchild)+Degrees0(T->rchild) & 其他情况\end{cases}$$

当二叉树为空时，叶子结点个数为0。当二叉树只有一个根结点时，根结点就是叶子结点，叶子结点个数为1。在其他情况下，计算左子树与右子树中叶子结点的和。

求二叉树中度为1的结点个数定义如下：

$$Degrees1(T) = \begin{cases} 0 & T = None \\ 1+Degress1(T->1child)+Degrees1(T->rchild) & T只有一个左孩子结点\\ & 或右孩子结点 \\ Degrees1(T->1child)+Degrees0(T->rchild) & 其他情况 \end{cases}$$

当二叉树为空时，度为1的结点个数为0。当某个结点只有一个左孩子结点或右孩子结点时，则这个结点就是度为1的结点，再加上左右子树度为1的结点个数就是这个子树中度为1的结点个数。在其他情况下，左右子树度为1的结点个数之和就是这棵二叉树中度为1的结点个数。

```python
def Degrees1(self,T):
# 求二叉树中度为1的结点个数
    if T == None:                       # 空二叉树
        return 0                        # 则度为1的结点为0
    if T.lchild != None and T.rchild == None or T.lchild == None and T.rchild
!= None:                                # 若只有左子树或右子树
        return 1 + self.Degrees1(T.lchild) + self.Degrees1(T.rchild)
     # 则该结点度为1，且求其与左子树和右子树的度为1的结点个数之和
    return self.Degrees1(T.lchild) + self.Degrees1(T.rchild)
                                        # 其他情况就是求左右子树度为1的结点个数之和


def Degrees0(self,T):                   # 求二叉树中度为0的结点个数
    if not T:                           # 如果是空二叉树，返回0
        return 0
    else:
        if not T.lchild and not T.rchild:       # 如果左子树和右子树都为空，返回1
            return 1
        else:
            return self.Degrees0(T.lchild)+self.Degrees0(T.rchild)
                                        # 求左子树叶子结点个数与右子树叶子结点之和
```

【例9-2】 已知一棵二叉树的中序序列为DBGEACF，后序序列为DGEBFCA，给出其对应的二叉树。

【分析】 由先序序列和中序序列可以唯一地确定一棵二叉树，同样，由中序序列和后序序列也可以唯一地确定一棵二叉树。先来分析下中序序列和后序序列有什么特点。根据二叉树遍历的递归定义，二叉树的后序遍历是先后序遍历左子树，然后后序遍历右子树，最后是访问根结点。因此，在后序遍历的过程中，根结点位于后序序列的最后。在二叉树的中序遍历过程中，先中序遍历左子树，然后是根结点，最后遍历右子树。因此，在二叉树的中序序列中，根结点将中序序列分割为左子树序列和右子树序列两个部分。由中序序列的左子树结点个数，通过扫描后序序列，可以将后序序列分为左子树序列和右子树序列。依次类推，就可以构造出二叉树。

给定结点的中序序列(D,B,G,E,A,C,F)和后序序列(D,G,E,B,F,C,A)，则可以唯一确定一棵二叉树，如图9-20所示。

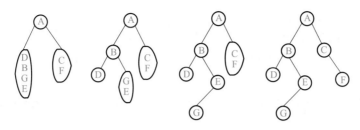

图9-20　由中序序列和后序序列确定二叉树的过程

由后序序列可知，A是二叉树的根结点，再根据中序序列得知，A的左子树中序序列为(D,B,G,E)，右子树中序序列为(C,F)。然后，在后序序列中，可以确定A的左子树后序序列为(D,G,E,B)，右子树后序序列为(F,C)。进一步，由A的左子树后序序列得知，B是子树(D,G,E)的根结点；由中序序列(D,B,G,E)知道，B的左子树是D，右子树中序序列是(G,E)，而后序序列为(G,E)。子树(G,E)的根结点为E，从而E的左子树为G。因此，确定了A的左子树，同理，可以确定A的右子树。

```python
def BuildBiTree(self, in_seq, post_seq):
    if not in_seq or len(in_seq) != len(post_seq):
        return None
    root_data = post_seq[-1]                    # 根据后序序列得到根结点
    root = BiTreeNode(root_data)
    index = in_seq.index(root_data)             # 在中序序列中找到根结点的位置
    left_size = index
    right_size = len(in_seq) - index - 1
    if left_size > 0:
        root.lchild = self.BuildBiTree(in_seq[:left_size], post_seq[:left_size])
    if right_size > 0:
        root.rchild = self.BuildBiTree(in_seq[left_size + 1:], post_seq[left_size:-1])
    return root
```

9.4　二叉树的线索化及应用

在二叉树中，采用二叉链表作为存储结构，只能找到结点的左孩子结点和右孩子结点。要想找到结点的直接前驱或者直接后继，必须对二叉树进行遍历，但这并不是最直接、最简便的方法。通过对二叉树线索化，可以很方便地找到结点的直接前驱和直接后继。

9.4.1　什么是二叉树的线索化

为了能够在二叉树的遍历过程中，直接找到结点的直接前驱或者直接后继，可在二叉链表结点中增加两个指针域：一个用来指示结点的前驱，另一个用来指示结点的后继。但这样做需要为结点增加更多的存储单元，使结点结构的利用率大大下降。

在二叉链表的存储结构中，具有 n 个结点的二叉链表有 $n+1$ 个空指针域。由此，可以利用这些空指针域存放结点直接前驱和直接后继的信息。我们可以做以下规定：如果结点存在左子树，则指针域lchild指示其左孩子结点，否则，指针域lchild指示其直接前驱结点；如果结点存在右子树，则指针域rchild指示其右孩子结点，否则，指针域rchild指示其直接后继结点。

为了区分指针域指向的是左孩子结点还是直接前驱结点，是右孩子结点还是直接后继结点，增加两个标志域ltag和rtag。结点的存储结构如图9-21所示。

lchild	ltag	data	rtag	rchild

前驱结点   后继结点
标志域   标志域

图9-21   结点的存储结构

其中，当ltag=0时，lchild指示结点的左孩子；当ltag=1时，lchild指示结点的直接前驱结点。当rtag=0时，rchild指示结点的右孩子；当rtag=1时，rchild指示结点的直接后继结点。

由这种存储结构构成的二叉链表称为线索二叉树。采用这种存储结构的二叉链表称为线索链表。其中，指向结点直接前驱和直接后继的指针，称为线索。在二叉树的先序遍历过程中，加上线索之后，得到先序线索二叉树。同理，在二叉树的中序（后序）遍历过程中，加上线索之后，得到中序（后序）线索二叉树。二叉树按照某种遍历方式使二叉树变为线索二叉树的过程称为二叉树的线索化。图9-22是将二叉树进行先序、中序和后序遍历得到的线索二叉树。

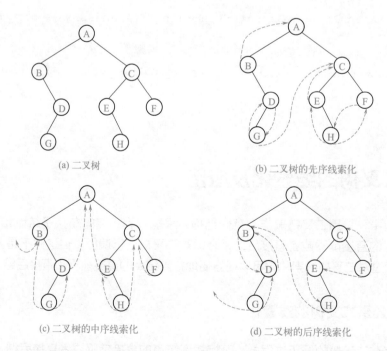

(a) 二叉树　　　　　　　　　　(b) 二叉树的先序线索化

(c) 二叉树的中序线索化　　　　(d) 二叉树的后序线索化

图9-22   二叉树的线索化

线索二叉树的存储结构类型描述如下：

```
class BiThrNode():                              # 线索二叉树结点
    def _init_(self,data,lchild=None,rchild=None,ltag=None,rtag=None):
        self.data=data                          # 二叉树的结点值
        self.lchild=lchild                      # 左孩子
        self.rchild=rchild                      # 右孩子
        self.ltag=ltag                          # 线索标志域
        self.rtag=rtag                          # 线索标志域
```

9.4.2 二叉树的线索化

二叉树的线索化是利用二叉树中结点的空指针域表示结点的前驱信息或后继信息。而要得到结点的前驱信息和后继信息，需要对二叉树进行遍历，同时将结点的空指针域修改为其直接前驱信息或直接后继信息。因此，二叉树的线索化就是对二叉树的遍历过程。这里以二叉树的中序线索化为例介绍二叉树的线索化。

为了方便，在二叉树的线索化时，可增加一个头结点。头结点的指针域lchild指向二叉树的根结点，指针域rchild指向二叉树中序遍历时的最后一个结点，二叉树中的第一个结点的线索指针指向头结点。在初始化时，使二叉树的头结点指针域lchild和rchild均指向头结点，并将头结点的标志域ltag置为Link，标志域rtag置为Thread。

线索化以后的二叉树类似于一个循环链表，操作线索二叉树就像操作循环链表一样，既可以从线索二叉树中的第一个结点开始，根据结点的后继线索指针遍历整个二叉树，也可以从线索二叉树的最后一个结点开始，根据结点的前驱线索指针遍历整个二叉树。经过线索化的二叉树及存储结构如图9-23所示。

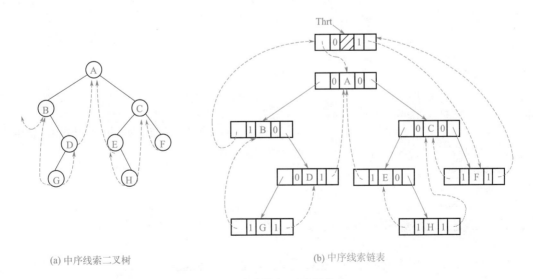

(a) 中序线索二叉树　　　　　　　　　　　(b) 中序线索链表

图9-23　中序线索二叉树及链表

中序线索二叉树的算法实现如下。

```
pre = None
def InOrderThreading(self,T):
# 通过中序遍历二叉树T，使T中序线索化。thrt是指向头结点的指针
    global pre
    thrt=BiThrNode(None)
    #将头结点线索化
    thrt.ltag=0                        # 修改前驱线索标志
    thrt.rtag = 1                      # 修改后继线索标志
    thrt.rchild = thrt                 # 将头结点的rchild指针指向自己
    if not T:                          # 如果二叉树为空，则将lchild指针指向自己
        thrt.lchild = thrt
    else:
        thrt.lchild=T                  # 将头结点的左指针指向根结点
        pre=thrt                       # 将pre指向已经线索化的结点
        T=self.InThreading(T)          # 中序遍历进行中序线索化
        # 将最后一个结点线索化
        pre.rchild = thrt              # 将最后一个结点的右指针指向头结点
        pre.rtag = 1                   # 修改最后一个结点的rtag标志域
        thrt.rchild=pre                # 将头结点的rchild指针指向最后一个结点
        thrt.lchild = T                # 将头结点的左指针指向根结点
    return thrt
def InThreading(self,p):
# 二叉树中序线索化
    global pre
    if p!=None:
        self.InThreading(p.lchild)     # 左子树线索化
        if p.lchild is None:           # 前驱线索化
            p.ltag=1
            p.lchild=pre
        if pre.rchild is None:         # 后继线索化
            pre.rtag=1
            pre.rchild=p
        pre=p                          # pre指向的结点线索化完毕，使p指向的结点成为前驱
        self.InThreading(p.rchild)     # 右子树线索化
    return p
```

9.4.3　线索二叉树的遍历

利用在线索二叉树中查找结点前驱和后继的思想，遍历线索二叉树。

（1）查找指定结点的中序直接前驱

在中序线索二叉树中，对于指定的结点p，即指针p指向的结点。如果p.ltag=1，那么

p.lchild指向的结点就是p的中序直接前驱结点。例如，在图9-23中，结点E的前驱标志域为1，即Thread，则其中序直接前驱为A，即lchild指向的结点。如果p.ltag=0，那么p的中序直接前驱就是p的左子树最右下端的结点。例如，结点A的中序直接前驱结点为D，即结点A左子树的最右下端结点。

查找指定结点的中序直接前驱的算法实现如下。

```
def InOrderPre(self,p):
    # 在中序线索树中找结点 p的中序直接前驱
    if p.ltag == 1:                      # 如果p的标志域ltag为线索，则p的左子树结点即为前驱
        return p.lchild
    else:
        pre = p.lchild                   # 查找p的左孩子的最右下端结点
        while pre.rtag == 0:             # 右子树非空时，沿右链往下查找
            pre = pre.rchild
        return pre                       # pre就是最右下端结点
```

（2）查找指定结点的中序直接后继

在中序线索二叉树中，查找指定结点p的中序直接后继，与查找指定结点的中序直接前驱类似。如果p.rtag=1，那么p.rchild指向的结点就是p的直接后继结点。例如，在图9-23中，结点G的后继标志域为1，即Thread，则其中序直接后继为D，即rchild指向的结点。如果p.rtag=0，那么p的中序直接后继就是p的右子树最左下端的结点。例如，结点B的中序直接后继为G，即结点B的右子树最左下端结点。

查找指定结点的中序直接后继的算法实现如下。

```
def InOrderPost(self, p):            # 在中序线索树中查找结点p的中序直接后继
    if p.rtag==1:                    # 如果p的标志域rtag为线索，则p的右子树结点即为后继
        return p.rchild
    else:
        pre=p.rchild                 # 查找p的右孩子的最左下端结点
        while pre.ltag==0:           # 左子树非空时，沿左链往下查找
            pre=pre.lchild
        return pre                   # pre就是最左下端结点
```

（3）中序遍历线索二叉树

中序遍历线索二叉树的实现思想分为三个步骤：第1步，从第一个结点开始，找到二叉树的最左下端结点，并访问之；第2步，判断该结点的右标志域是否为线索指针，如果是线索指针，即p.rtag==1，说明p.rchild指向结点的中序后继，则将指针指向右孩子结点，并访问右孩子结点；第3步，将当前指针指向该右孩子结点。重复以上3个步骤，直到遍历完毕。整个中序遍历线索二叉树的过程，就是线索查找后继和查找右子树最左下端结点的过程。

中序遍历线索二叉树的算法实现如下。

```python
def InOrderTraverse(self,T,visit):
    # 中序遍历线索二叉树。其中visit是函数指针，指向访问结点的函数实现
    p=T.lchild                    # p指向根结点
    while p!=T:                   # 空树或遍历结束时，p==T
        while p!=None and p.ltag==0:
            p=p.lchild
        if visit(p)!=1:    # 打印
            return 0
        while p.rtag==1 and p.rchild!=T:        # 访问后继结点
            p=p.rchild
            visit(p)
        p=p.rchild
    return 1
```

9.4.4　线索二叉树的应用举例

【例9-3】 编写程序，建立如图9-23所示的二叉树，并将其中序线索化。任意输入一个结点，输出该结点的中序前驱和中序后继。例如，结点D的中序直接前驱是G，其中序直接后继是A。

程序代码如下。

```python
if _name_ == '_main_':
    Root = BiTree()
    strs="(A(B(,D(G)),C(E(,H),F))"        # 前序遍历扩展的二叉树序列
    vals = list(strs)
    Roots=Root.CreatBiTree(vals)          # Roots就是二叉树的根结点
    print('线索二叉树的输出序列: ')
    Thrt=Root.InOrderThreading(Roots)
    Root.InOrderTraverse(Thrt,Root.Print)
    p = Root.FindPoint(Thrt,'D')
    pre = Root.InOrderPre(p)
    print("元素D的中序直接前驱元素是:%c"%(pre.data))
    post = Root.InOrderPost(p)
    print("元素D的中序直接后继元素是:%c"%(post.data))
    p = Root.FindPoint(Thrt,'E')
    pre = Root.InOrderPre(p)
    print("元素E的中序直接前驱元素是:%c"%(pre.data))
    post = Root.InOrderPost(p)
    print("元素E的中序直接后继元素是:%c"%(post.data))


def CreatBiTree(self,strs):
    top=-1 #初始化栈顶指针
    k=0
    T=None
```

```
        flag=0
        strs=list(strs)
        stack=[]
        ch=strs[k]
        p=None
        while k<len(strs):              # 如果字符串没有扫描结束
            ch=strs[k]
            if ch=='(':
                stack.append(p)
                top += 1
                flag=1
            elif ch==')':
                stack.pop()
                top-=1
            elif ch==',':
                flag=2
            else:
                p=BiThrNode(ch)
                if not T:               # 如果是第一个结点，表示是根结点
                    T=p
                else:
                    if flag==1:
                        stack[top].lchild = p
                    elif flag==2:
                        stack[top].rchild=p
                    if stack[top].lchild!=None:
                        stack[top].ltag=0
                    if stack[top].rchild!=None:
                        stack[top].rtag=0
            k+=1
        return T
    def Print(self,T):                  # 打印线索二叉树中的结点及线索
        if T.ltag==0:
            lflag='Link'
        else:
            lflag='Thread'
        if T.rtag==0:
            rflag='Link'
        else:
            rflag='Thread'
        print("%2d\t%s\t  %2c\t  %s\t" %(self.row,lflag,T.data,rflag))
        self.row+=1
        return 1
    def FindPoint(self,T,e):
        # 中序遍历线索二叉树，返回元素值为e的结点的指针
        p = T.lchild                    # p指向根结点
```

```
while p != T:                              # 如果不是空二叉树
    while p.ltag == 0:
        p = p.lchild
    if p.data==e:
        return p
    while p.rtag == 1 and p.rchild != T:    # 访问后继结点
        p = p.rchild
        if p.data == e:                      # 找到结点，返回指针
            return p
    p = p.rchild
return None
```

程序运行结果如下所示。

```
线索二叉树的输出序列:
0      Thread    B    Link
1      Thread    G    Thread
2      Link      D    Thread
3      Link      A    Link
4      Thread    E    Link
5      Thread    H    Thread
6      Link      C    Link
7      Thread    F    Thread
元素D的中序直接前驱元素是:G
元素D的中序直接后继元素是:A
元素E的中序直接前驱元素是:A
元素E的中序直接后继元素是:H
```

9.5 树、森林与二叉树

本节将介绍树的表示及遍历操作，并建立森林与二叉树的关系。

9.5.1 树的存储结构

树的存储结构有三种：双亲表示法、孩子表示法和孩子兄弟表示法。

（1）双亲表示法

双亲表示法是利用一组连续的存储单元存储树的每个结点，并利用一个指示器表示结点的双亲结点在树中的相对位置。通常在Python语言中，利用列表实现连续单元的存储。树的双亲表示法如图9-24所示。

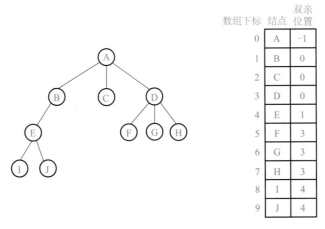

图9-24　树的双亲表示法

其中，树的根结点的双亲位置用-1表示。

树的双亲表示法使得已知结点查找其双亲结点非常容易。通过反复调用求双亲结点，可以找到树的树根结点。树的双亲表示法存储结构描述如下。

```
class PNode:                          # 双亲表示法的结点定义
    def _init_(self,data=None,parent=None):
        self.data=data
        self.parent=parent            # 指示结点的双亲
class PTree:                          # 双亲表示法的类型定义
    def _init_(self):
        self.node=[]
        self.num=0                    # 结点的个数
```

（2）孩子表示法

把每个结点的孩子结点排列起来，看成是一个线性表，且以单链表作为存储结构，则n个结点有n个孩子链表（叶子结点的孩子链表为空表），这样的链表称为孩子链表。例如，图9-24所示的树，其孩子表示法如图9-25（a）所示，其中，'∧'表示空。

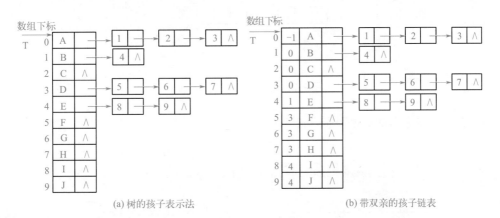

(a) 树的孩子表示法　　　　　　　　　　(b) 带双亲的孩子链表

图9-25　树的孩子表示法和带双亲的孩子链表

树的孩子表示法使得已知一个结点时，查找结点的孩子结点非常容易。通过查找某结点的链表，找到该结点的每个孩子。但是查找双亲结点不方便，可以把双亲表示法与孩子表示法结合在一起，图9-25（b）就是将两者结合在一起的带双亲的孩子链表。

树的孩子表示法的类型描述如下。

```
class ChildNode:                          # 孩子结点的类型定义
    def _init_(self,child=None,next=None):
        self.child=child
        self.next=next                    # 指向下一个结点
class DataNode:                           # n个结点数据与孩子链表的指针构成一个结构
    def _init_(self):
        self.data=data
        self.firstchild=ChildNode()       # 孩子链表的指针


class CTree:                              # 孩子表示法类型定义
    def _init_(self,num=0,root=None):
        self.node=[]
        self.num=num                      # 结点的个数
        self.root=root                    # 根结点在顺序表中的位置
```

（3）孩子兄弟表示法

孩子兄弟表示法也称为树的二叉链表表示法，即以二叉链表作为树的存储结构。链表中结点的两个链域分别指向该结点的第一个孩子结点和下一个兄弟结点，分别命名为firstchild域和nextsibling域。

图9-24所示的树对应的孩子兄弟表示如图9-26所示。

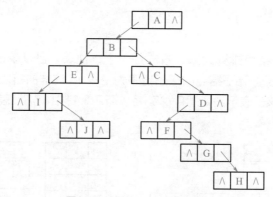

图9-26   树的孩子兄弟表示法

树的孩子兄弟表示法的类型描述如下。

```
class CSNode:                             # 孩子兄弟表示法的类型定义
    def _init_(self,firstchild=None,nextsibling=None):
        self.data=data
        self.firstchild=firstchild        # 指向第一个孩子
        self.nextsibling=nextsibling      # 指向下一个兄弟
```

其中，指针firstchild指向结点的第一个孩子结点，nextsibling指向结点的下一个兄弟结点。

利用孩子兄弟表示法可以实现各种树的操作。例如，要查找树中D的第3个孩子结点，则只需要从D的firstchild找到第一个孩子结点，然后顺着结点的nextsibling域走2步，就可以找到D的第3个孩子结点。

9.5.2　树转换为二叉树

从树的孩子兄弟表示和二叉树的二叉链表表示来看，它们在物理上的存储方式是相同的，也就是说，从它们相同的物理结构中可以得到一棵树，也可以得到一棵二叉树。因此，树与二叉树存在着一种对应关系。从图9-27可以看出，树与二叉树存在相同的存储结构。

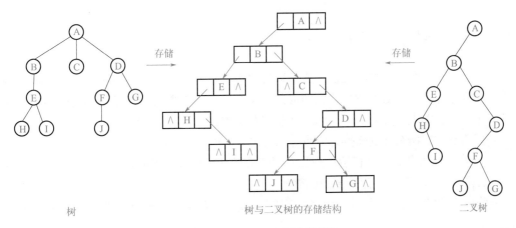

图9-27　树与二叉树的存储结构

下面来讨论树是如何转换为二叉树的。树中双亲结点的孩子结点是无序的，二叉树中的左右孩子是有序的。为了说明的方便，规定树中的每一个孩子结点从左至右按照顺序编号。例如，图9-27中，结点A有三个孩子结点B、C和D，其中规定B是A的第一个孩子结点，C是A的第二个孩子结点，D是A的第三个孩子结点。

按照以下步骤，可以将一棵树转换为对应的二叉树。

① 在树中的兄弟结点之间加一条连线。

② 在树中，只保留双亲结点与第一个孩子结点之间的连线，将双亲结点与其他孩子结点的连线删除。

③ 将树中的各个分支，以某个结点为中心进行旋转，子树以根结点成对称形状。

按照以上步骤，图9-27中的树可以转换为对应的二叉树，如图9-28所示。

将树转换为对应的二叉树后，树中的每个结点与二叉树中的结点一一对应，树中每个结点的第一个孩子变为二叉树的左孩子结点，第二个孩子结点变为第一个孩子结点的右孩子结点，第三个孩子结点变为第二个孩子结点的右孩子结点，以此类推。例如，结点C变为结点B的右孩子结点，结点D变为结点C的右孩子结点。

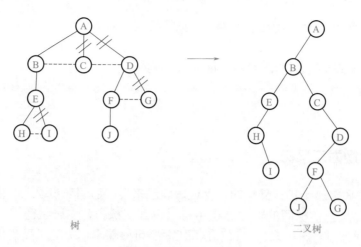

图9-28 树转换为二叉树

9.5.3 森林转换为二叉树

森林是由若干棵树组成的集合，树可以转换为二叉树，那么森林也可以转换为对应的二叉树。如果将森林中的每棵树转换为对应的二叉树，再将这些二叉树按照规则转换为一棵二叉树，就实现了森林到二叉树的转换。森林转换为对应的二叉树的步骤如下：

① 把森林中的所有树都转换为对应的二叉树。

② 从第二棵树开始，将转换后的二叉树作为前一棵树根结点的右孩子，插入到前一棵树中。然后将转换后的二叉树进行相应的旋转。

按照以上两个步骤，可以将森林转换为一棵二叉树。图9-29为森林转换为二叉树的过程。

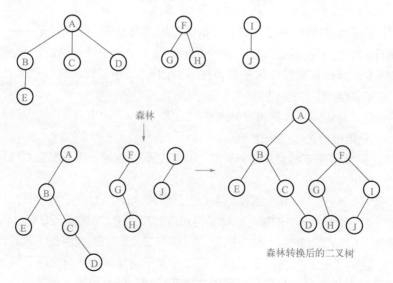

图9-29 森林转换为二叉树的过程

在图9-29中，将森林中的每棵树转换为对应的二叉树之后，将第二棵二叉树，即根结点为F的二叉树，作为第一棵二叉树根结点A的右子树，插入到第一棵树中。第三棵二叉树，即根结点为I的二叉树，作为第二棵二叉树根结点F的右子树，插入到第一棵树中。这样，就构成了图9-29中的二叉树。

9.5.4 二叉树转换为树和森林

二叉树转换为树或者森林，就是将树和森林转换为二叉树的逆过程。树转换为二叉树，二叉树的根结点一定没有右孩子结点。森林转换为二叉树，根结点有右孩子结点。按照树或森林转换为二叉树的逆过程，可以将二叉树转换为树或森林。将一棵二叉树转换为树或者森林的步骤如下：

① 在二叉树中，将某结点的所有右孩子结点、右孩子的右孩子结点等都与该结点的双亲结点用线条连接。

② 删除掉二叉树中双亲结点与右孩子结点原来的连线。

③ 调整转换后的树或森林，使结点的所有孩子结点处于同一层次。

利用以上方法，一棵二叉树转换为树的过程如图9-30所示。

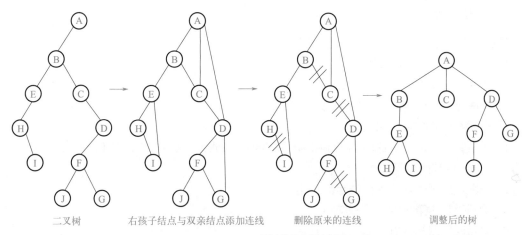

图9-30 二叉树转换为树的过程

同理，利用以上方法，可以将一棵二叉树转换为森林，如图9-31所示。

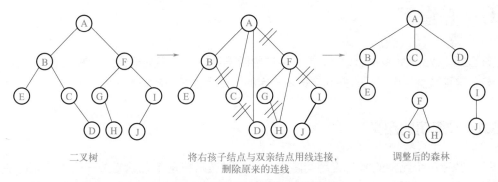

图9-31 二叉树转换为森林的过程

9.5.5 树和森林的遍历

与二叉树的遍历类似，树和森林的遍历也是按照某种规律对树或者森林中的每个结点进行访问，且仅访问一次的操作。

（1）树的遍历

通常情况下，按照访问树中根结点的先后次序，树的遍历方式分为两种：先根遍历和后根遍历。

先根遍历的步骤：

① 访问根结点。

② 按照从左到右的顺序依次先根遍历每一棵子树。

例如，图9-30所示的树先根遍历后得到的结点序列是：A、B、E、H、I、C、D、F、J、G。

后根遍历的步骤：

① 按照从左到右的顺序依次后根遍历每一棵子树。

② 访问根结点。

例如，图9-30所示的树后根遍历后得到的结点序列是：H、I、E、B、C、J、F、G、D、A。

（2）森林的遍历

森林的遍历方法有两种：先序遍历和中序遍历。

先序遍历森林的步骤如下：

① 访问森林中第一棵树的根结点。

② 先序遍历第一棵树的根结点的子树。

③ 先序遍历森林中剩余的树。

例如，图9-31所示的森林先序遍历得到的结点序列是：A、B、E、C、D、F、G、H、I、J。

中序遍历森林的步骤如下：

① 中序遍历第一棵树的根结点的子树。

② 访问森林中第一棵树的根结点。

③ 中序遍历森林中剩余的树。

例如，图9-31所示的森林中序遍历得到的结点序列是：E、B、C、D、A、G、H、F、J、I。

9.6 并查集

并查集（disjoint set union）是一种主要用于处理互不相交集合的合并和查询操作的树形结构。这种数据结构是把一些元素按照一定的关系组合在一起。

9.6.1 并查集的定义

在一些有 N 个元素的集合应用问题中，初始时通常将每个元素看成一个单元素的集合，然后按一定次序将属于同一组的元素所在的集合两两合并，其间要反复查找一个元素在哪个集合中。关于并查集的运算，通常可采用树结构实现。其主要操作有并查集的初始化、查找x结点的根结点、合并x和y。并查集的基本运算如表9-2所示。

表9-2　并查集的基本运算

基本操作	基本操作方法名称
初始化	_init_(self,n=100)
查找x所属的集合（根结点）	Find(self,x)
将x和y所属的两个集合（两棵树）合并	Merge(self,x,y)

9.6.2　并查集的实现

并查集的实现包括初始化、查找和合并操作。这些操作可以在一个类中实现，首先可定义一个DisjointSet类。

（1）初始化

初始时，每个元素代表一棵树。假设有n个编号分别为1，2，…，n的元素，使用列表parent存储每个元素的父结点，初始时，先将父结点设为自身。

```python
class DisjointSet:
    def _init_(self,n=100):
        self.MAXSIZE=100
        self.parent=[0]*self.MAXSIZE
        self.rank=[0]*self.MAXSIZE
        for i in range(1,n+1):
            self.parent[i] = i
```

并查集的初始状态如图9-32(a)所示。

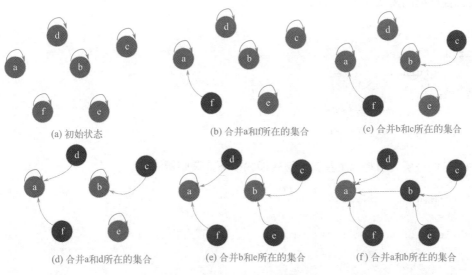

(a) 初始状态　　　(b) 合并a和f所在的集合　　　(c) 合并b和c所在的集合

(d) 合并a和d所在的集合　　　(e) 合并b和e所在的集合　　　(f) 合并a和b所在的集合

图9-32　并查集的合并过程

将a和f所在的集合（即把a和f两棵树）合并后，使a成为两个结点构成树的父结点，如图9-32(b)所示。将b和c所在的集合合并，b成为父结点，如图9-32(c)所示。继续将其他结点进行合并操作[图9-32(d)(e)]，直到所有结点构成一棵树，如图9-32(f)所示。

（2）查找

查找操作是查找x结点所在子树的根结点。从图9-32中可以看出，一棵子树中的根结点满足条件：parent[y]=y。这可通过不断顺着分支查找双亲结点找到，即y=parent[y]。例如，查找结点e的根结点是沿着e→b→a路径找到根结点a。

```python
def Find(self,x):
    if self.parent[x] == x:
        return x
    else:
        return self.Find(self.parent[x])
```

当树的高度增加，想从终端结点找到根结点，其效率就会变得越来越低。有没有更好的办法呢？如果每个结点都指向根结点，则查找效率会提高很多，因此，可在查找的过程中使用路径压缩的方法，令查找路径上的结点逐个指向根结点，如图9-33所示。

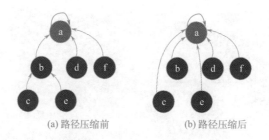

(a) 路径压缩前   (b) 路径压缩后

图9-33　查找过程中的路径压缩

带路径压缩的查找算法实现如下：

```python
def Find(self,x):
    if self.parent[x] == x:
        return x
    else:
        self.parent[x]=self.Find(x)
        return self.parent[x]
```

为了方便理解，可将以上查找算法转换为以下非递归算法实现。

```python
def Find_NonRec(self,x):
    root=x
    while self.parent[root]!=root:        # 查找根结点root
        root=self.parent[root]
    y=x
```

```
while y!=root:                              # 路径压缩
    self.parent[y]=root
    y=self.parent[y]
return root
```

经过以上路径压缩后，可以显著提高查找算法的效率。

（3）合并

两棵树的合并操作是将x和y所属的两棵子树合并为一棵子树。其合并算法主要思想：找到x和y所属子树的根结点root_x和root_y，若root_x==root_y，则表明它们属于同一棵子树，不需合并；否则，需要比较两棵子树的高度，即秩，使合并后的子树高度尽可能小。

① 若x所在子树的秩rank[root_x]<rank[root_y]，则将秩较小的root_x作为root_y的孩子结点，此时root_y的秩不变。

② 若x所在子树的秩rank[root_x]>rank[root_y]，则将秩较小的root_y作为root_x的孩子结点，此时root_x的秩不变。

③ 若x所在子树的秩rank[root_x]==rank[root_y]，则可将root_x作为root_y的孩子结点，也可将root_y作为root_x的孩子结点，合并后子树的秩加1。

两棵树的合并如图9-34所示。

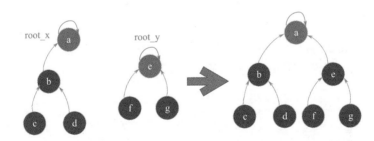

(a) 因为 rank[root_x]>rank[root_y],以第2棵子树作为第1棵子树根结点的孩子结点，合并后的树的秩为rank[root_x]

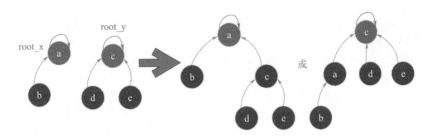

(b) 因为 rank[root_x]=rank[root_y],可将第2棵子树作为第1棵子树根结点的孩子结点，或将第1棵子树作为第2棵子树根结点的孩子结点，合并后的树的秩为rank[root_x]+1

图9-34 两棵子树的合并

合并算法实现如下：

```
def Merge(self,x,y):
    root_x,root_y=self.Find(x),self.Find(y)            # 找到两个根结点
    if self.rank[root_x] <= self.rank[root_y]:         # 若前者树的高度小于等于后者
        self.parent[root_x]=root_y
    else:                                              # 否则
        self.parent[root_y]=root_x
    if self.rank[root_x] == self.rank[root_y] and root_x != root_y:
        # 如果高度相同且根结点不同，则新的根结点的高度+1
        self.rank[root_y]+=1
```

9.6.3 并查集的应用

【例9-4】 有 n 个城市，其中一些彼此相连，另一些没有相连。如果城市 a 与城市 b 直接相连，且城市 b 与城市 c 直接相连，那么城市 a 与城市 c 间接相连。例如，图9-35是一些城市的连接情况。

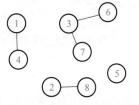

图9-35 一些城市的连接情况

【分析】 同一省份内，城市之间通过直接或间接相连，不存在不相连的城市。城市之间的关系可通过 $n×n$ 的嵌套列表（矩阵）表示，对于图9-35，可表示为isConnected= [[1,0,0,1,0,0,0,0], [0,1,0,0,0,0,0,1], [0,0,1,0,0,1,1,0], [1,0,0,1,0,0,0,0], [0,0,0,0,1,0,0,0], [0,0,1,0,0,1,0,0], [0,0,1,0,0,0,1,0], [0,1,0,0,0,0,0,1]]。

其中isConnected[i][j] = 1 表示第 i 个城市和第 j 个城市直接相连，而 isConnected[i][j]=0 表示二者不直接相连。图9-35表示了8个城市，4个省份。

算法实现如下：

```
class UnionFind:
    def _init_(self, n):                   # 初始化
        self.fa = [i for i in range(n)]    # 每个元素的集合编号初始化为数组fa
                                           #   的下标索引

    def find(self, x):                     # 查找元素根结点的集合编号内部实现方法
        while self.fa[x] != x:             # 递归查找元素的父结点，直到根结点
            self.fa[x] = self.fa[self.fa[x]]   # 隔代压缩优化
            x = self.fa[x]
        return x                           # 返回元素根结点的集合编号
    def union(self, x, y):                 # 合并操作：令其中一个集合的树根结
                                           #   点指向另一个集合的树根结点

        root_x = self.find(x)
        root_y = self.find(y)
        if root_x == root_y:               # x和y的根结点集合编号相同，说明x和y已经同属于一
                                           #   个集合
            return False
```

```python
            self.fa[root_x] = root_y
                            # x 的根结点连接到 y 的根结点上，成为 y 的根结点的子结点
        return True

    def is_connected(self, x, y):          # 查询操作：判断 x 和 y 是否同属于一个集合
        return self.find(x) == self.find(y)

class Solution:
    def findCircleNum(self, isConnected) -> int:
        size = len(isConnected)
        union_find = UnionFind(size)
        for i in range(size):
            for j in range(i + 1, size):
                if isConnected[i][j] == 1:
                    union_find.union(i, j)

        res = set()
        for i in range(size):
            res.add(union_find.find(i))
        return len(res)

if _name_ == '_main_':
    St = Solution()
isConnected=[[1,0,0,1,0,0,0,0],[0,1,0,0,0,0,0,1],[0,0,1,0,0,1,1,0],
        [1,0,0,1,0,0,0,0],[0,0,0,0,1,0,0,0],[0,0,1,0,0,1,0,0],
        [0,0,1,0,0,0,1,0],[0,1,0,0,0,0,0,1]]
    x=St.findCircleNum(isConnected)
    print('省份数量: ',x)
```

程序运行结果如下所示。

```
省份数量: 4
```

9.7 二叉树的典型应用——哈夫曼树

9.7.1 哈夫曼树及应用

哈夫曼（Huffman）树也称最优二叉树。它是一种带权路径长度最小的树，有着广泛的应用。

（1）哈夫曼树的定义

下面先了解一下几个与哈夫曼树相关的定义。

① 路径和路径长度　路径是指在树中，从一个结点到另一个结点所走过的路程。路径长度是一个结点到另一个结点的分支数目。树的路径长度是指从树的树根到每一个结点的路径长度的和。

② 树的带权路径长度　在一些实际应用中，根据结点的重要程度，将树中的某一个结点赋予一个有意义的值，则这个值就是结点的权。在一棵树中，将某一个结点的路径长度与该结点的权的乘积，称为该结点的带权路径长度。而树的带权路径长度是指树中所有叶子结点的带权路径长度的和。树的带权路径长度公式记作

$$WPL = \sum_{i=1}^{n} w_i \times l_i$$

式中，n是树中叶子结点的个数；w_i是第i个叶子结点的权值；l_i是第i个叶子结点的路径长度。

例如，图9-36所示的二叉树的带权路径长度分别是

$$WPL_{(a)} = 8 \times 2 + 4 \times 2 + 2 \times 2 + 3 \times 2 = 34$$
$$WPL_{(b)} = 8 \times 2 + 4 \times 3 + 2 \times 3 + 3 \times 1 = 37$$
$$WPL_{(c)} = 8 \times 1 + 4 \times 2 + 2 \times 3 + 3 \times 3 = 31$$

从图9-36可以看出，第3棵树的带权路径长度最小，它其实就是一棵哈夫曼树。

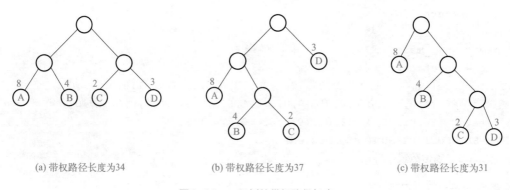

(a) 带权路径长度为34   (b) 带权路径长度为37   (c) 带权路径长度为31

图9-36　二叉树的带权路径长度

③ 哈夫曼树　哈夫曼树是带权路径长度最小的树，权值最小的结点远离根结点，权值越大的结点越靠近根结点。哈夫曼树的构造算法如下：

a. 由给定的n个权值$\{w_1, w_2, \cdots, w_n\}$，构成$n$棵只有根结点的二叉树集合$F = \{T_1, T_2, \cdots, T_n\}$，每个结点的左右子树均为空。

b. 在二叉树集合F中，找两个根结点的权值最小和次小的树，作为左、右子树构造一棵新的二叉树，新二叉树根结点的权重为左、右子树根结点的权重之和。

c. 在二叉树集合F中，删除作为左、右子树的两个二叉树，并将新二叉树加入到集合F中。

d. 重复执行步骤b.和c.，直到集合F中只剩下一棵二叉树为止。这棵二叉树就是要构造的哈夫曼树。

例如，假设给定一组权值$\{1, 3, 6, 9\}$，按照哈夫曼构造的算法对集合的权重构造哈夫曼树的过程如图9-37所示。

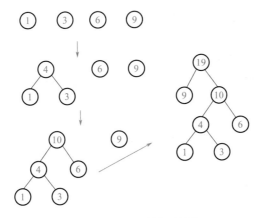

图9-37　哈夫曼树构造过程

（2）哈夫曼编码

哈夫曼编码常应用在数据通信中，在数据传送时，需要将字符转换为二进制的字符串。例如，假设传送的电文是ABDAACDA，电文中有A、B、C和D四种字符，如果规定A、B、C和D的编码分别为00、01、10和11，则上面的电文代码为0001110000101100，总共16个二进制数。

在传送电文时，希望电文的代码尽可能短。如果按照每个字符进行长度不等的编码，将出现频率高的字符采用尽可能短的编码，则电文的代码长度就会减少。可以利用哈夫曼树对电文进行编码，最后得到的编码就是长度最短的编码。具体构造方法如下。

假设需要编码的字符集合为$\{c_1,c_2,\cdots,c_n\}$，相应地，字符在电文中的出现次数为$\{w_1,w_2,\cdots,w_n\}$，以字符$c_1,c_2,\cdots,c_n$作为叶子结点，以$w_1,w_2,\cdots,w_n$为对应叶子结点的权值构造一棵二叉树，规定哈夫曼树的左孩子分支为0，右孩子分支为1，从根结点到每个叶子结点经过的分支组成的0和1序列就是结点对应的编码。

按照以上构造方法，若字符集合为{A,B,C,D}，各个字符相应的出现次数为{4,1,1,2}，则这些字符作为叶子结点构成的哈夫曼树如图9-38所示。字符A的编码为0，字符B的编码为110，字符C的编码为111，字符D的编码为10。

因此，可以得到电文ABDAACDA的哈夫曼编码为01101000111100，共14个二进制字符。这样就保证了电文的编码达到最短。

在设计不等长编码时，必须使任何一个字符的编码都不是另外一个字符编码的前缀。例如，字符A的编码为10，字符B的编码为100，则字符A的编码就称为字符B的编码前缀。如果一个代码为10010，在进行译码时，无法确定是将前两位译为A，还是要将前三位译为B。但是

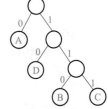

图9-38　哈夫曼编码

在利用哈夫曼树进行编码时，每个编码是叶子结点的编码，一个字符是不会出现在另一个字符的前面，也就不会出现一个字符的编码是另一个字符编码的前缀编码。

（3）哈夫曼编码算法的实现

下面利用哈夫曼编码的设计思想，通过一个实例实现哈夫曼编码的算法实现。

【例9-5】　假设一个字符序列为{A,B,C,D}，对应的权重为{1,3,6,9}。设计一个哈夫曼

树，并输出相应的哈夫曼编码。若已知哈夫曼编码为"101110101101110110"，其对应的字符序列是什么？

【分析】 在哈夫曼的算法中，为了设计的方便，利用一个嵌套列表实现。每个元素需要保存字符的权重、双亲结点的位置、左孩子结点的位置和右孩子结点的位置。因此需要设计 n 行 4 列。哈夫曼树的结点类型定义如下：

```python
class HTNode:                               # 哈夫曼树类型定义
    def _init_(self,weight=None,parent=None,lchild=None,rchild=None):
        self.weight=weight
        self.parent=parent
        self.lchild=lchild
        self.rchild=rchild
```

算法实现：定义一个类型为 HuffmanCode 的变量 HT，用来存放每一个叶子结点的哈夫曼编码。初始时，将每一个叶子结点的双亲结点域、左孩子域和右孩子域初始化为 0。如果有 n 个叶子结点，则非叶子结点有 $n-1$ 个，所以总的结点数目是 $2n-1$ 个。同时也要将剩下的 $n-1$ 个双亲结点域初始化为 0，这主要是为了查找权值最小的结点方便。

依次选择两个权值最小的结点，分别作为左子树结点和右子树结点，修改它们的双亲结点域，使它们指向同一个双亲结点，同时修改双亲结点的权值，使其等于两个左、右子树结点权值的和，并修改左、右孩子结点域，使其分别指向左、右孩子结点。重复执行这种操作 $n-1$ 次，即求出 $n-1$ 个非叶子结点的权值。这样就能得到一棵哈夫曼树。

通过求得的哈夫曼树，得到每一个叶子结点的哈夫曼编码。从叶子结点 c 开始，通过结点 c 的双亲结点域，找到结点的双亲，然后通过双亲结点的左孩子域和右孩子域判断该结点 c 是其双亲结点的左孩子还是右孩子。如果是左孩子，则编码为"0"；否则编码为"1"。按照这种方法，直到找到根结点，即可以求出叶子结点的编码。

① 构造哈夫曼树及实现哈夫曼编码　这部分主要是哈夫曼树的实现和哈夫曼编码的实现。程序代码如下所示。

```python
def HuffmanCoding(self,w,n):              # 构造哈夫曼树HT，哈夫曼树的编码存放在HC中，w为n
                                         #   个字符的权值
    if n<=1:
        return
    m=2*n-1
    HT=[]
    for i in range(n):                   # 初始化n个叶子结点
        p=HTNode()                       # 第零个单元未用
        p.weight=w[i]
        p.parent=0
        p.lchild=0
        p.rchild=0
        HT.append(p)
    for i in range(n,m):                 # 将n-1个非叶子结点的双亲结点初始化为0
        p = HTNode()
        HT.append(p)
```

```
        HT[i].parent=0
    for i in range(n,m):            # 构造哈夫曼树
        s1,s2=self.Select(HT,i-1)   # 查找树中权值最小的两个结点
        HT[s1].parent=i
        HT[s2].parent=i
        HT[i].lchild=s1
        HT[i].rchild=s2
        HT[i].weight=HT[s1].weight+HT[s2].weight

    # 从叶子结点到根结点求每个字符的哈夫曼编码
    HC=[]                           # 存储哈夫曼编码
    # 求n个叶子结点的哈夫曼编码
    for i in range(n):
        cd = []
        c=i
        f=HT[i].parent
        while f!=0:                 # 从叶子结点到根结点求编码
            if HT[f].lchild==c:
                cd.insert(0,'0')
            else:
                cd.insert(0,'1')
            c=f
            f=HT[f].parent
        HC.append(cd.copy())        # 将当前求出结点的哈夫曼编码复制到HC
        del cd
    return HT,HC
```

② 查找权值最小和次小的两个结点　这部分主要是在结点的权值中，选择权值最小的和次小的结点作为二叉树的叶子结点。其程序代码实现如下所示。

```
def Select(self,t,n):
    # 在n个结点中选择权值最小和次小的结点序号，其中s1最小，s2次小
    s1=self.Min(t,n)
    s2=self.Min(t,n)
    if t[s1].weight>t[s2].weight :  # 如果序号s1的权值大于序号s2的权值，将两
                                    #   者交换，使s1最小，s2次小
        x=s1
        s1=s2
        s2=x
    return s1,s2

def Min(self,t,n):
    #返回树中n个结点中权值最小的结点序号
    f=float('inf')                  # f为一个无限大的值
    for i in range(n+1):
```

```
        if t[i].weight<f and t[i].parent==0:
            f=t[i].weight
            flag=i
    t[flag].parent=1                        # 给选中的结点的双亲结点赋值1，避免再次查找该结点
    return flag
```

③ 将哈夫曼编码翻译成字符串序列　根据哈夫曼树的构造原理，从根结点开始遍历。如果遇到的编码是0，则应顺着左孩子结点往下遍历；若遇到的编码是1，则顺着右孩子结点往下遍历，依次类推。对其他结点重复执行以上操作，直到叶子结点为止，则扫描到的编码就是该叶子结点对应的字符。

```
def GetStr(self,HT,nums,w,str):
    i=0
    n=2*nums-2
    length=len(str)
    for i in range(0,length):
        if str[i]=='1':
            n=HT[n].rchild
        elif str[i]=='0':
            n=HT[n].lchild
        else:
            return
        for j in range(0,nums):
            if j==n:
                n=2*nums-2
                print(w[j],end=' ')
                break
```

④ 测试代码部分　这部分主要包括头文件、宏定义、函数的声明和主函数。程序代码实现如下所示。

```
if _name_ == '_main_':
    HufTree=HTNode()
    n=int(input("请输入叶子结点的个数："))
    w=[]                        # 为n个结点的权值分配内存空间
    for i in range(n):
        v=int(input("请输入第%d个结点的权值:"%(i+1)))
        w.append(v)
    HT,HC=HufTree.HuffmanCoding(w,n)
    for i in range(len(HC)):
        print("哈夫曼编码:",HC[i])
    str='101110101101110110'
    ch=['A','B','C','D','E','F','G','H','I','J','K','L','M','N']
    ch2=ch[:n]
    print('若哈夫曼编码为:',str)
    print('哈夫曼编码为:')
    HufTree.GetStr(HT,n,ch2,str)
```

在算法的实现过程中，其中嵌套列表HT在初始时的状态和哈夫曼树生成后的状态如图9-39所示。

下标	weight	parent	lchild	rchild
1	1	0	0	0
2	3	0	0	0
3	6	0	0	0
4	9	0	0	0
5		0		
6		0		
7		0		

HT初始化状态

下标	weight	parent	lchild	rchild
1	1	5	0	0
2	3	5	0	0
3	6	6	0	0
4	9	7	0	0
5	4	6	1	2
6	10	7	5	3
7	19	0	4	6

生成哈夫曼树后HT的状态

图9-39 HT在初始化和生成哈夫曼树后的状态变化

生成的哈夫曼树如图9-40所示。从图9-40中可以看出，权值为1、3、6和9的哈夫曼编码分别是100、101、11和0。

以上算法是从叶子结点开始到根结点逆向求哈夫曼编码的算法。当然也可以从根结点开始到叶子结点正向求哈夫曼编码，这个留给大家思考。

程序运行结果如下所示。

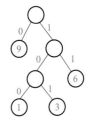

图9-40 哈夫曼树

```
请输入叶子结点的个数:4
请输入第1个结点的权值:1
请输入第2个结点的权值:3
请输入第3个结点的权值:6
请输入第4个结点的权值:9
哈夫曼编码:['1', '0', '0']
哈夫曼编码:['1', '0', '1']
哈夫曼编码:['1', '1']
哈夫曼编码:['0']
若哈夫曼编码为:1011101011101110110
哈夫曼编码为:
B C D B B C D C D
```

9.7.2 利用二叉树求解算术表达式的值

【例9-6】 通过键盘输入一个表达式，如"6+(7-1)*3+9/2"，将其转换为二叉树，即表达式树，然后通过二叉树的遍历操作求解表达式的值。

【分析】 与利用栈求解表达式值的思想类似，将中缀表达式转换为表达式树也是需要借助栈的后进先出特性来实现，区别在于将运算符出栈之后不是将该运算符直接输出，而是将其作为子树的根结点创建一棵二叉树，再将该二叉树作为一个表达式入栈。在算法结束时，就可以构造出一棵由这些运算符和操作数组成的二叉树。最后利用二叉树的后序遍历求解表达式的值。

算法思想：设置两个栈，即运算符栈OptrStack和表达式栈ExpTreeStack，分别用于存放运算符和表达式树的根结点。假设 θ_1 为栈顶运算符， θ_2 为当前扫描的运算符。依次读入表达式中的每个字符，根据扫描到的当前字符进行以下处理：

① 初始化栈，并将"#"入栈。

② 若当前读入的字符 θ_2 是操作数，则将该操作数压入 ExpTreeStack栈，并读入下一个字符。

③ 若当前字符 θ_2 是运算符，则将 θ_2 与栈顶的运算符 θ_1 比较。

a.若 θ_1 优先级低于 θ_2，则将 θ_2 压入 OptrStack栈，继续读入下一个字符。

b.若 θ_1 优先级高于 θ_2，则从 OptrStack栈中弹出 θ_1，将其作为子树的根结点，并使 ExpTreeStack栈执行两次出栈操作，弹出的两个表达式rcd和lcd分别作为 θ_1 的右子树和左子树，从而创建二叉树，并将该二叉树的根结点压入 ExpTreeStack栈中。

c.若 θ_1 的优先级与 θ_2 相等，且 θ_1 为 "("， θ_2 为 ")"，则将 θ_1 出栈，继续读入下一个字符。

e.如果 θ_2 的优先级与 θ_1 相等，且 θ_1 和 θ_2 都为 "#"，从 OptrStack栈中将 θ_1 弹出，则 OptrStack栈为空，即可完成中缀表达式转换为表达式树，ExpTreeStack的栈顶元素就是表达式树的根结点，算法结束。

重复执行②~③，直到所有字符读取完毕且OptrStack为空。

利用以上算法可将"6+(7-1)*3+9/2"转换为一棵二叉树，如图9-41所示。

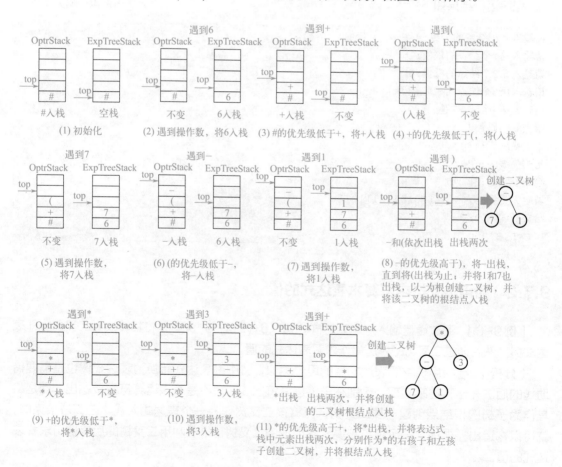

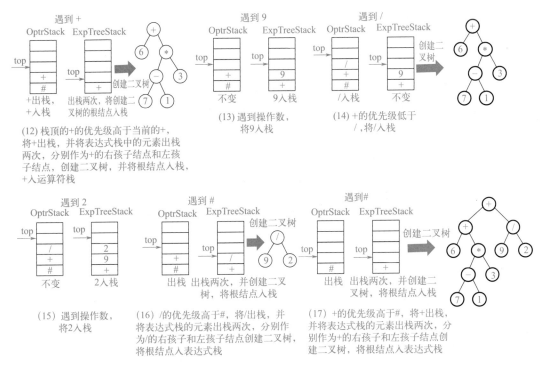

图9-41 创建表达式树的过程

根据得到的表达式树，通过中序遍历可得到对应的中缀表达式，通过后序遍历可得到对应的后缀表达式。根据输入的字符串str，创建的表达式树算法如下：

```python
def CreateExpTree(str):
# 表达式树的创建
    Expt=ExpTreeStack()
    Optr=OptrStack()
    Optr.Push('#')
    n=len(str)
    i=0
    while i<n or Optr.GetTop() is not None:
        if i<n and not IsOperator(str[i]):
            data=[None] *20
            j=0
            data[j] = str[i]
            j+=1
            i+=1
            while i<n and not IsOperator(str[i]):
                data[j]=str[i]
                i+=1
            if i>=n:
                j-=1
            T= BiTree()
            p=T.CreateETree(StrtoInt(data,j), None,None)
```

```
            Expt.Push(p)
        else:
            if Precede(Optr.GetTop(),str[i])=='<':
                Optr.Push(str[i])
                i+=1
            elif Precede(Optr.GetTop(),str[i])=='>':
                theta=Optr.Pop()
                rcd=Expt.Pop()
                lcd=Expt.Pop()
                p=T.CreateETree(theta,lcd,rcd)
                Expt.Push(p)
            elif Precede(Optr.GetTop(),str[i])=='=':
                theta=Optr.Pop()
                i+=1
    return Expt.GetTop()
```

根据得到的表达式树，利用二叉树的后序遍历即可求出表达式的值。算法实现如下：

```
def CalcExpTree(T):
# 后序遍历表达树进行表达式求值
    lvalue,rvalue=0,0
    if not T.lchild and notT.rchild:
        return T.data
    else:
        lvalue=CalcExpTree(T.lchild)
        rvalue=CalcExpTree(T.rchild)
        return GetValue(T.data,lvalue,rvalue)
```

主函数如下：

```
def CalcExpTree(T):
# 后序遍历表达树进行表达式求值
    lvalue,rvalue=0,0
    if not T.lchild and notT.rchild:
        return T.data
    else:
        lvalue=CalcExpTree(T.lchild)
        rvalue=CalcExpTree(T.rchild)
        return GetValue(T.data,lvalue,rvalue)
# 7种运算符
operator= "+-*/()#"
# 运算符优先级表
prior_table=[['>','>','<','<','<','>','>'],
    ['>','>','<','<','<','>','>'],
    ['>','>','>','>','<','>','>'],
    ['>','>','>','>','<','>','>'],
```

```python
            ['<','<','<','<','<','=',' '],
            ['>','>','>','>',' ','>','>'],
            ['<','<','<','<','<',' ','=']]


def IsOperator(ch):
# 判断ch是否为运算符
    i=0
    length=len(operator)
    while i<length and operator[i]!=ch:
        i+=1
    if i>=length:
        return False
    else:
        return True


def StrtoInt(str,n):
# 将数值型字符串转换成int型数值
    res=0
    i=0
    while i<n:
        res = res * 10 + int(str[i])
        i+=1
    return res
def Precede(ch1,ch2):
# 判断运算符的优先级
    i,j=0,0
    while operator[i] and operator[i]!=ch1:
        i+=1
    while operator[j] and operator[j]!=ch2:
        j+=1
    return prior_table[i][j]


def GetValue(ch,a,b):
# 求值
    if ch=='+':
        return a + b
    elif ch=='-':
        return a-b
    elif ch=='*':
        return a*b
    elif ch=='/':
        return a/b
# 主函数
if _name_=='_main_':
```

```
str=input('请输入算术表达式串:')
root=BiTree()
T = CreateExpTree(str)
print('先序遍历:')
root.PreOrderTree(T)
print('\n中序遍历:')
root.InOrderTree2(T)
print('\n表达式的值:')
value=CalcExpTree(T)
print(value)
```

程序运行结果如下所示。

```
请输入算术表达式串:6+(7-1)*3+9/2#
先序遍历:
+ + 6 * - 7 1 3 / 9 2
中序遍历:
6 + 7 - 1 * 3 + 9 / 2
表达式的值:
28.5
```

Python

第10章
图——多对多的数据
结构类型

　　图（graph）是另一种非线性数据结构，图结构中每个元素都可以与其他任何元素相关，元素之间是多对多的关系，即一个元素对应多个直接前驱元素和多个直接后继元素。图作为一种非线性数据结构，被广泛应用于许多技术领域，例如，系统工程、化学分析、遗传学、控制论、人工智能等领域。在离散数学中侧重于对图理论的研究，本章主要讨论图的相关知识及图在计算机中的表示与处理。

知识点框架：

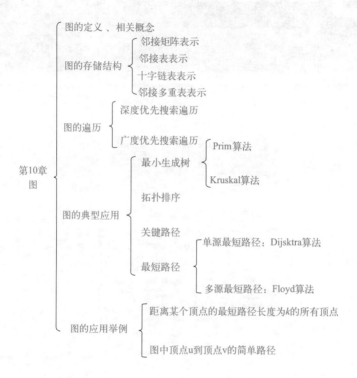

10.1　图的定义与相关概念

10.1.1　什么是图

　　图由数据元素集合与边的集合构成。在图中，数据元素常称为顶点（vertex），因此数据元素集合称为顶点集合。其中，顶点集合（V）不能为空，边（E）表示顶点之间的关系，用连线表示。图（G）的形式化定义为$G=(V, E)$。式中，$V=\{x|x \in$数据元素集合$\}$；$E=\{<x,y>|Path(x,y) \wedge (x \in V, y \in V)\}$。$Path(x,y)$表示$x$与$y$的关系属性。

　　如果$<x,y> \in E$，则$<x,y>$表示从顶点x到顶点y的一条弧（arc），x称为弧尾（tail）或起始点（initial node），y称为弧头（head）或终端点（terminal node）。这种图的边是有方向的，这样的图被称为有向图（digraph）。如果$<x,y> \in E$且有$<y,x> \in E$，则用无序对(x,y)代替有序对$<x,y>$和$<y,x>$，表示x与y之间存在一条边（edge），将这样的图称为无向图。有向图与无向图示意如图10-1所示。

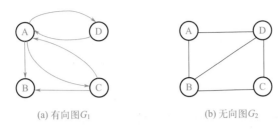

(a) 有向图G_1 (b) 无向图G_2

图10-1 有向图G_1与无向图G_2

在图10-1中，有向图G_1可以表示为$G_1=(V_1,E_1)$，其中，顶点集合$V_1=\{A,B,C,D\}$，弧的集合$E_1=\{<A,B>,<A,C>,<A,D>,<C,A>,<C,B>,<D,A>\}$。无向图$G_2$可以表示为$G_2=(V_2,E_2)$，其中，顶点集合$V_2=\{A,B,C,D\}$，边的集合$E_2=\{(A,B),(A,D),(B,C),(B,D),(C,D)\}$。

在图中，通常将有向图的边称为弧，无向图的边称为边。顶点的顺序可以是任意的。

完全图：假设图的顶点数目是n，图的边数或者弧的数目是e。如果不考虑顶点到自身的边或弧，即如果$<v_i,v_j>$，则$v_i \neq v_j$。对于无向图，边数e的取值范围为$0\sim n(n-1)/2$。将具有$n(n-1)/2$条边的无向图称为完全图（completed graph）。

有向完全图：对于有向图，弧度e的取值范围是$0\sim n(n-1)$。将具有$n(n-1)$条弧的有向图称为有向完全图。

稀疏图和稠密图：具有$e<n\log n$（对数底数一般为10）条弧或边的图，称为稀疏图（sparse graph）；具有$e>n\log n$条弧或边的图，称为稠密图（dense graph）。

10.1.2 图的相关概念

下面介绍一些有关图的概念。

（1）邻接点

在无向图$G=(V,E)$中，如果存在边$(v_i,v_j)\in E$，则称v_i和v_j互为邻接点（adjacent），即v_i和v_j相互邻接。边(v_i,v_j)依附于顶点v_i和v_j，或者称边(v_i,v_j)与顶点v_i和v_j相互关联。在有向图$G=(V,A)$中，如果存在弧$<v_i,v_j>\in A$，则称顶点v_j邻接自顶点v_i，顶点v_i邻接到顶点v_j。弧$<v_i,v_j>$与顶点v_i和v_j相互关联。

在图10-1中，无向图G_2边的集合为$E=\{(A,B),(A,D),(B,C),(B,D),(C,D)\}$，如顶点A和B互为邻接点，边(A,B)依附于顶点A和B；顶点B和C互为邻接点，边(B,C)依附于顶点B和C。有向图G_1弧的集合为$A=\{<A,B>,<A,C>,<A,D>,<C,A>,<C,B>,<D,A>\}$，如顶点A邻接到顶点B，弧$<A,B>$与顶点A和B相互关联；顶点A邻接到顶点C，弧$<A,C>$与顶点A和C相互关联。

（2）顶点的度

在无向图中，顶点v的度是指与v相关联的边的数目，记作$TD(v)$。在有向图中，以顶点v为弧头的数目称为顶点v的入度（indegree），记作$ID(v)$；以顶点v为弧尾的数目称为v的出度（outdegree），记作$OD(v)$。顶点v的度为以v为顶点的入度和出度之和，即

$TD(v)=ID(v)+OD(v)$。

在图10-1中，无向图G_2边的集合为$E=\{(A,B),(A,D),(B,C),(B,D),(C,D)\}$，如顶点A的度为2，顶点B的度为3，顶点C的度为2，顶点D的度为3。有向图G_1弧的集合为$A=\{<A,B>,<A,C>,<A,D>,<C,A>,<C,B>,<D,A>\}$，顶点A、B、C和D的入度分别为2、2、1和1，顶点A、B、C和D的出度分别为3、0、2和1，顶点A、B、C和D的度分别为5、2、3和2。

在图中，假设顶点的个数为n，边数或弧数记为e，顶点v_i的度记作$TD(v_i)$，则顶点的度与弧或者边数满足关系：$e = \dfrac{1}{2}\sum_{i=1}^{n}TD(v_i)$。

（3）路径

在图中，从顶点v_i出发经过一系列的顶点序列到达顶点v_j称为从顶点v_i到v_j的路径（path）。路径的长度是路径上弧或边的数目。在路径中，如果第一个顶点与最后一个顶点相同，则这样的路径称为回路或环。在路径所经过的顶点序列中，如果顶点不重复出现，则称这样的路径为简单路径。在回路中，除了第一个顶点和最后一个顶点外，如果其他的顶点不重复出现，则称这样的回路为简单回路或环（cycle）。

例如，在图10-1中的有向图G_1中，顶点序列A、C和A就构成了一个简单回路。在无向图G_2中，从顶点A到顶点C所经过的路径为A、B和C。

（4）子图

假设存在两个图$G=\{V,E\}$和$G'=\{V',E'\}$，如果G'的顶点和关系都是G中顶点和关系的子集，即有$V'\subseteq V$，$E'\subseteq E$，则G'为G的子图。子图的示例如图10-2所示。

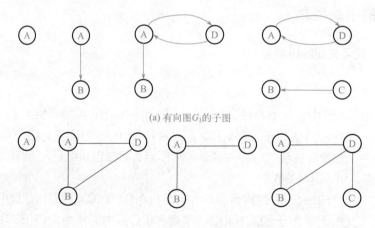

(a) 有向图G_1的子图

(b) 无向图G_2的子图

图10-2　有向图G_1与无向图G_2的子图

（5）连通图和强连通图

在无向图中，如果从顶点v_i到顶点v_j存在路径，则称顶点v_i到v_j是连通的。推广到图的所有顶点，如果图中的任何两个顶点之间都是连通的，则称图是连通图（connected graph）。无向图中的极大连通子图称为连通分量(connected component)。无向图G_3与其连通分量如图10-3所示。

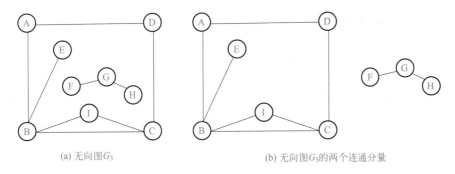

(a) 无向图G_3　　　　　　　　(b) 无向图G_3的两个连通分量

图10-3　无向图G_3与其连通分量

在有向图中，如果任意两个顶点v_i和v_j，且$v_i \neq v_j$，从顶点v_i到顶点v_j和从顶点v_j到顶点v_i都存在路径，则该图称为强连通图。在有向图中，极大强连通子图称为强连通分量。有向图G_4与其强连通分量如图10-4所示。

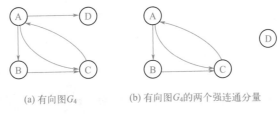

(a) 有向图G_4　　　　(b) 有向图G_4的两个强连通分量

图10-4　有向图G_4与其强连通分量

（6）生成树

一个连通图（假设有n个顶点）的生成树是一个极小连通子图，它含有图中的全部顶点，但只有足以构成一棵树的$n-1$条边。如果在该生成树中添加一条边，则必定构成一个环。如果少于$n-1$条边，则该图是非连通的。反过来，具有$n-1$条边的图不一定能构成生成树。一个图的生成树不一定是唯一的。无向图G_5的生成树如图10-5所示。

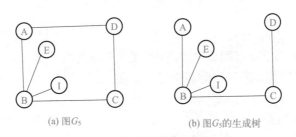

(a) 图G_5　　　　　　　(b) 图G_5的生成树

图10-5　无向图G_5及其生成树

（7）网

在实际应用中，图的边或弧往往与具有一定意义的数有关，即每一条边都有与它相关的数，称为权，这些权可以表示从一个顶点到另一个顶点的距离等信息。这种带权的图称为带权图或网。一个网如图10-6所示。

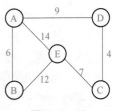

图10-6　网

10.1.3 图的抽象数据类型

图的抽象数据类型包含图的数据对象集合和基本操作集合。

（1）数据对象集合

数据对象：在图中，图中各顶点是具有相同特性的数据元素构成的集合，称为顶点集。各顶点的关系是多对多的关系。

（2）基本操作集合

① CreateGraph(&G)。

初始条件：图G不存在。

操作结果：创建一个图G。

② DestroyGraph(&G)。

初始条件：图G存在。

操作结果：销毁图G。

③ LocateVertex(G,v)。

初始条件：图G存在，顶点v合法。

操作结果：若图G存在顶点v，则返回顶点v在图G中的位置。若图G中没有顶点v，则函数返回值为空。

④ GetVertex(G,i)。

初始条件：图G存在。

操作结果：返回图G中序号i对应的值。i是图G某个顶点的序号，返回图G中序号i对应的值。

⑤ FirstAdjVertex(G,v)。

初始条件：图G存在，顶点v的值合法。

操作结果：返回图G中v的第一个邻接顶点。若v无邻接顶点或图G中无顶点v，则函数返回−1。

⑥ NextAdjVertex(G,v,w)。

初始条件：图G存在，w是图G中顶点v的某个邻接顶点。

操作结果：返回顶点v的下一个邻接顶点。若w是v的最后一个邻接顶点，则函数返回−1。

⑦ InsertVertex(&G,v)。

初始条件：图G存在，v和图G中顶点有相同的特征。

操作结果：在图G中增加新的顶点v，并将图的顶点数增1。

⑧ DeleteVertex(&G,v)。

初始条件：图G存在，v是图G中的某个顶点。

操作结果：删除图G中顶点v及相关的弧。

⑨ InsertArc(&G,v,w)。

初始条件：图G存在，v和w是G中的两个顶点。

操作结果：在图G中增加弧$<v,w>$。对于无向图，还要插入弧$<w,v>$。

⑩ DeleteArc(&G,v,w)。

初始条件：图G存在，v和w是G中的两个顶点。

操作结果：在G中删除弧$<v,w>$。对于无向图，还要删除弧$<w,v>$。

⑪ DFSTraverseGraph(G)。

初始条件：图G存在。

操作结果：从图中的某个顶点出发，对图进行深度遍历。

⑫ BFSTraverseGraph(G)。

初始条件：图G存在。

操作结果：从图中的某个顶点出发，对图进行广度遍历。

10.2　图的存储结构

图的存储方式有4种：邻接矩阵表示法、邻接表表示法、十字链表表示法和邻接多重表表示法。

10.2.1　邻接矩阵表示法

图的邻接矩阵（adjacency matrix）表示也称为数组表示。它采用两个数组（或列表）来表示图。一个是用于存储顶点信息的一维数组。另一个是用于存储图中顶点之间的关联关系的二维数组（嵌套列表），这个关联关系数组称为邻接矩阵。对于无权图，则邻接矩阵表示为

$$A[i][j] = \begin{cases} 1 & <v_i,v_j> \in E \text{ 或} (v_i,v_j) \in E \\ 0 & \text{反之} \end{cases}$$

对于带权图，有

$$A[i][j] = \begin{cases} w_{ij} & <v_i,v_j> \in E \text{ 或} (v_i,v_j) \in E \\ \infty & \text{反之} \end{cases}$$

式中，w_{ij}表示顶点i与顶点j构成的弧或边的权值，如果顶点之间不存在弧或边，则用∞表示。

在图10-1中，图10-1（a）（b）弧和边的集合分别为$A=\{<A,B>,<A,C>,<A,D>,<C,A>,<C,B>,<D,A>\}$和$E=\{(A,B),(A,D),(B,C),(B,D),(C,D)\}$。它们的邻接矩阵表示如图10-7所示。

$$G_1 = \begin{matrix} & A\ B\ C\ D \\ \begin{bmatrix} 0 & 1 & 1 & 1 \\ 0 & 0 & 0 & 0 \\ 1 & 1 & 0 & 0 \\ 1 & 0 & 0 & 0 \end{bmatrix} & \begin{matrix} A \\ B \\ C \\ D \end{matrix} \end{matrix}$$

有向图G_1的邻接矩阵表示

$$G_2 = \begin{matrix} & A\ B\ C\ D \\ \begin{bmatrix} 0 & 1 & 0 & 1 \\ 1 & 0 & 1 & 1 \\ 0 & 1 & 0 & 1 \\ 1 & 1 & 1 & 0 \end{bmatrix} & \begin{matrix} A \\ B \\ C \\ D \end{matrix} \end{matrix}$$

无向图G_2的邻接矩阵表示

图10-7　图的邻接矩阵表示

在无向图的邻接矩阵中，如果有边(A,B)存在，需要将<A,B>和<B,A>的对应位置都置为1。

带权图的邻接矩阵表示如图10-8所示。

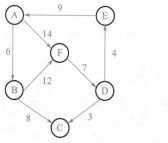

图10-8　带权图的邻接矩阵表示

图的邻接矩阵存储结构描述如下：

```
class MGraph:
    def _init_(self):
        self.vex=[]          # 用于存储顶点
        self.arc=[]          # 邻接矩阵，存储边或弧的信息
        self.vexnum=0        # 顶点数
        self.arcnum=0        # 边（弧）的数目
        self.kind=None       # 图的类型
```

其中，列表vex用于存储图中的顶点信息，如"A""B""C""D"，arc用于存储图中顶点信息，称为邻接矩阵。

【例10-1】 编写算法，利用邻接矩阵表示法创建一个有向网。

```
class MGraph:
    def _init_(self):
        self.vex=[]          # 用于存储顶点
        self.arc=[]          # 邻接矩阵，存储边或弧的信息
        self.vexnum=0        # 顶点数
        self.arcnum=0        # 边（弧）的数目
        self.kind=None       # 图的类型
    # 采用邻接矩阵表示法创建有向网
    def CreateGraph(self,kind):
        self.vexnum,self.arcnum=map(int,input("请输入有向网N的顶点数,弧
数: ").split(' '))
        self.arc = [[0 for _ in range(self.vexnum)]for _ in range(self.
vexnum)]
        print("请输入%d个顶点的值(字符)"%self.vexnum,end=',')
        v=input("以空格分隔各个字符:").split(' ')
        for e in v:
            self.vex.append(e)
```

```python
        for i in range(self.vexnum):                         # 初始化邻接矩阵
            for j in range(self.vexnum):
                self.arc[i][j]=float('inf')
        print("请输入%d条弧的弧尾 弧头 权值(以空格作为间隔):"%self.arcnum)
        print("顶点1 顶点2 权值")
        for k in range(self.arcnum):
            v1,v2,w=map(str,input("").split(" "))    # 输入两个顶点和弧的权值
            i=self.LocateVertex(v1)
            j=self.LocateVertex(v2)
            self.arc[i][j]=int(w)


    def LocateVertex(self,v):                          # 在顶点向量中查找顶点v，找到返回
                                                       #   在向量的序号，否则返回-1

        for i in range(self.vexnum):
            if self.vex[i]==v:
                return i
        return -1


    def DisplayGraph(self):
    # 输出邻接矩阵存储表示的图
        print("有向网具有%d个顶点%d条弧,顶点依次是: "%(self.vexnum, self.arcnum))
        for i in range(self.vexnum):
            print(self.vex[i],end=' ')
        print("\n有向网N的:")
        print("序号i=")
        for i in range(self.vexnum):
            print("%4d"% i,end=' ')
        print()
        for i in range(self.vexnum):
            print("%6d"%i,end=' ')
            for j in range(self.vexnum):
                if self.arc[i][j]!=float('inf'):
                    print("%4d"%self.arc[i][j],end=' ')
                else:
                    print('%4s'%'∞',end=' ')
        print()

if _name_ == '_main_':
    print("创建一个有向网N:")
    N = MGraph()
    N.CreateGraph('网')
    print("输出网的顶点和弧:")
    N.DisplayGraph()
```

程序运行结果如下所示。

```
创建一个有向网N:
请输入有向网N的顶点数,弧数: 5 6
请输入5个顶点的值(字符),以空格分隔各个字符:A B C D E
请输入6条弧的弧尾  弧头  权值(以空格作为间隔):
顶点1 顶点2 权值
A B 6
A D 9
A E 14
B E 12
D C 4
E C 7
输出网的顶点和弧:
有向网具有5个顶点6条弧,顶点依次是:
A B C D E
有向网N的:
序号i=
         0    1    2    3    4
    0    ∞    6    ∞    9    14
    1    ∞    ∞    ∞    ∞    12
    2    ∞    ∞    ∞    ∞    ∞
    3    ∞    ∞    4    ∞    ∞
    4    ∞    ∞    7    ∞    ∞
```

10.2.2 邻接表表示法

图的邻接矩阵表示法虽然有很多优点,但对于稀疏图来讲,用邻接矩阵表示会造成存储空间的很大浪费。邻接表(adjacency list)表示法实际上是一种链式存储结构。它克服了邻接矩阵的弊病,基本思想是只存储顶点相关联的信息,对于图中存在的边信息则存储,不邻接的顶点则不保留信息。在邻接表中,对于图中的每个顶点,建立一个带头结点的边链表,如第i个单链表中的结点则表示依附于顶点v_i的边。每个边链表的头结点又构成一个表头结点表。因此,一个具有n个顶点的图的邻接表表示法由表头结点和边表结点两个部分构成。

表头结点由两个域组成:数据域和指针域。其中,数据域用来存放顶点信息,指针域用来指向边表中的第一个结点。通常情况下,表头结点采用顺序存储结构实现,这样可以随机地访问任意顶点。边表结点由三个域组成:邻接点域、数据域和指针域。其中,邻接点域表示与相应的表头顶点邻接点的位置,数据域存储与边或弧的信息,指针域用来指示下一个边或弧的结点。表头结点和边表结点结构如图10-9、图10-10所示。

数据域	指针域
data	firstarc

图10-9 表头结点存储结构

邻接点域	数据域	指针域
adjvex	info	nextarc

图10-10 边表结点存储结构

图10-1的两个图G_1和G_2用邻接表表示如图10-11所示。

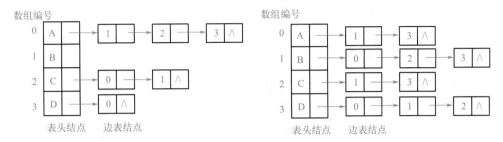

图10-11 图的邻接表表示

图10-8的带权图用邻接表表示如图10-12所示。

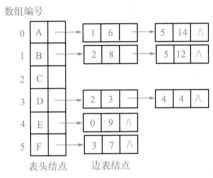

图10-12 带权图的邻接表表示

图的邻接表存储结构描述如下：

```python
class GKind(Enum):              # 图的类型:有向图、有向网、无向图和无向网
    DG=1
    DN=2
    UG=3
    UN=4
class ArcNode:                  # 边结点的类型定义
    def _init_(self,adjvex):
        self.adjvex=adjvex      # 弧指向的顶点的位置
        self.nextarc=None       # 指示下一个与该顶点相邻接的顶点
        self.info=None          # 与弧相关的信息
class VNode:                    # 头结点的类型定义
    def _init_(self,data):
        self.data=data          # 用于存储顶点
        self.firstarc=None      # 指向第一个与该顶点邻接的顶点
class AdjGraph:                 # 图的类型定义
    def _init_(self):
        self.vertex=[]
        self.vexnum=0           # 图的顶点数目
        self.arcnum=0           # 弧的数目
        self.kind=GKind.UG      # 图的类型
```

如果无向图G中有n个顶点和e条边，则图采用邻接表表示，需要n个头结点和$2e$个表结点。在e远小于$n(n-1)/2$时，采用邻接表存储表示显然要比采用邻接矩阵表示更能节省空间。

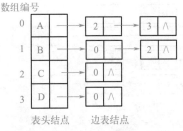

数组编号

图10-13　有向图G_1的逆邻接链表

在图的邻接表存储结构中，表头结点并没有存储顺序的要求。某个顶点的度正好等于该顶点对应链表的结点个数。在有向图的邻接表存储结构中，某个顶点的出度等于该顶点对应链表的结点个数。为了便于求某个顶点的入度，需要建立一个有向图的逆邻接链表，也就是为每个顶点v_i建立一个以v_i为弧头的链表。图10-1所示的有向图G_1的逆邻接链表如图10-13所示。

【例10-2】　编写算法，采用邻接表创建一个无向图G。

```python
from enum import Enum

class ArcNode:                      # 边结点的类型定义
    def _init_(self,adjvex):
        self.adjvex=adjvex          # 弧指向的顶点的位置
        self.nextarc=None           # 指示下一个与该顶点相邻接的顶点
        self.info=None              # 与弧相关的信息
class VNode:                        # 头结点的类型定义
    def _init_(self,data):
        self.data=data              # 用于存储顶点
        self.firstarc=None          # 指向第一个与该顶点邻接的顶点
class AdjGraph:                     # 图的类型定义
    def _init_(self):
        self.vertex=[]
        self.vexnum=0               # 图的顶点数目
        self.arcnum=0               # 弧的数目
        self.kind=GKind.UG          # 图的类型

    def CreateGraph(self):          # 采用邻接表存储结构，创建无向图G
        self.vexnum, self.arcnum = map(int, input("请输入无向图G的顶点数,弧数(以空格分隔): ").split(' '))
        print("请输入%d个顶点的值:"%self.vexnum,end=' ')
        # 将顶点存储在头结点中
        vnodelist = map(str, input("").split(' '))
        for v in vnodelist:
            vtex=VNode(v)
            self.vertex.append(vtex)
        print("请输入弧尾和弧头(以空格分隔):")
        for k in range(self.arcnum):        # 建立边链表
            v1,v2 = map(str, input("").split(' '))
            i=self.LocateVertex(v1)
            j=self.LocateVertex(v2)
```

```
                    # j为入边,i为出边,创建邻接表
                    p=ArcNode(j)
                    p.nextarc=self.vertex[i].firstarc
                    self.vertex[i].firstarc=p
                    # i为入边,j为出边,创建邻接表
                    p=ArcNode(i)
                    p.nextarc=self.vertex[j].firstarc
                    self.vertex[j].firstarc=p

        self.kind=GKind.UG

    def LocateVertex(self, v):
        # 在顶点向量中查找顶点v，找到返回在向量的序号，否则返回-1
        for i in range(self.vexnum):
            if self.vertex[i].data== v:
                return i
        return -1

    def DisplayGraph(self):
        # 图的邻接表存储结构的输出
        print("%d个顶点:"%self.vexnum)
        for i in range(self.vexnum):
            print(self.vertex[i].data,end=' ')
        print("\n%d条边:"%(2*self.arcnum))
        for i in range(self.vexnum):
            p=self.vertex[i].firstarc          # 将p指向边表的第一个结点
            while p!=None:                      # 输出无向图的所有边
             print("%s→%s"%(self.vertex[i].data,self.vertex[p.adjvex].
data),end=' ')
             p=p.nextarc
            print()

if _name_ == '_main_':
    print("创建一个无向图G:")
    N=AdjGraph()
    N.CreateGraph()
    print("输出无向图G的顶点和弧:")
    N.DisplayGraph()
```

程序的运行结果如下所示。

```
创建一个无向图G:
请输入无向图G的顶点数,弧数(以空格分隔): 4 5
请输入4个顶点的值: A B C D
请输入弧尾和弧头(以空格分隔):
A B
```

```
A  D
B  C
B  D
C  D
输出无向图G的顶点和弧:
4个顶点:
A  B  C  D
10条边:
A→D  A→B
B→D  B→C  B→A
C→D  C→B
D→C  D→B  D→A
```

10.2.3　十字链表表示法

十字链表（orthogonal list）是有向图的一种链式存储结构，可以把它看成是将有向图的邻接表与逆邻接链表结合起来的一种链表。在十字链表中，将表头结点称为顶点结点，边点称为弧结点。其中，顶点结点包含三个域：数据域和两个指针域。两个指针域，一个指向以顶点为弧头的顶点，另一个指向以顶点为弧尾的顶点。数据域存放顶点的信息。

弧结点包含五个域：尾域tailvex、头域headvex、infor域和两个指针域hlink、tlink。其中，尾域tailvex用于表示弧尾顶点在图中的位置，头域headvex表示弧头顶点在图中的位置，infor域表示弧的相关信息，指针域hlink指向弧头相同的下一个条弧，tlink指向弧尾相同的下一条弧。

有向图G_1的十字链表存储表示如图10-14所示。

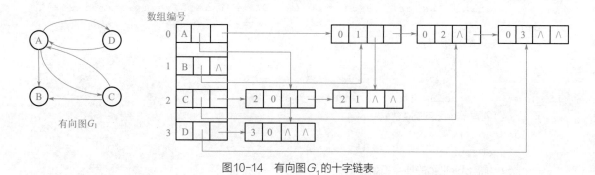

图10-14　有向图G_1的十字链表

有向图的十字链表存储结构描述如下：

```
class ArcNode:                          # 弧结点的类型定义
    def _init_(self,headvex=None,tailvex=None,info=None):
        self.headvex=headvex            # 弧的头顶点位置
        self.tailvex=tailvex            # 弧的尾顶点位置
        self.info=info                  # 与弧相关的信息
        self.hlink=None                 # 指示弧头相同的结点
```

```
            self.tlink=None                     # 指示弧尾相同的结点
class VNode:                                     # 顶点结点的类型定义
    def _init_(self,data=None):
        self.data= data                          # 存储顶点
        self.firstin=ArcNode()                   # 指向顶点的第一条入弧
        self.firstout=ArcNode()                  # 指向顶点的第一条出弧
class OLGraph:                                    # 图的类型定义
    def _init_(self):
        self.vertex=[]
        self.vexnum=0                            # 图的顶点数目
        self.arcnum=0                            # 弧的数目
```

在十字链表存储表示的图中，可以很容易找到以某个顶点为弧尾和弧头的弧。

10.2.4 邻接多重表表示法

邻接多重表（adjacency multi_list）表示是无向图的一种链式存储结构。邻接多重表可以提供更为方便的边处理信息。在无向图的邻接表表示法中，每一条边(v_i,v_j)在邻接表中都对应着两个结点，它们分别在第i个边链表和第j个边链表中。这给图的某些边操作带来不便，如检测某条边是否被访问过，则需要同时找到表示该条边的两个结点，而这两个结点又分别在两个边链表中。邻接多重表是将图的一条边用一个结点表示，它的结点存储结构如图10-15、图10-16所示。

data	fistedge

图10-15 邻接多重表的顶点结点存储结构

mark	ivex	ilink	jvex	jlink	info

图10-16 邻接多重表的边结点存储结构

顶点结点由两个域构成：data域和firstedge域。数据域data用于存储顶点的数据信息，firstedga域指示依附于顶点的第一条边。边结点包含六个域：mark域、ivex域、ilink域、jvex域、jlink域和info域。其中，mark域用来表示边是否被检索过，ivex域和jvex域表示依附于边的两个顶点在图中的位置，ilink域指向依附于顶点ivex的下一条边，jlink域指向依附于顶点jvex的下一条边，info域表示边的相关信息。

无向图G_2的邻接多重表表示如图10-17所示。

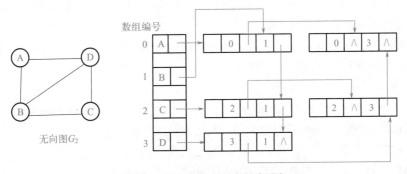

图10-17 无向图G_2的邻接多重表

无向图的邻接多重表存储结构描述如下：

```
class EdgeNode                                  # 边结点的类型定义
    def _init_(self,mark=None,ivex=None,jvex=None,info=None):
        self.mark=mark                          # 访问标志
        self.ivex=ivex                          # 边的顶点位置
        self.jvex=jvex                          # 边的顶点位置
        self.info=info                          # 与边相关的信息
        self.ilink=None                         # 指示与边顶点相同的结点
        self.jlink=None                         # 指示与边顶点相同的结点
class VNode:                                    # 顶点结点的类型定义
    def _init_(self,data):
        self.data=data                          # 存储顶点
        self.firstedge=EdgeNode()               # 指向依附于顶点的第一条边
class AdjMultiGraph:                            # 图的类型定义
    def _init_(self):
        self.vertex=[]
        self.vexnum=0                           # 图的顶点数目
        self.edgenum=0                          # 图的边的数目
```

10.3　图的遍历

与树的遍历一样，图的遍历是访问图时，图中每个顶点仅被访问一次的操作。图的遍历方式主要有两种：深度优先遍历和广度优先遍历。

10.3.1　图的深度优先遍历

（1）什么是图的深度优先遍历

图的深度优先遍历是树的先根遍历的推广。图的深度优先遍历的思想是：从图中某个顶点 v_0 出发，访问顶点 v_0；访问顶点 v_0 的第一个邻接点，然后以该邻接点为新的顶点，访问该顶点的邻接点。重复执行以上操作，直到当前顶点没有邻接点为止。返回到上一个已经访问过还有未被访问的邻接点的顶点，按照以上步骤继续访问该顶点的其他未被访问的邻接点。以此类推，直到图中所有的顶点都被访问过。

图的深度优先遍历如图10-18所示。访问顶点的方向用实箭头表示，回溯用虚箭头表示，图10-18中的数字表示访问或回溯的次序。

图 G_6 的深度优先遍历过程如下：

① 首先访问A，顶点A的邻接点有B、C、D，然后访问A的第一个邻接点B。

② 顶点B未访问的邻接点只有顶点E，因此访问顶点E。

③ 顶点E的邻接点只有F未被访问过，因此访问顶点F。

④ 顶点F的邻接点只有C未被访问过，因此访问顶点C。

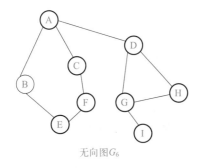 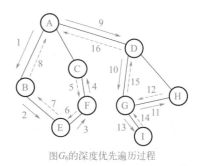

图10-18 图G_6及深度优先遍历过程

⑤ 顶点C的邻接点都已经被访问过，因此要回溯到上一个顶点F。

⑥ 同理，顶点F、E、B都已经被访问，且没有其他未被访问的邻接点，因此，回溯到顶点A。

⑦ 顶点A的未被访问的顶点只有顶点D，因此访问顶点D。

⑧ 顶点D的邻接点有顶点G和顶点H，访问第一个顶点G。

⑨ 顶点G的邻接点有顶点H和顶点I，访问第一个顶点H。

⑩ 顶点H的邻接点都已经被访问过，因此回溯到上一个顶点G。

⑪ 顶点G的未被访问过的邻接点有顶点I，因此访问顶点I。

⑫ 顶点I已经没有未被访问的邻接点，因此回溯到顶点G。

⑬ 同理，顶点G、D都没有未被访问的邻接点，因此回溯到顶点A。

⑭ 顶点A也没有未被访问的邻接点。

因此，图的深度优先遍历的序列为：A、B、E、F、C、D、G、H、I。

在图的深度优先的遍历过程中，图中可能存在回路，因此，在访问了某个顶点之后，沿着某条路径遍历，有可能又回到该顶点。例如，在访问了顶点A之后，接着访问顶点B、E、F、C，顶点C的邻接点是顶点A，沿着边(C,A)会再次访问顶点A。为了避免再次访问已经访问过的顶点，需要设置一个列表visited[n]，作为一个标志，记录结点是否被访问过。

（2）图的深度优先遍历的算法实现

图的深度优先遍历（邻接表实现）的算法描述如下。

```
def DFSTraverse(self,visited):
# 从第1个顶点起，深度优先遍历图
    for v in range(self.vexnum):
        visited.append(0)              # 访问标志列表初始化为未被访问
    for v in range(self.vexnum):
        if visited[v]==0:
            self.DFS(v)                # 对未访问的顶点v进行深度优先遍历
    print()
def DFS(self,v):                       # 从顶点v出发递归深度优先遍历图
    visited[v] = 1                     # 访问标志设置为已访问
    print(self.vertex[v].data, end=' ')  # 访问第v个顶点
    w=self.FirstAdjVertex(self.vertex[v].data)
    while w>=0:
```

```
    if visited[w]==0:
        self.DFS(w)                          # 递归调用DFS对v的尚未访问的序号为w的邻
                                               接顶点
    w=self.NextAdjVertex(self.vertex[v].data, self.vertex[w].data)
```

如果该图是一个无向连通图或者强连通图，则只需要调用一次DFS(G,v)（在Python中，对象的参数使用self表示）就可以遍历整个图，否则需要多次调用DFS(G,v)。在上面的算法中，对于查找序号为v的顶点的第一个邻接点算法FirstAdjVertex(G,G.vexs[v])、查找序号为v的相对于序号w的下一个邻接点的算法NextAdjVertex(G,G.vexs[v],G.vexs[w])的实现，采用不同的存储表示，其时间耗费也是不一样的。当采用邻接矩阵作为图的存储结构时，如果图的顶点个数为n，则查找顶点的邻接点需要的时间为$O(n^2)$。如果无向图中的边数或有向图的弧的数目为e，当采用邻接表作为图的存储结构时，则查找顶点的邻接点需要的时间为$O(e)$。

以邻接表作为存储结构，查找v的第一个邻接点的算法实现如下。

```
def FirstAdjVertex(self,v):
# 返回顶点v的第一个邻接顶点的序号
    v1 = self.LocateVertex(v)                # v1为顶点v在图G中的序号
    p=self.vertex[v1].firstarc
    if p!=None:                              # 如果顶点v的第一个邻接点存在，返回邻接点的序号，
                                              否则返回-1
        return p.adjvex
    else:
        return -1
```

以邻接表作为存储结构，查找v的相对于w的下一个邻接点的算法实现如下。

```
def NextAdjVertex(self,v,w):
# 返回v的相对于w的下一个邻接顶点的序号
    v1=self.LocateVertex(v)                  # v1为顶点v在图中的序号
    w1=self.LocateVertex(w)                  # w1为顶点w在图G中的序号
    next=self.vertex[v1].firstarc
    while next!=None:
        if next.adjvex!=w1:
            next=next.nextarc
        else:
            break
    p=next                                   # p指向顶点v的邻接顶点w的结点
    if p==None or p.nextarc==None:           # 如果w不存在或w是最后一个邻接点，则返
                                              回-1
        return -1
    else:
        return p.nextarc.adjvex              # 返回v的相对于w的下一个邻接点的序号
```

图的非递归实现深度优先遍历的算法如下。

```
def DFSTraverse2(self,v,visited):
# 图的非递归深度优先遍历
    stack=[]
    for i in range(self.vexnum):              # 将所有顶点都添加未访问标志
        visited.append(0)
    print(self.vertex[v].data,end=' ')        # 访问顶点v并将访问标志置为1，表示已经访问
    visited[v]=1
    top=-1                                     # 初始化栈
    p=self.vertex[v].firstarc                  # p指向顶点v的第一个邻接点
    while top>-1 or p!=None:
        while p != None:
            if visited[p.adjvex] == 1:         # 如果p指向的顶点已经访问过，则p指向下一
                                               #   个邻接点

                p = p.nextarc
            else:
                print(self.vertex[p.adjvex].data,end=' ')        # 访问p指向的顶点
                visited[p.adjvex]=1
                top+=1
                stack.append(p)                # 保存p指向的顶点
                p = self.vertex[p.adjvex].firstarc    # p指向当前顶点的第一个邻接点
        if top>-1:
            p=stack.pop(-1)                    # 如果当前顶点都已经被访问，则退栈
            top-=1
            p = p.nextarc                      # p指向下一个邻接点
```

10.3.2 图的广度优先遍历

（1）什么是图的广度优先遍历

图的广度优先遍历与树的层次遍历类似。图的广度优先遍历的思想是：从图的某个顶点 v 出发，首先访问顶点 v，然后按照次序访问顶点 v 的未被访问的每一个邻接点，接着访问这些邻接点的邻接点，并保证先被访问的邻接点的邻接点先访问，后被访问的邻接点的邻接点后访问的原则，依次访问邻接点的邻接点。按照这种思想，直到图的所有顶点都被访问，这样就能完成对图的广度优先遍历。

例如，图 G_6 的广度优先遍历的过程如图10-19所示。其中，箭头表示广度遍历的方向，图中的数字表示遍历的次序。

图 G_6 的广度优先遍历的过程如下：

① 首先访问顶点A，顶点A的邻接点有B、C、D，然后访问A的第一个邻接点B。

② 访问顶点A的第二个邻接点C，再访问顶点A的第三个邻接点D。

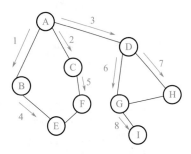

图10-19 图 G_6 的广度优先遍历过程

③ 顶点B邻接点只有顶点E未被访问过，因此访问顶点E。

④ 顶点C的邻接点只有F未被访问过，因此访问顶点F。

⑤ 顶点D的邻接点有G和H，且都未被访问过，因此先访问第一个顶点G，然后访问第二个顶点H。

⑥ 顶点E和F不存在未被访问的邻接点，顶点G的未被访问的邻接点有I，因此访问顶点I。至此，图G_6所有的顶点已经被访问完毕。

因此，图G_6广度优先遍历的序列为A、B、C、D、E、F、G、H、I。

（2）图的广度优先遍历的算法实现

在图的广度优先遍历过程中，同样也需要一个列表visited[MaxSize]指示顶点是否被访问过。图的广度优先遍历的算法实现思想：将图中的所有顶点对应的标志列表visited[v_i]都初始化为0，表示顶点未被访问。从第一个顶点v_0开始，访问该顶点且将标志列表置为1。然后将v_0入队，当队列不为空时，将队头元素（顶点）出队，依次访问该顶点的所有邻接点，并将邻接点依次入队，同时将标志列表对应位置为1表示已经访问过。依次类推，直到图中的所有顶点都被访问。

图的广度优先遍历的算法实现如下。

```python
def BFSTraverse(self):
# 从第1个顶点出发，按广度优先非递归遍历图
    MaxSize=20
    visited=[]
    queue=[]                              # 定义一个队列
    front=-1
    rear = -1                             # 初始化队列
    for v in range(self.vexnum):          # 初始化标志位
        visited.append(0)
    v=0
    visited[v]=1                          # 设置访问标志为1，表示已经被访问过
    print(self.vertex[v].data,end=' ')
    rear=(rear+1) % MaxSize
    queue.append(v)                       # v入队列
    while front < rear:                   # 如果队列不空
        front = (front + 1) % MaxSize
        v=queue.pop(0)                    # 队头元素出队赋值给v
        p = self.vertex[v].firstarc
        while p != None:                  # 遍历序号为v的所有邻接点
            if visited[p.adjvex] == 0:    # 如果该顶点未被访问过
                visited[p.adjvex]=1
                print(self.vertex[p.adjvex].data, end=' ')
                rear = (rear + 1) % MaxSize
                queue.append(p.adjvex)
            p = p.nextarc                 # p指向下一个邻接点
```

假设图的顶点个数为n，边数（弧）的数目为e，则采用邻接表实现图的广度优先遍历的时间复杂度为$O(n+e)$。图的深度优先遍历和广度优先遍历的结果并不是唯一的，这主要与图的存储结点的位置有关。

10.4 图的连通性问题

在本章第一节已经介绍了连通图和强连通图概念，那么，如何判断一个图是否为连通图，怎样求一个连通图的连通分量呢？本节就来讨论如何利用遍历算法求解图的连通性问题并讨论最小代价生成树（简称最小生成树）算法。

10.4.1 无向图的连通分量与生成树

在无向图的深度优先遍历和广度优先遍历的过程中，对于连通图，从任何一个顶点出发，都可以遍历图中的每一个顶点；而对于非连通图，则需要从多个顶点出发对图进行遍历，每次从新顶点开始遍历得到的序列就是图的各个连通分量的顶点集合。图10-3中的非连通图G_3的邻接表如图10-20所示。对图G_3进行深度优先遍历，因为图G_3是非连通图且有两个连通分量，所以需要从图的至少两个顶点（顶点A和顶点F）出发，才能完成对图中每个顶点的访问。对图G_3进行深度优先搜索遍历，得到的序列为：A、B、C、D、I、E和F、G、H。

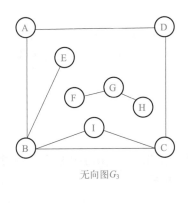

无向图G_3

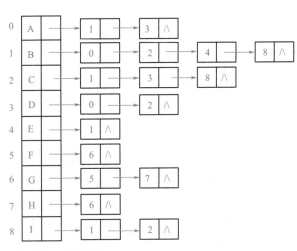

图10-20 图G_3的邻接表

由此可以看出，对非连通图进行深度优先遍历或广度优先遍历，就可以分别得到连通分量的顶点序列。对于连通图，从某一个顶点出发，对图进行深度优先遍历，按照访问路径得到一棵生成树，称为深度优先生成树；从某一个顶点出发，对图进行广度优先遍历，得到的生成树称为广度优先生成树。图10-21是对应图G_6的深度优先生成树和广度优先生成树。

对于非连通图而言，从某一个顶点出发，对图进行深度优先遍历或者广度优先遍历，按照访问路径会得到一系列的生成树，这些生成树在一起构成生成森林。对图G_3进行深度优先遍历构成的深度优先生成森林如图10-22所示。

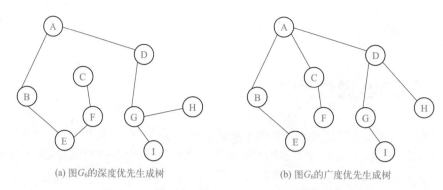

(a) 图G_6的深度优先生成树   (b) 图G_6的广度优先生成树

图10-21　图G_6的深度优先生成树和广度优先生成树

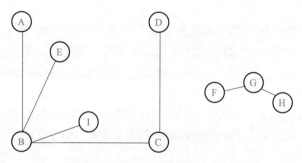

图10-22　图G_3的深度优先生成森林

利用图的深度优先或广度优先遍历可以判断一个图是否是连通图。如果不止一次地调用遍历图，则说明该图是非连通的，否则该图是连通图。进一步，对图进行遍历还可以得到生成树。

10.4.2　最小生成树

最小生成树是指在一个连通网的所有生成树中，其中所有边的代价之和最小的那棵生成树。代价在网中通过权值来表示，一个生成树的代价就是生成树各边的代价之和。最小生成树的研究意义：例如要在n个城市建立一个交通图，就是要在$n(n-1)/2$条线路中选择$n-1$条代价最小的线路，各个城市可以看成图的顶点，城市的线路可以看作边。

最小生成树具有以下重要的性质：

假设一个连通网$N=(V,E)$，V是顶点的集合，E是边的集合，V有一个非空子集U。如果(u,v)是一条具有最小权值的边，其中，$u \in U$，$v \in V-U$，那么一定存在一个最小生成树包含边(u,v)。

下面用反证法证明以上性质。

假设所有的最小生成树都不存在这样的一条边(u,v)。设T是连通网N中的一棵最小生成树，如果将边(u,v)加入到T中，根据生成树的定义，T一定出现包含(u,v)的回路。另外T中一定存在一条边(u',v')的权值大于或等于(u,v)的权值，如果删除边(u',v')，则得到一棵代

价小于或等于 T 的生成树 T'。T' 是包含边 (u,v) 的最小生成树，这与假设矛盾。由此，性质得证。

最小生成树的构造算法有两个：Prim（普里姆）算法和 Kruskal（克鲁斯卡尔）算法。

（1）Prim 算法

Prim 算法描述如下。

假设 $N=\{V,E\}$ 是连通网，TE 是 N 的最小生成树边的集合。执行以下操作：

① 初始时，令 $U=\{u_0\}(u_0 \in V)$，$TE=\varnothing$。

② 对于所有的 $u \in U$，$v \in V-U$ 的边 $(u,v) \in E$，将一条代价最小的边 (u_0,v_0) 放到集合 TE 中，同时将顶点 v_0 放进集合 U 中。

③ 重复执行步骤②，直到 $U=V$ 为止。

这时，边集合 TE 一定有 $n-1$ 条边，$T=\{V,TE\}$ 就是连通网 N 的最小生成树。

例如，图 10-23 是利用 Prim 算法构造最小生成树的过程。

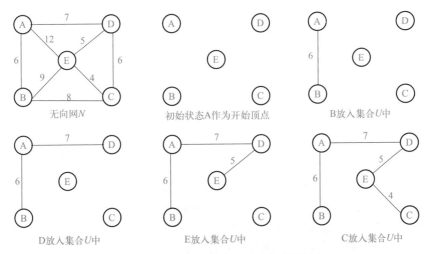

图10-23 利用 Prim 算法构造最小生成树的过程

初始时，集合 $U=\{A\}$，集合 $V-U=\{B,C,D,E\}$，边集合为 $\varnothing$。$A \in U$ 且 U 中只有一个元素，将 A 从 U 中取出，比较顶点 A 与集合 $V-U$ 中顶点构成的代价最小边，在 (A,B)、(A,D)、(A,E) 中，最小的边是 (A,B)。将顶点 B 加入到集合 U 中，边 (A,B) 加入到 TE 中，因此有 $U=\{A,B\}$，$V-U=\{C,D,E\}$，TE=$\{(A,B)\}$。在集合 U 与集合 $V-U$ 构成的所有边 (A,E)、(A,D)、(B,E)、(B,C) 中，最小边为 (A,D)，故将顶点 D 加入到集合 U 中，边 (A,D) 加入到 TE 中，因此有 $U=\{A,B,D\}$，$V-U=\{C,E\}$，$TE=\{(A,B),(A,D)\}$。依次类推，直到所有的顶点都加入到 U 中。

在算法实现时，需要设置一个列表 closeedge[MaxSize]，用来保存 U 到 $V-U$ 最小代价的边。对于每个顶点 $v \in V-U$，在列表中存在一个分量 closeedge[v]，它包括两个域 adjvex 和 lowcost。其中，adjvex 域用来表示该边中属于 U 中的顶点，lowcost 域存储该边对应的权值。用公式描述如下：

$$closeedge[v].lowcost=min(\{cost(u,v)|u \in U\})$$

根据 Prim 算法构造最小生成树，其对应过程中各个参数的变化情况如表 10-1 所示。

表10-1 Prim算法各个参数的变化

closeedge[i] \ i	0	1	2	3	4	U	V−U	k	(u_0,v_0)
adjvex		A	A	A	A	{A}	{B,C,D,E}	1	（A,B）
lowcost	0	6	∞	7	12				
adjvex			B	A	B	{A,B}	{C,D,E}	3	（A,D）
lowcost	0	0	8	7	9				
adjvex			D		D	{A,B,D}	{C,E}	4	（D,E）
lowcost	0	0	6	0	5				
adjvex			E			{A,B,D,E}	{C}	2	（E,C）
lowcost	0	0	4	0	0				
adjvex						{A,B,D,E,C}	{}		
lowcost	0	0	0	0	0				

Prim算法描述如下。

```
class CloseEdge:
# 记录从顶点集合U到V-U的代价最小的边的定义
    def _init_(self,adjvex,lowcost):
        self.adjvex=adjvex
        self.lowcost=lowcost

def Prim(self, u, closeedge):              # 利用Prim算法求从第u个顶点出发构造网G的
                                           #   最小生成树
    k = self.LocateVertex(u)               # k为顶点u对应的序号
    for j in range(self.vexnum):           # 列表初始化
        close_edge=CloseEdge(u,self.arc[k][j])
        closeedge.append(close_edge)
    closeedge[k].lowcost=0                  # 初始时集合U只包括顶点u
    print("最小代价生成树的各条边为：")
    for i in range(1,self.vexnum):          # 选择剩下的G.vexnum-1个顶点
        k=self.MiniNum(closeedge)           # k为与U中顶点相邻接的下一个顶点的序号
        print("(%s-%s)"%(closeedge[k].adjvex, self.vex[k]))   # 输出生成树的边
        closeedge[k].lowcost=0              # 第k顶点并入U
        for j in range(self.vexnum):
            if self.arc[k][j] < closeedge[j].lowcost:   # 新顶点加入U后重新将最小
                                                        #   边存入列表
                closeedge[j].adjvex=self.vex[k]
                closeedge[j].lowcost=self.arc[k][j]
```

Prim算法中有两个嵌套的for循环，假设顶点的个数是n，则第一层循环的频度为$n-1$，第二层循环的频度为n，因此该算法的时间复杂度为$O(n^2)$。

【例10-3】 利用邻接矩阵创建一个如图10-23所示的无向网N，然后利用Prim算法求

无向网的最小生成树。

【分析】 主要考查Prim算法生成网的最小生成树算法。closeedge有两个域：adjvex域和lowcost域。其中，adjvex域用来存放依附于集合U的顶点，lowcost域用来存放列表下标对应的顶点到顶点(adjvex中的值)的最小权值。因此，查找无向网N中的最小权值的边就是在列表lowcost中找到最小值，输出生成树的边后，要将新的顶点对应的列表值赋值为0，即将新顶点加入到集合U。依次类推，直到所有的顶点都加入到集合U中。

closeedge中的adjvex域和lowcost域变化情况如图10-24所示。

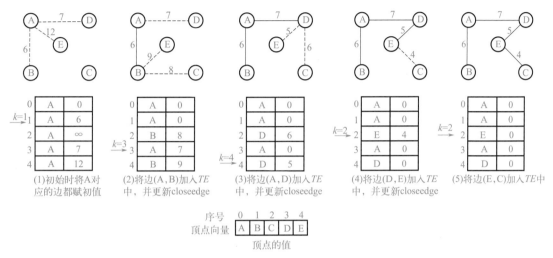

图10-24 closeedge值的变化情况

```
def MiniNum(self, edge):
# 将lowcost的最小值的序号返回
    i=0
    while edge[i].lowcost==0:        # 忽略列表中为0的值
        i+=1
    min=edge[i].lowcost              # min为第一个不为0的值
    k=i
    for j in range(i+1,self.vexnum):
        if edge[j].lowcost>0 and edge[j].lowcost<min:  # 将最小值对应的序号赋值给k
            min=edge[j].lowcost
            k=j
    return k
if _name_ == '_main_':
    print("创建一个无向网N:")
    N=MGraph()
    N.CreateGraph()
    print("输出网的顶点和弧:")
    N.DisplayGraph()
    closeedge=[]
    N.Prim("A",closeedge)
```

```python
def CreateGraph(self):
# 采用邻接矩阵表示法创建有向网N
    self.vexnum,self.arcnum=map(int,input("请输入无向网N的顶点数,弧数:").
split(' '))
    self.arc = [[0 for_ in range(self.vexnum)] for _ in range(self.vexnum)]
    print("请输入%d个顶点的值(字符)"%self.vexnum,end=',')
    v=input("以空格分隔各个字符:").split(' ')
    for e in v:
        self.vex.append(e)
    for i in range(self.vexnum):    # 初始化邻接矩阵
        for j in range(self.vexnum):
            self.arc[i][j]=float('inf')
    print("请输入%d条弧的弧尾 弧头 权值(以空格作为间隔): "%self.arcnum)
    print("顶点1 顶点2 权值")
    for k in range(self.arcnum):
        v1,v2,w=map(str,input("").split(" "))    # 输入两个顶点和弧的权值
        i=self.LocateVertex(v1)
        j=self.LocateVertex(v2)
        self.arc[i][j]=int(w)
        self.arc[j][i]=int(w)
```

程序运行结果如下所示。

创建一个无向网N:
请输入无向网N的顶点数,弧数: 5 8
请输入5个顶点的值(字符),以空格分隔各个字符:A B C D E
请输入8条弧的弧尾 弧头 权值(以空格作为间隔):
顶点1 顶点2 权值
A B 6
A D 7
A E 12
B C 8
B E 9
C D 6
C E 4
D E 5
输出网的顶点和弧:
有向网具有5个顶点8条弧,顶点依次是:
A B C D E
有向网N的:
序号i=

	0	1	2	3	4
0	∞	6	∞	7	12
1	6	∞	8	∞	9
2	∞	8	∞	6	4
3	7	∞	6	∞	5
4	12	9	4	5	∞

最小代价生成树的各条边为：
(A-B)
(A-D)
(D-E)
(E-C)

（2）克鲁斯卡尔算法

克鲁斯卡尔算法的基本思想是：假设$N=\{V,E\}$是连通网，TE是N最小生成树边的集合，执行以下操作。

① 初始时，最小生成树中只有n个顶点，这n个顶点分别属于不同的集合，而边的集合$TE=\varnothing$。

② 从连通网N中选择一个代价最小的边，如果边所依附的两个顶点在不同的集合中，将该边加入到最小生成树TE中，并将该边依附的两个顶点合并到同一个集合中。

③ 重复执行步骤②，直到所有的顶点都属于同一个顶点集合为止。

例如，图10-25就是利用克鲁斯卡尔算法构造最小生成树的过程。

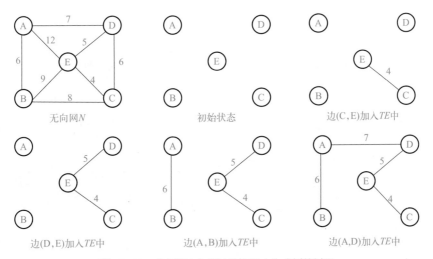

图10-25　克鲁斯卡尔算法构造最小生成树的过程

初始时，边的集合TE为空集，顶点A、B、C、D、E分别属于不同的集合，假设$U_1=\{A\}$，$U_2=\{B\}$，$U_3=\{C\}$，$U_4=\{D\}$，$U_5=\{E\}$。无向网N中含有8条边，将这8条边按照权值从小到大排列，依次取出最小的边且依附于边的两个顶点属于不同的结合，则将该边加入到集合TE中，并将这两个顶点合并为一个集合，重复执行类似操作，直到所有顶点都属于一个集合为止。

在这8条边中，权值最小的是边(C,E)，其权值cost(C,E)=4，并且$C \in U_3$，$E \in U_5$，$U_3 \neq U_5$，因此，将边(C,E)加入到集合TE中，并将两个顶点集合合并为一个集合，$TE=\{(C,E)\}$，$U_3=U_5=\{C,E\}$。在剩下的边的集合中，边(D,E)权值最小，其权值cost(D,E)=5，并且$D \in U_4,E \in U_3,U_3 \neq U_4$，因此，将边(D,E)加入到边的集合$TE$中，并合并顶点集合，有$TE=\{(C,E),(D,E)\}$，$U_3=U_5=U_4=\{C,E,D\}$。然后继续从剩下的边的

集合中选择权值最小的边，依次加入 *TE* 中，合并顶点集合，直到所有的顶点都加入顶点集合。

克鲁斯卡尔算法描述如下。

```python
def Kruskal(self):
    # 克鲁斯卡尔算法求最小生成树
    set=[]
    a=0
    b=0
    min=self.arc[a][b]
    k=0
    for i in range(self.vexnum):              # 初始时，各顶点分别属于不同的集合
        set.append(i)
    print("最小生成树的各条边为:")
    while k<self.vexnum-1:                      # 查找所有最小权值的边
        for i in range(self.vexnum):            # 在矩阵的上三角查找最小权值的边
            for j in range(i+1,self.vexnum):
                if self.arc[i][j]<min:
                    min=self.arc[i][j]
                    a=i
                    b=j
        self.arc[a][b]=float('inf')            # 删除上三角中最小权值的边，下次不再查找
        min=self.arc[a][b]
        if set[a]!=set[b]:                      # 如果边的两个顶点在不同的集合
            print("%s-%s"%(self.vex[a],self.vex[b]))      # 输出最小权值的边
            k+=1
            for r in range(self.vexnum):
                if set[r]==set[b]:              # 将顶点b所在集合并入顶点a集合中
                    set[r]=set[a]
```

10.5   有向无环图

有向无环图（directed acyclic graph）是指一个无环的有向图，它用来描述工程或系统的进行过程。在有向无环图描述工程的过程中，将工程分为若干个活动，即子工程。在这些子工程之间，它们之间互相制约，例如，一些活动必须在另一些活动完成之后才能开始。整个工程涉及两个问题：一个是工程的顺序进行，另一个是整个工程的最短完成时间。其实这就是有向图的两个应用：拓扑排序和关键路径。

10.5.1   AOV网与拓扑排序

由AOV网可以得到拓扑排序。下面先来介绍一下AOV网。

（1）AOV网

在每一个工程过程中，可以将工程分为若干个子工程，这些子工程称为活动。如果用图中的顶点表示活动，以有向图的弧表示活动之间的优先关系，这样的有向图称为AOV网，即顶点表示活动的网。在AOV网中，如果从顶点v_i到顶点v_j之间存在一条路径，则顶点v_i是顶点v_j的前驱，顶点v_j为顶点v_i的后继。如果$<v_i,v_j>$是有向网的一条弧，则称顶点v_i是顶点v_j的直接前驱，顶点v_j是顶点v_i的直接后继。

活动中的制约关系可以通过AOV网中的弧表示。例如，计算机科学与技术专业的学生必须修完一系列专业基础课程和专业课程才能毕业，学习这些课程的过程可以被看成一项工程，每一门课程可以被看成一个活动。计算机科学与技术专业的基本课程及先修课程的关系如表10-2所示。

表10-2 计算机科学与技术专业课程关系表

课程编号	课程名称	先修课程编号
C_1	程序设计语言	无
C_2	汇编语言	C_1
C_3	离散数字	C_1
C_4	数据结构	C_1，C_3
C_5	编译原理	C_2，C_4
C_6	高等数学	无
C_7	大学物理	C_6
C_8	数字电路	C_7
C_9	计算机组成结构	C_8
C_{10}	操作系统	C_4，C_9

在这些课程中，"高等数学"是基础课，它独立于其他课程。在修完了"程序设计语言"和"离散数学"才能学习"数据结构"。这些课程构成的有向无环图如图10-26所示。

在AOV网中，不允许出现环，如果出现环就表示某个活动是自己的先决条件。因此，需要对AOV网判断是否存在环，可以利用有向图的拓扑排序进行判断。

（2）拓扑排序

拓扑排序是将AOV网中的所有顶点排列成一个线性序列，并且序列满足以下条件：在AOV网中，如果从顶点v_i到v_j存在一条路径，则在该线性序列中，顶点v_i一定出现在顶点v_j之前。因此，拓扑排序的过程就是将AOV网排成线性序列的操作。AOV网表示一个工程图，而拓扑排序则是将AOV网中的各个活动组成一个可行的实施方案。

对AOV网进行拓扑排序的方法如下：

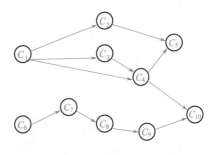

图10-26 表示课程之间优先关系的
有向无环图

① 在AOV网中任意选择一个没有前驱的顶点，即顶点入度为零，将该顶点输出。

② 从AOV网中删除该顶点，以及从该顶点出发的弧。

③ 重复执行步骤①和②，直到AOV网中所有顶点都已经被输出，或者AOV网中不存在无前驱的顶点为止。

按照以上步骤，图10-26的AOV网拓扑序列为C_1、C_2、C_3、C_4、C_5、C_6、C_7、C_8、C_9、C_{10}或C_6、C_7、C_8、C_9、C_1、C_2、C_3、C_4、C_5、C_{10}。

图10-27是AOV网拓扑序列的构造过程。其拓扑序列为：V_1、V_2、V_3、V_5、V_4、V_6。

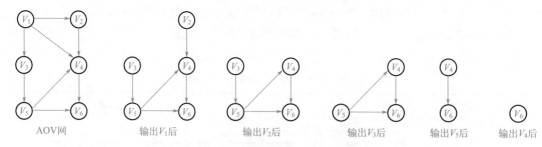

图10-27　AOV网构造拓扑序列的过程

在对AOV网进行拓扑排序结束后，可能会出现两种情况：一种是AOV网中的顶点全部输出，表示网中不存在回路；另一种是AOV网中还存在没有输出的顶点，未输出顶点的入度都不为零，表示网中存在回路。

采用邻接表存储结构的AOV网拓扑排序的算法实现：遍历邻接表，将各个顶点的入度保存在列表indegree中；将入度为零的顶点入栈，依次将栈顶元素出栈并输出该顶点，将该顶点邻接顶点的入度减1，如果邻接顶点的入度为零，则入栈，否则，将下一个邻接顶点的入度减1，并进行相同的处理；然后继续将栈中元素出栈，重复执行以上操作，直到栈空为止。

AOV网的拓扑排序算法如下。

```python
def TopologicalOrder(self):
    # 采用邻接表存储结构的有向图的拓扑排序
    count=0
    indegree=[]                          # 列表indegree存储各顶点的入度
    # 将图中各顶点的入度保存在列表indegree中
    for i in range(self.vexnum):         # 将列表indegree赋初值
        indegree.append(0)
    for i in range(self.vexnum):
        p=self.vertex[i].firstarc
        while p!= None:
            k = p.adjvex
            indegree[k]+=1
            p = p.nextarc
    S=Stack()                            # 创建栈S
    print("拓扑序列:")
    for i in range(self.vexnum):
        if indegree[i]==0:               # 将入度为零的顶点入栈
```

```
        S.PushStack(i)
    while not S.StackEmpty():          # 如果栈S不为空
        i=S.PopStack()                 # 从栈S将已拓扑排序的顶点i弹出
        print("%s "%self.vertex[i].data,end='')
        count +=1                      # 对入栈T的顶点计数
        p=self.vertex[i].firstarc
        while p:                       # 处理编号为i的顶点的每个邻接点
            k=p.adjvex                 # 顶点序号为k
            indegree[k]-=1
            if indegree[k] == 0:       # 如果k的入度减1后变为0，则将k入栈S
                S.PushStack(k)
            p = p.nextarc
    if count < self.vexnum:
        print("该有向网有回路")
        return 0
    else:
        return 1
```

在拓扑排序的实现过程中，入度为零的顶点入栈的时间复杂度为$O(n)$，有向图的顶点进栈和出栈操作次数，以及while循环语句的执行次数是e次，因此，拓扑排序的时间复杂度为$O(n+e)$。

10.5.2　AOE网与关键路径

AOE网是以边表示活动的有向无环网。AOE网在工程计划和工程管理中非常有用，在AOE网中，具有最大路径长度的路径称为关键路径，关键路径表示完成工程的最短工期。

（1）AOE网

AOE网是一个带权的有向无环图。其中，用顶点表示事件，弧表示活动，权值表示两个活动持续的时间。AOE网是以边表示活动的网（activity on edge network）。

AOV网描述活动之间的优先关系，可以认为是一个定性的研究，但是有时候还需要定量地研究工程的进度，如整个工程的最短完成时间、各个子工程影响整个工程的程度，以及每个子工程的最短完成时间和最长完成时间。在AOE网中，通过研究事件与活动之间的关系，从而可以确定整个工程的最短完成时间，明确活动之间的相互影响，确保整个工程的顺利进行。

在用AOE网表示一个工程计划时，用顶点表示各个事件，弧表示子工程的活动，权值表示子工程的活动需要的时间。在顶点表示的事件发生之后，从该顶点出发的有向弧所表示的活动才能开始。在进入某个顶点的有向弧所表示的活动完成之后，该顶点表示的事件才能发生。

图10-28是一个具有8个事件、13个活动的AOE网。v_1，v_2，…，v_8表示8个事件，$<v_1,v_2>$，$<v_1,v_4>$，…，$<v_7,v_8>$表示13个活动，a_1，a_2，…，a_{13}表示活动的执行时间。进入顶点的有向弧表示的活动已经完成，从顶点出发的有向弧表示的活动才可以开始。顶点v_1

表示整个工程的开始，v_8表示整个工程的结束。顶点v_5表示活动a_5、a_7、a_8已经完成，活动a_{10}和a_{11}才可以开始。其中，完成活动a_1、a_2和a_3分别需要6天、1天和50天。

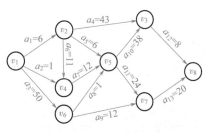

图10-28　一个AOE网

对于一个工程来说，只有一个开始状态和一个结束状态，因此，在AOE网中，只有一个入度为零的点表示工程的开始，称为源点；只有一个出度为零的点表示工程的结束，称为汇点。

（2）关键路径

关键路径是指在AOE网中从源点到汇点路径最长的路径。这里的路径长度是指路径上各个活动持续时间之和。在AOE网中，有些活动是可以并行执行的，关键路径其实就是完成工程的最短时间所经过的路径。关键路径上的活动称为关键活动。

下面是与关键路径有关的几个概念。

① 事件v_i的最早发生时间。从源点到顶点v_i的最长路径长度，称为事件v_i的最早发生时间，记作$ve(i)$。求解$ve(i)$可以从源点$ve(0)=0$开始，按照拓扑排序规则，根据递推得到

$$ve(i)=\max\{ve(k)+dut(<k,i>)|<k,i>\in T,1\leqslant i\leqslant n-1\}$$

式中，T是所有以第i个顶点为弧头的弧的集合；$dut(<k,i>)$表示弧$<k,i>$对应活动的持续时间。

② 事件v_i的最晚发生时间。在保证整个工程完成的前提下，活动最迟必须开始的时间，记作$vl(i)$。在求解事件v_i的最早发生时间$ve(i)$的前提$vl(n-1)=ve(n-1)$下，从汇点开始，向源点推进得到$vl(i)$，即

$$vl(i)=\min\{vl(k)-dut(<i,k>)|<i,k>\in S,0\leqslant i\leqslant n-2\}$$

式中，S是所有以第i个顶点为弧尾的弧的集合；$dut(<i,k>)$表示弧$<i,k>$对应活动的持续时间。

③ 活动a_i的最早开始时间$e(i)$。如果弧$<v_k,v_j>$表示活动a_i，当事件v_k发生之后，活动a_i才开始。因此，事件v_k的最早发生时间也就是活动a_i的最早开始时间，即$e(i)=ve(k)$。

④ 活动a_i的最晚开始时间$l(i)$。在不推迟整个工程完成时间的基础上，活动a_i最迟必须开始的时间。如果弧$<v_k,v_j>$表示活动a_i，持续时间为$dut(<k,j>)$，则活动a_i的最晚开始时间$l(i)=vl(j)-dut(<k,j>)$。

⑤ 活动a_i的松弛时间。活动a_i的最晚开始时间与最早开始时间之差就是活动a_i的松弛时间，记作$l(i)-e(i)$。

在图10-28所示的AOE网中，从源点v_1到汇点v_8的关键路径是(v_1,v_6,v_5,v_3,v_8)，路径长度为97，也就是说v_8的最早发生时间为97。活动a_7的最早开始时间是17，最晚开始时间是39。活动a_8的最早开始时间是50，最晚开始时间也是50，如果a_7推迟22天开始，不会影响到整个工程的进度。

当$e(i)=l(i)$时，对应的活动a_i称为关键活动。在关键路径上的所有活动都称为关键活动，非关键活动提前完成或推迟完成并不会影响到整个工程的进度。例如，活动a_7是非关键活动，a_8是关键活动。

求AOE网关键路径的算法如下：

① 对AOE网中的顶点进行拓扑排序。如果得到的拓扑序列顶点个数小于网中顶点数，则

说明网中有环存在，不能求关键路径，终止算法。否则，从源点v_0开始，求出各个顶点的最早发生时间$ve(i)$。

② 在$vl(n-1)=ve(n-1)$的前提下，从汇点v_n出发，按照逆拓扑序列求其他顶点的最晚发生时间$vl(i)$。

③ 由各顶点的最早发生时间$ve(i)$和最晚发生时间$vl(i)$，求出每个活动a_i的最早开始时间$e(i)$和最晚开始时间$l(i)$。

④ 找出所有满足条件$e(i)=l(i)$的活动a_i，a_i即关键活动。

利用求AOE网的关键路径的算法，图10-28中的网中顶点对应事件最早发生时间ve、最晚发生时间vl及弧对应活动最早发生时间e、最晚发生时间如图10-29所示。

顶点	ve	vl	活动	e	l	$l-e$
v_1	0	0	a_1	0	22	22
v_2	6	28	a_2	0	38	38
v_3	89	89	a_3	0	0	0
v_4	17	39	a_4	6	46	40
v_5	51	51	a_5	6	45	39
v_6	50	50	a_6	6	28	22
v_7	75	77	a_7	17	39	22
v_8	97	97	a_8	50	50	0
			a_9	50	65	15
			a_{10}	51	51	0
			a_{11}	51	53	2
			a_{12}	89	89	0
			a_{13}	75	77	2

图10-29 图10-28所示AOE网顶点代表的事件发生时间与边表示的活动发生时间及关键路径

显然，网的关键路径是(v_1,v_6,v_5,v_3,v_8)，关键活动是a_3、a_8、a_{10}和a_{12}。

关键路径经过的顶点满足条件$ve(i)==vl(i)$，即当事件的最早发生时间与最晚发生时间相等时，该顶点一定在关键路径之上。同样，关键活动者的弧满足条件$e(i)=l(i)$，即当活动的最早开始时间与最晚开始时间相等时，该活动一定是关键活动。因此，要求关键路径，需要首先求出网中每个顶点的对应事件的最早开始时间，然后再推出事件的最晚开始时间和活动的最早、最晚开始时间，最后再判断顶点是否在关键路径之上，得到网的关键路径。

要得到每一个顶点的最早开始时间，首先要将网中的顶点进行拓扑排序。在对顶点进行拓扑排序过程中，同时计算顶点的最早发生时间$ve(i)$。从源点开始，由与源点相关联的弧的权值，可以得到该弧相关联顶点对应事件的最早发生时间。同时定义一个栈T，保存顶点的逆拓扑序列。拓扑排序和求$ve(i)$的算法实现如下。

```
def TopologicalOrder(self):
    # 采用邻接表存储结构的有向网N的拓扑排序，并求各顶点对应事件的最早发生时间ve
    # 如果N无回路，则用栈T返回N的一个拓扑序列，并返回1，否则为0
    count=0
```

```python
ve = [0 for i in range(self.vexnum)]
indegree=[]                              # 列表indegree存储各顶点的入度
# 将图中各顶点的入度保存在列表indegree中
for i in range(self.vexnum):             # 将列表indegree赋初值
    indegree.append(0)
for i in range(self.vexnum):
    p=self.vertex[i].firstarc
    while p != None:
        k = p.adjvex
        indegree[k] +=1
        p = p.nextarc
S=Stack()                                # 创建栈S
print("拓扑序列:")
for i in range(self.vexnum):
    if indegree[i]==0:                   # 将入度为零的顶点入栈
        S.PushStack(i)
    T=Stack()                            # 创建拓扑序列顶点栈
    for i in range(self.vexnum):         # 初始化ve
        ve[i]=0
    while not S.StackEmpty():            # 如果栈S不为空
        i=S.PopStack()                   # 从栈S将已拓扑排序的顶点i弹出
        print("%s"%self.vertex[i].data,end='')
        T.PushStack(i)                   # i号顶点入逆拓扑排序栈T
        count +=1                        # 对入栈T的顶点计数


        p=self.vertex[i].firstarc
        while p:                         # 处理编号为i的顶点的每个邻接点
            k=p.adjvex                   # 顶点序号为k
            indegree[k]-=1
            if indegree[k] == 0:         # 如果k的入度减1后变为0，则将k入栈S
                S.PushStack(k)
            if ve[i]+ p.info > ve[k]:    # 计算顶点k对应的事件的最早发生时间
                ve[k]=ve[i]+ p.info
            p = p.nextarc
    if count < self.vexnum:
        print("该有向网有回路")
        return 0,T,ve
    else:
        return 1,T,ve
```

在上面的算法中，如下语句就是求顶点 *k* 的对应事件的最早发生时间，其中域info保存的是对应弧的权值，在这里将图的邻接表类型定义做了简单的修改。

```python
if ve[i]+p.info>ve[k]:
    ve[k]=ve[i]+p.info
```

在求出事件的最早发生时间之后，按照逆拓扑序列就可以推出事件的最晚发生时间，以及活动的最早开始时间和最晚开始时间。在求出所有的参数之后，如果 $ve(i)=vl(i)$，输出关键路径经过的顶点。如果 $e(i)=l(i)$，将与对应弧关联的两个顶点存入列表"e1"和"e2"，用来输出关键活动。

关键路径算法实现如下。

```python
def CriticalPath(self):
# 输出有向网N的关键路径
    vl=[0 for i in range(self.vexnum)]        # 事件最晚发生时间
    e1=[0 for i in range(self.arcnum)]
    e2=[0 for i in range(self.arcnum)]
    flag,T,ve=self.TopologicalOrder()
    if flag==0:                               # 如果有环存在，则返回0
        return 0
    value = ve[0]
    for i in range(1,self.vexnum):
        if ve[i] > value:
            value = ve[i]                     # value为事件的最早发生时间的最大值
    for i in range(self.vexnum):              # 将顶点事件的最晚发生时间初始化
        vl[i]=value
    while not T.StackEmpty():                 # 按逆拓扑排序求各顶点的vl值
        j=T.PopStack()                        # 弹出栈T的元素，赋给j
        p=self.vertex[j].firstarc             # p指向j的后继事件k
        while p!=None:
            k=p.adjvex
            dut = p.info                      # dut为弧 <j,k>的权值
            if vl[k] - dut < vl[j]:           # 计算事件j的最晚发生时间
                vl[j] = vl[k] - dut
            p=p.nextarc
    print("\n事件的最早发生时间和最晚发生时间\ni ve[i] vl[i]")
    for i in range(self.vexnum):              # 输出顶点对应的事件的最早发生时间和最晚
                                              #   发生时间
        print("%d    %d      %d"%(i, ve[i], vl[i]))
    print("关键路径为:(",end='')
    for i in range(self.vexnum):              # 输出关键路径经过的顶点
        if ve[i] == vl[i]:
            print("%s "%self.vertex[i].data,end='')
    print(")")
    count = 0
    print("活动最早开始时间和最晚开始时间\n    弧    e   l   l-e")
    for j in range(self.vexnum):              # 求活动的最早开始时间e和最晚开始时间1
        p=self.vertex[j].firstarc
        while p:
            k = p.adjvex
            dut = p.info                      # dut为弧 <j,k> 的权值
```

```
            e = ve[j]                    # e就是活动 <j,k> 的最早开始时间
            l = vl[k] - dut              # l就是活动 <j,k> 的最晚开始时间
        print("%s→%s %3d %3d %3d"%(self.vertex[j].data,self.vertex[k].data,
e, l, l - e))
            if e == l:                   # 将关键活动保存在列表中
                e1[count]=j
                e2[count]=k
                count+=1
        p=p.nextarc
    print("关键活动为:")
    for k in range(count):               # 输出关键路径
        i = e1[k]
        j= e2[k]
        print("(%s→%s)"%(self.vertex[i].data, self.vertex[j].data),end = '')
    print()
    return 1
```

在以上两个算法中，其求解事件最早发生时间和最晚发生时间的时间复杂度为$O(n+e)$。如果网中存在多个关键路径，则需要同时改进所有的关键路径才能提高整个工程的进度。

程序运行结果如下所示。

```
创建一个有向网N:
请输入有向网N的顶点数,弧数(以空格分隔): 8 13
请输入8个顶点的值: v1 v2 v3 v4 v5 v6 v7 v8
请输入弧尾 弧头 权值(以空格分隔):
v1 v2 6
v1 v4 1
v1 v6 50
v2 v3 43
v2 v5 6
v2 v4 11
v3 v8 8
v4 v5 12
v6 v5 1
v5 v3 38
v5 v7 24
v6 v7 12
v7 v8 20
拓扑序列:
v1 v2 v4 v6 v5 v3 v7 v8
事件的最早发生时间和最晚发生时间
i ve[i] vl[i]
0   0     0
1   6     28
2   89    89
3   17    39
```

```
4    51      51
5    50      50
6    75      77
7    97      97
关键路径为: (v1 v3 v5 v6 v8 )
活动最早开始时间和最晚开始时间
      弧    e    l    l-e
v1→v6    0    0    0
v1→v4    0    38   38
v1→v2    0    22   22
v2→v4    6    28   22
v2→v5    6    45   39
v2→v3    6    46   40
v3→v8    89   89   0
v4→v5    17   39   22
v5→v7    51   53   2
v5→v3    51   51   0
v6→v7    50   65   15
v6→v5    50   50   0
v7→v8    75   77   2
关键活动为:
 (v1→v6)  (v3→v8)  (v5→v3)  (v6→v5)
```

10.6 最短路径

在日常生活中，经常会遇到求两个地点之间最短路径的问题，如在交通网络中城市A与城市B的最短路径。可以将每个城市作为图的顶点，两个城市的线路作为图的弧或者边，城市之间的距离作为权值，这样就把一个实际的问题转化为求图的顶点之间最短路径的问题。求解图的最短路径问题有两种方法：Dijkstra（迪杰斯特拉）算法和Floyd（弗洛伊德）算法。这两种方法分别用于求解从某一顶点出发到达其他顶点的最短路径问题和两个任意顶点之间的最短路径问题。

10.6.1 从某个顶点到其余各顶点的最短路径

（1）从某个顶点到其他顶点的最短路径算法思想

从某个顶点到其他顶点的最短路径问题，也称为单源最短路径问题。带权有向图G_7及从v_0出发到其他各个顶点的最短路径如图10-30所示。

从图10-30中可以看出，从顶点v_0到顶点v_2有两条路径：(v_0,v_1,v_2)和(v_0,v_2)。其中，前者的路径长度为70，后者的路径长度为60。因此，(v_0,v_2)是从顶点v_0到顶点v_2的最短路径。从顶点v_0到顶点v_3有三条路径：(v_0,v_1,v_2,v_3)、(v_0,v_2,v_3)和(v_0,v_1,v_3)。其中，第一条路径长度为120，第二条路径长度为110，第三条路径长度为130。因此，(v_0,v_2,v_3)是从顶点v_0到顶

点 v_3 的最短路径。

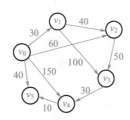

始点	终点	最短路径	路径长度
v_0	v_1	(v_0, v_1)	30
v_0	v_2	(v_0, v_2)	60
v_0	v_3	(v_0, v_2, v_3)	110
v_0	v_4	(v_0, v_2, v_3, v_4)	140
v_0	v_5	(v_0, v_5)	40

图10-30　图 G_7 及从顶点 v_0 到其他各个顶点的最短路径

下面介绍由Dijkstra提出的求最短路径的算法。它的基本思想是根据路径长度递增求解从顶点 v_0 到其他各顶点的最短路径。

设有一个带权有向图 $D=(V,E)$，定义一个列表dist，列表中的每个元素dist[i]表示顶点 v_0 到顶点 v_i 的最短路径长度，则长度为dist[j]=min{dist[i]|$v_i \in V$}的路径表示从顶点 v_0 出发到顶点 v_j 的最短路径。也就是说，在所有的顶点 v_0 到顶点 v_j 的路径中，dist[j]是最短的一条路径。而列表dist的初始状态是：如果从顶点 v_0 到顶点 v_i 存在弧，则dist[i]是弧 $<v_0, v_j>$ 的权值；否则，dist[j]的值为∞。

假设 S 表示求出的最短路径对应终点的集合。在按递增次序已经求出从顶点 v_0 出发到顶点 v_j 的最短路径之后，那么下一条最短路径，即从顶点 v_0 到顶点 v_k 的最短路径或者是弧 $<v_0, v_k>$，或者是经过集合 S 中某个顶点然后到达顶点 v_k 的路径。从顶点 v_0 出发到顶点 v_k 的最短路径长度或者是弧 $<v_0, v_k>$ 的权值，或者是dist[j]与 v_j 到 v_k 的权值之和。

求最短路径长度满足：终点为 v_x 的最短路径或者是弧 $<v_0, v_x>$，或者是中间经过集合 S 中某个顶点然后到达顶点 v_x 所经过的路径。下面用反证法证明此结论。假设该最短路径有一个顶点 $v_z \in V-S$，即 $v_z \notin S$，则最短路径为 $(v_0, \cdots, v_z, \cdots, v_x)$。但是，这种情况是不可能出现的。因为最短路径是按照路径长度的递增顺序产生的，所以长度更短的路径已经出现，其终点一定在集合 S 中。因此假设不成立，结论得证。

例如，从图10-30可以看出，(v_0, v_2) 是从 v_0 到 v_2 的最短路径，(v_0, v_2, v_3) 是从 v_0 到 v_3 的最短路径，经过了顶点 v_2；(v_0, v_2, v_3, v_4) 是从 v_0 到 v_4 的最短路径，经过了顶点 v_3。

在一般情况下，下一条最短路径的长度一定是

$$\text{dist}[j]=\min\{\text{dist}[i]|v_i \in V-S\}$$

式中，dist[i]或者是弧 $<v_0, v_i>$ 的权值，或者是dist[k]($v_k \in S$)与弧 $<v_k, v_i>$ 的权值之和；$V-S$ 表示还没有求出的最短路径的终点集合。

Dijkstra算法求解最短路径步骤如下（假设有向图用邻接矩阵存储）：

① 初始时，S 只包括源点 v_0，即 $S=\{v_0\}$，$V-S$ 包括除 v_0 以外的图中的其他顶点。v_0 到其他顶点的路径初始化为dist[i]=G.arc[0][i].adj。

② 选择距离顶点 v_i 最短的顶点 v_k，使得dist[k]=min{dist[i]|$v_i \in V-S$}，dist[k]表示从 v_0 到 v_k 的最短路径长度，v_k 表示对应的终点，将 v_k 加入到 S 中。

③ 修改从 v_0 到顶点 v_i 的最短路径长度，其中 $v_i \in V-S$。如果有dist[k]+G.arc[k][i]<dist[i]，则修改dist[i]，使得dist[i]=dist[k]+G.arc[k][i].adj。

④ 重复执行步骤②和③，直到所有从 v_0 到其他顶点的最短路径长度求出。

利用以上Dijkstra算法求最短路径的思想，对图10-30所示的图G_7求解从顶点v_0到其他顶点的最短路径，求解过程如图10-31所示。

$$G_7 = \begin{bmatrix} \infty & 30 & 60 & \infty & 150 & 40 \\ \infty & \infty & 40 & 100 & \infty & \infty \\ \infty & \infty & \infty & 50 & \infty & \infty \\ \infty & \infty & \infty & \infty & 30 & \infty \\ \infty & \infty & \infty & \infty & \infty & 10 \\ \infty & \infty & \infty & \infty & \infty & \infty \end{bmatrix}$$

终点	路径长度和路径数组	从顶点v_0到其他各顶点的最短路径求解过程				
		$i=1$	$i=2$	$i=3$	$i=4$	$i=5$
v_1	dist path	30 (v_0,v_1)				
v_2	dist path	60 (v_0,v_2)	60 (v_0,v_2)	60 (v_0,v_2)		
v_3	dist path	∞ -1	130 (v_0,v_1,v_3)	130 (v_0,v_1,v_3)	110 (v_0,v_2,v_3)	
v_4	dist path	150 (v_0,v_4)	150 (v_0,v_4)	150 (v_0,v_4)	150 (v_0,v_4)	140 (v_0,v_2,v_3,v_4)
v_5	dist path	40 (v_0,v_5)	40 (v_0,v_5)			
最短路径终点		v_1	v_5	v_2	v_3	v_4
集合S		$\{v_0,v_1\}$	$\{v_0,v_1,v_5\}$	$\{v_0,v_1,v_5,v_2\}$	$\{v_0,v_1,v_5,v_2,v_3\}$	$\{v_0,v_1,v_5,v_2,v_3,v_4\}$

图10-31 带权图G_7及从顶点v_0到其他各顶点的最短路径求解过程

根据Dijkstra算法，求图G_7的最短路径过程中列表dist[]和path[]变化情况如图10-32所示。

S	$V-S$	dist	path
$\{v_0\}$	$\{v_1,v_2,v_3,v_4,v_5\}$	$[0, 30, 60, \infty, 150, 40]$	$[0, 0, 0, -1, 0, 0]$
$\{v_0,v_1\}$	$\{v_2,v_3,v_4,v_5\}$	$[0, 30, 60, 130, 150, 40]$	$[0, 0, 0, 1, 0, 0]$
$\{v_0,v_1,v_5\}$	$\{v_2,v_3,v_4\}$	$[0, 30, 60, 130, 150, 40]$	$[0, 0, 0, 1, 0, 0]$
$\{v_0,v_1,v_5,v_2\}$	$\{v_3,v_4\}$	$[0, 30, 60, 110, 150, 40]$	$[0, 0, 0, 2, 0, 0]$
$\{v_0,v_1,v_5,v_2,v_3\}$	$\{v_4\}$	$[0, 30, 60, 110, 140, 40]$	$[0, 0, 0, 2, 3, 0]$
$\{v_0,v_1,v_5,v_2,v_3,v_4\}$	$\{\ \}$	$[0, 30, 60, 110, 140, 40]$	$[0, 0, 0, 2, 3, 0]$

图10-32 求最短路径各变量的状态变化过程

① 初始化：$S=\{v_0\}$，$V-S=\{v_1,v_2,v_3,v_4,v_5\}$，dist[]=[0,30,60,$\infty$,150,40]（根据邻接矩阵得到$v_0$到其他各顶点的权值），path[]=[0,0,0,-1,0,0]（若顶点v_0到顶点v_i有边$<v_0,v_i>$存在，则它就是从v_0到v_i的当前最短路径，令path[i]=0，表示该最短路径上顶点v_i的前一个顶点是v_0；若v_0到v_i没有路径，则令path[i]=-1）。

② 从$V-S$集合中找到一个顶点，该顶点与S集合中的顶点构成的路径最短，即dist[]列表中值最小的顶点为v_1，将其添加到S中，则$S=\{v_0,v_1\}$，$V-S=\{v_2,v_3,v_4,v_5\}$。考查顶点v_1，发现从v_1到v_2和v_3存在有边，则得到

$$dist[2]=min\{dist[2],dist[1]+40\}=60$$

$$dist[3]=min\{dist[3],dist[1]+100\}=130（修改）$$

则dist[]=[0,30,60,130,150,40]，同时修改v_1到v_3路径上的前驱顶点，path[]=[0,0,0,1,0,0]。

③ 从$V-S$中找到一个顶点v_5，它与S中顶点构成的路径最短，即dist[]列表中值最小的顶点，将其添加到S中，则$S=\{v_0,v_1,v_5\}$，$V-S=\{v_2,v_3,v_4\}$。考查顶点v_5，发现v_5与其他顶点不存在边，则dist[]和path[]保持不变。

④ 从$V-S$中找到一个顶点v_2，它与S中顶点构成的路径最短，即dist[]列表中值最小的顶点，将其加入到S中，则$S=\{v_0,v_1,v_5,v_2\}$，$V-S=\{v_3,v_4\}$。考查顶点v_2，从v_2到v_3存在边，则得到：

$$dist[3]=min\{dist[3],dist[2]+50\}=110（修改）$$

则dist[]=[0,30,60,110,150,40]，同时修改v_1到v_3路径上的前驱顶点，path[]=[0,0,0,2,0,0]。

⑤ 从$V-S$中找到一个顶点v_3，它与S中顶点构成的路径最短，即dist[]列表中值最小的顶点，将其加入S中，则$S=\{v_0,v_1,v_5,v_2,v_3\}$，$V-S=\{v_4\}$。考查顶点$v_3$，从$v_3$到$v_4$存在边，则得到

$$dist[4]=min\{dist[4],dist[3]+30\}=140（修改）$$

则dist[]=[0,30,60,110,140,40]，同时修改v_1到v_4路径上的前驱顶点，path[]=[0,0,0,2,3,0]。

⑥ 从$V-S$中找到与S中顶点构成的路径最短的顶点v_4，即dist[]列表中值最小的顶点，将其加入S中，则$S=\{v_0,v_1,v_5,v_2,v_3,v_4\}$，$V-S=\{\ \}$。考查顶点$v_4$，从$v_4$到$v_5$存在边，则得到

$$dist[5]=min\{dist[5],dist[4]+10\}=40$$

则dist[]和path[]保持不变，即dist[]=[0,30,60,110,140,40]，path[]=[0,0,0,2,3,0]。

根据dist[]和path[]中的值输出从v_0到其他各顶点的最短路径。例如，从v_0到v_4的最短路径可根据path[]获得：由path[4]=3得到v_4的前驱顶点为v_3，由path[3]=2得到v_3的前驱顶点为v_2，由path[2]=0得到v_2的前驱顶点为v_0，因此反推出从v_0到v_4的最短路径为$v_0 \rightarrow v_2 \rightarrow v_3 \rightarrow v_4$，最短路径长度为dist[4]，即140。

（2）从某个顶点到其他顶点的最短路径算法实现

求解最短路径的迪杰斯特拉算法描述如下。

```python
def Dijkstra(self, v0, path, dist, final):
    # 用Dijkstra算法求有向网N的v0顶点到其余各顶点v的最短路径path[v]及带权长度dist[v]
    # final[v]为1表示v∈S，即已经求出从v0到v的最短路径*
    for v in range(self.vexnum):           # 列表dist存储v0到v的最短距离，初始化为
                                           #   v0到v的弧的距离
        final.append(0)
        dist.append(self.arc[v0][v])       # 记录与v0有连接的顶点的权值
        if self.arc[v0][v]<float('inf'):
            path.append(v0)
        else:
            path.append(-1)                # 初始化路径列表path为-1
```

```python
        dist[v0]=0                          # v0到v0的路径为0
        final[v0]=1                         # v0顶点并入集合S
        path[v0]=v0
        # 从v0到其余G.vexnum-1个顶点的最短路径，并将该顶点并入集合S
        # 利用循环每次求v0到某个顶点v的最短路径
        for v in range(1,self.vexnum):
            min = float('inf')              # 记录一次循环距离v0最近的距离
            for w in range(self.vexnum):    # 找出距v0最近的顶点
                # final[w]为0表示该顶点还没有记录与它最近的顶点
                if final[w]==0 and dist[w] < min:       # 在不属于集合S的顶点中找到离v0最
                                                        #   近的顶点
                    k = w                   # 记录最小权值的下标，将其距v0最近的顶点w
                                            #   赋给k
                    min = dist[w]           # 记录最小权值
            # 将目前找到的最接近v0的顶点的下标的位置置为1，表示该顶点已被记录
            final[k] = 1                    # 将v并入集合S
            # 修正当前最短路径即距离
            for w in range(self.vexnum):    # 利用新并入集合S的顶点，更新v0到不属于集
                                            #   合S的顶点的最短路径长度和最短路径列表
                # 如果经过顶点v的路径比现在这条路径短，则修改顶点v0到w的距离
                if final[w]==0 and min<float('inf') and self.arc[k][w]<float('inf') 
and min + self.arc[k][w] < dist[w]:
                    dist[w] = min + self.arc[k][w]      # 修改顶点w距离v0的最短长度
                    path[w] = k             # 存储最短路径前驱结点的下标


def PrintShortPath(self,v0,path,dist):
    k=0
    apath=[]
    apath = [0 for _ in range(self.vexnum)]
    print("存储最短路径前驱结点下标的列表path的值为:")
    print("下标:")
    for i in range(self.vexnum):
        print("%2d"%i,end=' ')
    print("\n列表的值:",end=' ')
    for i in range(self.vexnum):
        print("%2d"%path[i],end=' ')
    # 存储最短路径前驱结点下标的数组path的值为
    # 列表下标: 0  1  2  3  4  5
    # 列表的值: 0  0  0  2  3  0
    # 当path[4] = 3时表示，顶点4的前驱结点是顶点3
    # 找到顶点3，有path[3] = 2，表示顶点3的前驱结点是顶点2
    # 找到顶点2，有path[2]=0，表示顶点2的前驱结点是顶点0
    # 因此由顶点4到顶点0的最短路径为:4 -> 3 -> 2 -> 0
    # 将这个顺序倒过来即可得到顶点0到顶点4的最短路径
    print("\nv0到其他顶点的最短路径如下:")
    for i in range(1,self.vexnum):
```

```
    k=0
    print("v%d -> v%d:"%(v0, i),end=' ')
    j = i
    print("%s"%self.vex[v0],end=' ')
    while path[j]!= 0:
        apath[k] = path[j]
        j = path[j]
        k += 1
    for j in range(k-1,-1,-1):
        print("%s "%self.vex[apath[j]],end=' ')
    print("%s"%self.vex[i])
print("顶点v%d到各顶点的最短路径长度为:"%v0)
for i in range(1,self.vexnum):
    print("%s - %s : %d"%(self.vex[0], self.vex[i], dist[i]))
                                      # dist中存放v0到各顶点的最短路径
```

其中，列表中的dist[v]表示从顶点v_0到顶点v的当前求出的最短路径长度。先利用v_0到其他顶点的弧对应的权值初始化列表path[]和dist[]，然后找出从v_0到顶点v（不属于集合S）的最短路径，并将v并入集合S，最短路径长度赋给min。接着利用新并入的顶点v，更新v_0到其他顶点（不属于集合S）的最短路径长度和最短路径列表。重复执行以上步骤，直到从v_0到其他所有顶点的最短路径求出为止。列表中的path[v]存放顶点v前驱顶点的下标，根据path[]中的值，可依次求出相应顶点的前驱，直到源点v_0，逆推回去可得到从v_0到其他各顶点的最短路径。

该算法的时间主要耗费在第二个for循环语句，外层for循环语句主要控制循环的次数，一次循环可得到从v_0到某个顶点的最短路径，两个内层for循环共执行n次，如果不考虑每次求解最短路径的耗费，则该算法的时间复杂度是$O(n^2)$。

下面通过一个具体例子来说明Dijkstra算法的应用。

【例10-4】 建立一个如图10-30所示的有向网N，输出有向网N中从v_0出发到其他各顶点的最短路径及从v_0到各个顶点的最短路径长度。

```
def CreateGraph(self,value,vnum,arcnum,ch):
    # 采用邻接矩阵表示法创建有向网
    self.vexnum,self.arcnum=vnum,arcnum
    self.arc = [[0 for_in range(self.vexnum)] for_in range(self.vexnum)]
    for e in ch:
        self.vex.append(e)
    for i in range(self.vexnum):                    # 初始化邻接矩阵
        for j in range(self.vexnum):
            self.arc[i][j]=float('inf')

    for r in range(len(value)):
        i = value[r][0]
        j = value[r][1]
```

```
            self.arc[i][j] = value[r][2]

if _name_ == '_main_':
    vnum = 6
    arcnum = 9
    final=[]
    value= [ [0, 1, 30], [0, 2, 60], [0, 4, 150], [0, 5, 40],
            [1, 2, 40], [1, 3, 100], [2, 3, 50], [3, 4, 30], [4, 5, 10]]
    ch = ["v0", "v1", "v2", "v3", "v4", "v5"]
    path=[]                                  # 存放最短路径所经过的顶点
    dist=[]                                  # 存放最短路径长度

    N=MGraph()
    N.CreateGraph(value, vnum, arcnum, ch)   # 创建有向网N

    N.DisplayGraph()                         # 输出有向网N
    N.Dijkstra(0, path, dist, final)
    N.PrintShortPath(0, path, dist)          # 打印最短路径

def DisplayGraph(self):
    # 输出邻接矩阵存储表示的图N
    print("有向网具有%d个顶点%d条弧，顶点依次是:"%(self.vexnum, self.arcnum))
    for i in range(self.vexnum):
        print(self.vex[i],end=' ')
    print("\n有向网N的:")
    print("序号i=",end='')
    for i in range(self.vexnum):
        print("%4d"% i,end=' ')
    print()
    for i in range(self.vexnum):
        print("%5d"%i,end=' ')
        for j in range(self.vexnum):
            if self.arc[i][j]!=float('inf'):
                print("%4d"%self.arc[i][j],end=' ')
            else:
                print('%4s'%'∞',end=' ')
        print()
```

程序运行结果如下所示。

```
有向网具有6个顶点9条弧，顶点依次是:
v0 v1 v2 v3 v4 v5
有向网N的:
序号i=    0    1    2    3    4    5
        0   ∞   30   60   ∞   150   40
        1   ∞   ∞   40  100   ∞    ∞
        2   ∞   ∞   ∞   50   ∞    ∞
```

3	∞	∞	∞	∞	30	∞
4	∞	∞	∞	∞	∞	10
5	∞	∞	∞	∞	∞	∞

存储最短路径前驱结点下标的列表path的值为：

下标：　0　1　2　3　4　5

列表的值：0　0　0　2　3　0

v0到其他顶点的最短路径如下：

v0 -> v1 :　v0　v1

v0 -> v2 :　v0　v2

v0 -> v3 :　v0　v2　v3

v0 -> v4 :　v0　v2　v3　v4

v0 -> v5 :　v0　v5

顶点v0到各顶点的最短路径长度为：

v0 - v1 : 30

v0 - v2 : 60

v0 - v3 : 110

v0 - v4 : 140

v0 - v5 : 40

10.6.2　每一对顶点之间的最短路径

如果要计算每一对顶点之间的最短路径，只需要以任意一个顶点为出发点，将Dijkstra算法重复执行n次，就可以得到每一对顶点的最短路径。这样求出的每一个顶点之间的最短路径的时间复杂度为$O(n^3)$。下面介绍Floyd算法，即多源最短路径算法，其时间复杂度也是$O(n^3)$。

（1）各个顶点之间的最短路径算法思想

求解各个顶点之间最短路径的Floyd算法思想是：假设要求顶点v_i到顶点v_j的最短路径，如果从顶点v_i到顶点v_j存在弧，但是该弧所在的路径不一定是v_i到v_j的最短路径，需要进行n次比较。首先需要从顶点v_0开始，如果有路径(v_i,v_0,v_j)存在，则比较路径(v_i,v_j)和(v_i,v_0,v_j)，选择两者中最短的一个且中间顶点的序号不大于0。

然后在路径上再增加一个顶点v_1，得到路径$(v_i,\cdots,v_1)$和$(v_1,\cdots,v_j)$，如果两者都是中间顶点不大于0的最短路径，则将该路径$(v_i,\cdots,v_1,\cdots,v_j)$与上面已经求出的中间顶点序号不大于0的最短路径比较，选择其中最小的作为从v_i到v_j的中间路径顶点序号不大于1的最短路径。

接着在路径上增加顶点v_2，得到路径$(v_i,\cdots,v_2)$和$(v_2,\cdots,v_j)$，按照以上方法进行比较，求出从v_i到v_j的中间路径顶点序号不大于2的最短路径。依次类推，经过n次比较，可以得到从v_i到v_j的中间顶点序号不大于$n-1$的最短路径。依照这种方法，可以得到各个顶点之间的最短路径。

假设采用邻接矩阵存储带权有向图G，则各个顶点之间的最短路径可以保存在一个n阶方阵D中，每次求出的最短路径可以用矩阵表示为：$D^{-1},D^0,D^1,D^2,\cdots,D^{n-1}$。其中$D^{-1}[i][j]=G.arc[i][j].adj$，$D^k[i][j]=\min\{D^{k-1}[i][j],D^{k-1}[i][k]+D^{k-1}[k][j]|0\le k\le n-1\}$。其中，$D^k[i][j]$

表示从顶点v_i到顶点v_j的中间顶点序号不大于k的最短路径长度,而$D^{n-1}[i][j]$即为从顶点v_i到顶点v_j的最短路径长度。

根据Floyd算法,求解图10-30所示的带权有向图G_7的每一对顶点之间最短路径的过程如下(D存放每一对顶点之间的最短路径长度,P存放最短路径中到达某顶点的前驱顶点下标)。

① 初始时,D中元素的值为顶点间弧的权值,若两个顶点间不存在弧,则其值为∞。顶点v_2到v_3存在弧,权值为50,故$D^{-1}[2][3]=50$;路径(v_2,v_3)的前驱顶点为v_2,故$P^{-1}[2][3]=2$。顶点v_4到v_5存在弧,权值为10,故$D^{-1}[4][5]=10$;路径(v_4,v_5)的前驱顶点为v_4,故$P^{-1}[4][5]=4$。若没有前驱顶点,则P中相应的元素值为-1。D和P的状态如图10-33所示。

$$D^{-1}=\begin{bmatrix} \infty & 30 & 60 & \infty & 150 & 40 \\ \infty & \infty & 40 & 100 & \infty & \infty \\ \infty & \infty & \infty & 50 & \infty & \infty \\ \infty & \infty & \infty & \infty & 30 & \infty \\ \infty & \infty & \infty & \infty & \infty & 10 \\ \infty & \infty & \infty & \infty & \infty & \infty \end{bmatrix} \qquad P^{-1}=\begin{bmatrix} -1 & 0 & 0 & -1 & 0 & 0 \\ -1 & -1 & 1 & 1 & -1 & -1 \\ -1 & -1 & -1 & 2 & -1 & -1 \\ -1 & -1 & -1 & -1 & 3 & -1 \\ -1 & -1 & -1 & -1 & -1 & 4 \\ -1 & -1 & -1 & -1 & -1 & -1 \end{bmatrix}$$

图10-33 D和P的初始状态

② 考查v_0。经过比较,从顶点v_i到v_j经由顶点v_0的最短路径无变化,因此,D^0和P^0如图10-34所示。

$$D^0=\begin{bmatrix} \infty & 30 & 60 & \infty & 150 & 40 \\ \infty & \infty & 40 & 100 & \infty & \infty \\ \infty & \infty & \infty & 50 & \infty & \infty \\ \infty & \infty & \infty & \infty & 30 & \infty \\ \infty & \infty & \infty & \infty & \infty & 10 \\ \infty & \infty & \infty & \infty & \infty & \infty \end{bmatrix} \qquad P^0=\begin{bmatrix} -1 & 0 & 0 & -1 & 0 & 0 \\ -1 & -1 & 1 & 1 & -1 & -1 \\ -1 & -1 & -1 & 2 & -1 & -1 \\ -1 & -1 & -1 & -1 & 3 & -1 \\ -1 & -1 & -1 & -1 & -1 & 4 \\ -1 & -1 & -1 & -1 & -1 & -1 \end{bmatrix}$$

图10-34 经由顶点v_0的D和P的存储状态

③ 考查顶点v_1。从顶点v_1到v_2和v_3存在路径,由顶点v_0到v_1的路径可得到v_0到v_2和v_3的路径$D^1[0][2]=70$(由于70>60,$D^1[0][2]$的值保持不变)和$D^1[0][3]=130$(由于130<∞,故需更新$D^1[0][3]$的值为130,同时前驱顶点$P^1[0][3]$的值为1),因此更新后的最短路径矩阵和前驱顶点矩阵如图10-35所示。

$$D^1=\begin{bmatrix} \infty & 30 & 60 & 130 & 150 & 40 \\ \infty & \infty & 40 & 100 & \infty & \infty \\ \infty & \infty & \infty & 50 & \infty & \infty \\ \infty & \infty & \infty & \infty & 30 & \infty \\ \infty & \infty & \infty & \infty & \infty & 10 \\ \infty & \infty & \infty & \infty & \infty & \infty \end{bmatrix} \qquad P^1=\begin{bmatrix} -1 & 0 & 0 & 1 & 0 & 0 \\ -1 & -1 & 1 & 1 & -1 & -1 \\ -1 & -1 & -1 & 2 & -1 & -1 \\ -1 & -1 & -1 & -1 & 3 & -1 \\ -1 & -1 & -1 & -1 & -1 & 4 \\ -1 & -1 & -1 & -1 & -1 & -1 \end{bmatrix}$$

图10-35 经由顶点v_1的D和P的存储状态

④ 考查顶点v_2。从顶点v_2到v_3存在路径,由顶点v_0到v_2的路径可得到v_0到v_3的路径$D^2[0][3]=110$(由于110<130,故需更新$D^2[0][3]$的值为110,同时前驱顶点$P^1[0][3]$的值为2)。同时,修改从顶点v_1到v_3路径($D^2[1][3]=90<100$)和$P^2[1][3]$的值,因此,更新后的最

短路径矩阵和前驱顶点矩阵如图10-36所示。

$$D^2 = \begin{bmatrix} \infty & 30 & 60 & 110 & 150 & 40 \\ \infty & \infty & 40 & 90 & \infty & \infty \\ \infty & \infty & \infty & 50 & \infty & \infty \\ \infty & \infty & \infty & \infty & 30 & \infty \\ \infty & \infty & \infty & \infty & \infty & 10 \\ \infty & \infty & \infty & \infty & \infty & \infty \end{bmatrix} \qquad P^2 = \begin{bmatrix} -1 & 0 & 0 & 2 & 0 & 0 \\ -1 & -1 & 1 & 2 & -1 & -1 \\ -1 & -1 & -1 & 2 & -1 & -1 \\ -1 & -1 & -1 & -1 & 3 & -1 \\ -1 & -1 & -1 & -1 & -1 & 4 \\ -1 & -1 & -1 & -1 & -1 & -1 \end{bmatrix}$$

图10-36   经由顶点v_2的D和P的存储状态

⑤ 考查顶点v_3。从顶点v_3到v_4存在路径，由顶点v_0到v_3的路径可得到v_0到v_4的路径$D^3[0][4]=140$（由于140<150，故需更新$D^3[0][4]$的值为140，同时前驱顶点$P^3[0][4]$的值为3）。同时，更新从v_1、v_2到v_4的最短路径长度和前驱顶点，因此，更新后的最短路径矩阵和前驱顶点矩阵如图10-37所示。

$$D^3 = \begin{bmatrix} \infty & 30 & 60 & 110 & 140 & 40 \\ \infty & \infty & 40 & 90 & 120 & \infty \\ \infty & \infty & \infty & 50 & 80 & \infty \\ \infty & \infty & \infty & \infty & 30 & \infty \\ \infty & \infty & \infty & \infty & \infty & 10 \\ \infty & \infty & \infty & \infty & \infty & \infty \end{bmatrix} \qquad P^3 = \begin{bmatrix} -1 & 0 & 0 & 2 & 3 & 0 \\ -1 & -1 & 1 & 2 & 3 & -1 \\ -1 & -1 & -1 & 2 & 3 & -1 \\ -1 & -1 & -1 & -1 & 3 & -1 \\ -1 & -1 & -1 & -1 & -1 & 4 \\ -1 & -1 & -1 & -1 & -1 & -1 \end{bmatrix}$$

图10-37   经由顶点v_3的D和P的存储状态

⑥ 考查顶点v_4。从顶点v_4到v_5存在路径，则按以上方法计算从各顶点经由v_4到其他各顶点的路径长度和前驱顶点，更新后的最短路径矩阵和前驱顶点矩阵如图10-38所示。

$$D^4 = \begin{bmatrix} \infty & 30 & 60 & 110 & 140 & 40 \\ \infty & \infty & 40 & 90 & 120 & 130 \\ \infty & \infty & \infty & 50 & 80 & 90 \\ \infty & \infty & \infty & \infty & 30 & 40 \\ \infty & \infty & \infty & \infty & \infty & 10 \\ \infty & \infty & \infty & \infty & \infty & \infty \end{bmatrix} \qquad P^4 = \begin{bmatrix} -1 & 0 & 0 & 2 & 3 & 0 \\ -1 & -1 & 1 & 2 & 3 & 4 \\ -1 & -1 & -1 & 2 & 3 & 4 \\ -1 & -1 & -1 & -1 & 3 & 4 \\ -1 & -1 & -1 & -1 & -1 & 4 \\ -1 & -1 & -1 & -1 & -1 & -1 \end{bmatrix}$$

图10-38   经由顶点v_4的D和P的存储状态

⑦ 考查顶点v_5。从顶点v_5到其他各顶点不存在路径，故无须更新最短路径矩阵和前驱顶点矩阵。根据以上分析，图G_7的各个顶点间的最短路径及长度如图10-39所示。

（2）各个顶点之间的最短路径算法实现

根据以上Floyd算法思想，各个顶点之间的最短路径算法实现如下。

```python
def Floyd_Short_Path(self):
# 用Floyd算法求有向网N任意顶点之间的最短路径，其中D[u][v]表示从u到v当前得到的最短路径，
P[u][v]存放的是u到v的前驱顶点
    MAXSIZE=20
    D = [[None for col in range(MAXSIZE)] for row in range(MAXSIZE)]
    P = [[None for col in range(MAXSIZE)] for row in range(MAXSIZE)]
    for u in range(self.vexnum):                    # 初始化最短路径长度D和前驱顶点矩阵P
```

```
        for v in range(self.vexnum):
            D[u][v]=self.arc[u][v]                # 初始时，顶点u到顶点v的最短路径为u到v的
                                                     弧的权值
            if u!=v and self.arc[u][v]<float('inf'):    # 若顶点u到v存在弧
                P[u][v]=u                         # 则路径（u,v）的前驱顶点为u
            else:                                 # 否则
                P[u][v]=-1                        # 路径（u,v）的前驱顶点为-1
    for w in range(self.vexnum):                  # 依次考查所有顶点
        for u in range(self.vexnum):
            for v in range(self.vexnum):
                if D[u][v]>D[u][w]+D[w][v]:       # 从u经w到v的一条路径为当前最短的路径
                    D[u][v]=D[u][w]+D[w][v]       # 更新u到v的最短路径长度
                    P[u][v]=P[w][v]               # 更新最短路径中u到v的前驱顶点
```

程序运行结果如下所示。

```
有向网具有6个顶点9条弧，顶点依次是：
v0 v1 v2 v3 v4 v5
有向网N的：
序号i=   0     1     2     3     4     5
    0    ∞    30    60    ∞   150    40
    1    ∞    ∞    40   100    ∞    ∞
    2    ∞    ∞    ∞    50    ∞    ∞
    3    ∞    ∞    ∞    ∞    30    ∞
    4    ∞    ∞    ∞    ∞    ∞    10
    5    ∞    ∞    ∞    ∞    ∞    ∞

利用Floyd算法得到的最短路径矩阵：
    ∞    30    60   110   140    40
    ∞    ∞    40    90   120   130
    ∞    ∞    ∞    50    80    90
    ∞    ∞    ∞    ∞    30    40
    ∞    ∞    ∞    ∞    ∞    10
    ∞    ∞    ∞    ∞    ∞    ∞

存储最短路径前驱结点下标的列表path的值为：
下标：  0    1    2    3    4    5
    0   -1    0    0    2    3    0
    1   -1   -1    1    2    3    4
    2   -1   -1   -1    2    3    4
    3   -1   -1   -1   -1    3    4
    4   -1   -1   -1   -1   -1    4
    5   -1   -1   -1   -1   -1   -1
顶点v0到各顶点的最短路径长度为：
v0 - v1 : 30
v0 - v2 : 60
v0 - v3 : 110
v0 - v4 : 140
v0 - v5 : 40
```

图10-39 带权有向图 G_7 各个顶点之间的最短路径及长度

D^{-1}

D	0	1	2	3	4	5
0	∞	30	60	∞	150	40
1	∞	∞	40	100	∞	∞
2	∞	∞	∞	50	∞	∞
3	∞	∞	∞	∞	30	∞
4	∞	∞	∞	∞	∞	10
5	∞	∞	∞	∞	∞	∞

D^{0}

D	0	1	2	3	4	5
0	∞	30	60	∞	150	40
1	∞	∞	40	100	∞	∞
2	∞	∞	∞	50	∞	∞
3	∞	∞	∞	∞	30	∞
4	∞	∞	∞	∞	∞	10
5	∞	∞	∞	∞	∞	∞

D^{1}

D	0	1	2	3	4	5
0	∞	30	60	130	150	40
1	∞	∞	40	100	∞	∞
2	∞	∞	∞	50	∞	∞
3	∞	∞	∞	∞	30	∞
4	∞	∞	∞	∞	∞	10
5	∞	∞	∞	∞	∞	∞

D^{2}

D	0	1	2	3	4	5
0	∞	30	60	110	150	40
1	∞	∞	40	90	∞	∞
2	∞	∞	∞	50	∞	∞
3	∞	∞	∞	∞	30	∞
4	∞	∞	∞	∞	∞	10
5	∞	∞	∞	∞	∞	∞

D^{3}

D	0	1	2	3	4	5
0	∞	30	60	110	140	40
1	∞	∞	40	90	120	∞
2	∞	∞	∞	50	80	∞
3	∞	∞	∞	∞	30	∞
4	∞	∞	∞	∞	∞	10
5	∞	∞	∞	∞	∞	∞

D^{4}

D	0	1	2	3	4	5
0	∞	30	60	110	140	40
1	∞	∞	40	90	120	130
2	∞	∞	∞	50	80	90
3	∞	∞	∞	∞	30	40
4	∞	∞	∞	∞	∞	10
5	∞	∞	∞	∞	∞	∞

D^{5}

D	0	1	2	3	4	5
0	∞	30	60	110	140	40
1	∞	∞	40	90	120	130
2	∞	∞	∞	50	80	90
3	∞	∞	∞	∞	30	40
4	∞	∞	∞	∞	∞	10
5	∞	∞	∞	∞	∞	∞

P^{-1}

P	0	1	2	3	4	5
0		v_0v_1	v_0v_2		v_0v_4	v_0v_5
1			v_1v_2	v_1v_3		
2				v_2v_3		
3					v_3v_4	
4						v_4v_5
5						

P^{0}

P	0	1	2	3	4	5
0		v_0v_1	v_0v_2		v_0v_4	v_0v_5
1			v_1v_2	v_1v_3		
2				v_2v_3		
3					v_3v_4	
4						v_4v_5
5						

P^{1}

P	0	1	2	3	4	5
0		v_0v_1	v_0v_2	$v_0v_1v_3$	v_0v_4	v_0v_5
1			v_1v_2	v_1v_3		
2				v_2v_3		
3					v_3v_4	
4						v_4v_5
5						

P^{2}

P	0	1	2	3	4	5
0		v_0v_1	v_0v_2	$v_0v_2v_3$	v_0v_4	v_0v_5
1			v_1v_2	$v_1v_2v_3$		
2				v_2v_3		
3					v_3v_4	
4						v_4v_5
5						

P^{3}

P	0	1	2	3	4	5
0		v_0v_1	v_0v_2	$v_0v_2v_3$	$v_0v_2v_3v_4$	v_0v_5
1			v_1v_2	$v_1v_2v_3$	$v_1v_2v_3v_4$	
2				v_2v_3	$v_2v_3v_4$	
3					v_3v_4	
4						v_4v_5
5						

P^{4}

P	0	1	2	3	4	5
0		v_0v_1	v_0v_2	$v_0v_2v_3$	$v_0v_2v_3v_4$	v_0v_5
1			v_1v_2	$v_1v_2v_3$	$v_1v_2v_3v_4$	$v_1v_2v_3v_4v_5$
2				v_2v_3	$v_2v_3v_4$	$v_2v_3v_4v_5$
3					v_3v_4	$v_3v_4v_5$
4						v_4v_5
5						

P^{5}

P	0	1	2	3	4	5
0		v_0v_1	v_0v_2	$v_0v_2v_3$	$v_0v_2v_3v_4$	v_0v_5
1			v_1v_2	$v_1v_2v_3$	$v_1v_2v_3v_4$	$v_1v_2v_3v_4v_5$
2				v_2v_3	$v_2v_3v_4$	$v_2v_3v_4v_5$
3					v_3v_4	$v_3v_4v_5$
4						v_4v_5
5						

Python

第11章
查找

查找是软件开发使用最多的技术，可能使用最多的是按"姓名""专业""数据结构与算法"等字符串进行检索，这些按关键字进行匹配的方法其实就是查找技术。查找技术可分为静态查找和动态查找，动态查找还需用到前面所讲的二叉树和树结构。本章将系统介绍静态查找、动态查找、哈希查找等查找技术。

学习目标：

- 查找的基本概念。
- 有序顺序表的查找和索引顺序表的查找。
- 二叉排序树和平衡二叉树。
- B− 树和B+ 树。
- 哈希表。

知识点框架：

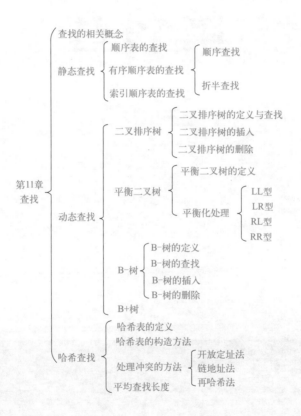

11.1 查找的基本概念

在介绍有关查找的算法之前，先介绍与查找相关的基本概念。

查找表（search table）：由同一种类型的数据元素构成的集合。查找表中的数据元素是完全松散的，数据元素之间没有直接的联系。

查找：根据关键字在特定的查找表中找到一个与给定关键字相同的数据元素的操作。如果在表中找到相应的数据元素，则称查找是成功的；否则，称查找是失败的。例如，表11-1为学生学籍信息，如果要查找入学年份为"2008"并且姓名是"刘华平"的学生，则可以先利用姓名将记录定位（如果有重名的），然后在入学年份中查找为"2008"的记录。

表11-1　学生学籍信息表

学号	姓名	性别	出生年月	所在院系	家庭住址	入学年份
200609001	张力	男	1988.09	信息管理	陕西西安	2006
200709002	王平	女	1987.12	信息管理	四川成都	2007
200909107	陈红	女	1988.01	通信工程	安徽合肥	2009
200809021	刘华平	男	1988.11	计算机科学	江苏常州	2008
200709008	赵华	女	1987.07	法学院	山东济宁	2007

关键字（key）与主关键字（primary key）：数据元素中某个数据项的值。如果该关键字可以将所有的数据元素区别开来，也就是说可以唯一标识一个数据元素，则该关键字被称为主关键字，否则被称为次关键字。特别地，如果数据元素只有一个数据项，则数据元素的值是关键字。

静态查找（static search）：仅仅在数据元素集合中查找是否存在与关键字相等的数据元素。静态查找过程中的存储结构称为静态查找表。

动态查找（dynamic search）：在查找过程中，同时在数据元素集合中插入数据元素，或者在数据元素集合中删除某个数据元素。动态查找过程中所使用的存储结构称为动态查找表。

通常为了讨论查找的方便，要查找的数据元素中仅仅包含关键字。

平均查找长度（average search length）：衡量查找算法的效率标准。在查找过程中，需要比较关键字的平均次数。平均查找长度的数学定义为：$ASL = \sum_{i=1}^{n} P_i C_i$。式中，$P_i$表示查找表中第$i$个数据元素的概率；$C_i$表示在找到第$i$个数据元素时，与关键字比较的次数。

11.2　静态查找

静态查找主要包括顺序表、有序顺序表和索引顺序表的查找。

11.2.1　顺序表的查找

顺序表的查找是指从表的一端开始，逐个与关键字进行比较，如果某个数据元素的关键字与给定的关键字相等，则查找成功，函数返回该数据元素所在的顺序表位置；否则，查找失败，返回0。

为了算法实现方便，直接用数据元素代表数据元素的关键字。顺序表的存储结构描述如下。

```python
class SSTable:
    def _init_(self):
        self.list=[]
        self.length=0
```

顺序表的查找算法描述如下：

```python
def SeqSearch(self,x):
    # 在顺序表中查找关键字为x的元素，如果找到，返回该元素在表中的位置；否则返回0
    i=0
    while i<self.length and self.list[i]!=x: #从顺序表的第一个元素开始比较
        i+=1
    if i>=self.length:
        return 0
    elif self.list[i]==x:
        return i+1
```

以上算法也可以通过设置监视哨的方法实现，其算法描述如下：

```python
def SeqSearch2(self,x):
    # 设置监视哨S.list[0]，在顺序表中查找关键字为x的元素，如果找到，返回该元素在表中的
位置；否则返回0
    i = self.length
    self.list[0] = x          # 将关键字存放在第0号位置，防止越界
    while self.list[i] != x:   # 从顺序表的最后一个元素开始向前比较
        i-=1
    return i
```

其中，S.list[0]（self.list[0]）被称为监视哨，可以防止出现数组越界。

在通过监视哨方法进行查找时，需要从列表的下标为1开始存放顺序表中的元素，下标为0的位置需要预留出，以存放待查找元素，创建顺序表的算法实现如下：

```python
def CreateTable(self,data):
    self.list.append(None)
    for e in data:
        self.list.append(e)
    self.length=len(self.list)-1
```

下面分析带监视哨查找算法的效率。假设表中有n个数据元素，且数据元素在表中出现的概率都相等，即为$\dfrac{1}{n}$，则顺序表在查找成功时的平均查找长度为

$$\text{ASL}_{成功} = \sum_{i=1}^{n} P_i C_i = \sum_{i=1}^{n} \frac{1}{n}(n-i+1) = \frac{n+1}{2}$$

即查找成功时平均比较次数约为表长的一半。在查找失败时，即要查找的元素没有在表中，则每次比较都需要进行$n+1$次。

11.2.2　有序顺序表的查找

所谓有序顺序表，是指顺序表中的元素是以关键字进行有序排列的。有序顺序表的查找有两种方法：顺序查找和折半查找。

（1）顺序查找

有序顺序表的顺序查找算法与顺序表的查找算法类似。但是在通常情况下，不需要比较表中的所有元素。如果要查找的元素在表中，则返回该元素的序号，否则返回0。例如，一个有序顺序表的数据元素集合为{10，20，30，40，50，60，70，80}，如果要查找数据元素关键字为56，从最后一个元素开始与50比较，当比较到50时就不需要再往前比较了。前面的元素值都小于关键字56，因此，该表中不存在要查找的关键字。设置监视哨的有序顺序表的查找算法描述如下 。

```python
def SeqSearch3(self,x):
    # 在有序顺序表中查找关键字为x的元素，监视哨为S.list[0]，如果找到，返回该元素在表中
的位置；否则返回0
    i = S.length
    S.list[0]= x                  # 将关键字存放在第0号位置，防止越界
    while S.list[i] > x:          # 从有序顺序表的最后一个元素开始向前比较
        i-=1
    if S.list[i]==x:
            return i
    else:
            return 0
```

假设表中有 n 个元素且要查找的数据元素在数据元素集合中出现的概率相等，即为 $\frac{1}{n}$ ，则有序顺序表在查找成功时的平均查找长度为 $ASL_{成功}=\sum_{i=1}^{n}P_iC_i=\sum_{i=1}^{n}\frac{1}{n}(n-i+1)=\frac{n+1}{2}$ ，即查找成功时平均比较次数约为表长的一半。在查找失败时，即要查找的元素没有在表中，则平均查找长度为 $ASL_{失败}=\sum_{i=1}^{n}P_iC_i=\sum_{i=1}^{n}\frac{1}{n}(n-i+1)=\frac{n+1}{2}$ ，即查找失败时平均比较次数也同样约为表长的一半。

（2）折半查找

折半查找的前提条件是表中的数据元素有序排列。所谓折半查找，是在所要查找元素集合的范围内，依次与表中间的元素进行比较，如果找到与关键字相等的元素，则说明查找成功，否则利用中间位置将表分成两段。如果查找关键字小于中间位置的元素值，则进一步与前一个子表的中间位置元素比较；否则与后一个子表的中间位置元素进行比较。重复以上操作，直到找到与关键字相等的元素，表明查找成功。如果子表为空表，表明查找失败。折半查找又称为二分查找。

例如，一个有序顺序表为（9，23，26，32，36，47，56，63，79，81），如果要查找56。利用以上折半查找思想，折半查找的过程如图11-1所示。其中，low和high表示两个指针，分别指向待查找元素的下界和上界，指针mid指向low和high的中间位置，即

mid=(low+high)/2。

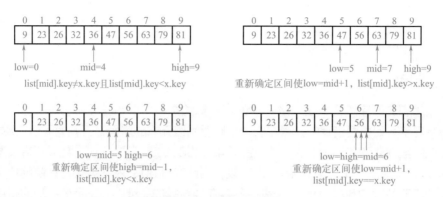

图11-1　折半查找过程

在图11-1中，当mid=4时，因为36<56，说明要查找的元素应该在36之后的位置，所以需要将指针low移动到mid的下一个位置，即令low=5，而high不需要移动。这时有mid=(5+9)/2=7，而63>56，说明要查找的元素应该在mid之前，因此需要将high移动到mid前一个位置，即high=mid-1=6。这时有mid=(5+6)/2，取为5，又因为47<56，所以需要修改low，使low=6。这时有low=high=6，mid=(6+6)/2=6，有list[mid].key==x.key。所以查找成功。如果下界指针low>上界指针high，则表示表中没有与关键字相等的元素，查找失败。

折半查找的算法描述如下。

```python
def BinarySearch(self,x):
    # 在有序顺序表中折半查找关键字为x的元素，如果找到，返回该元素在表中的位置；否则返回0
    low = 0
    high = self.length - 1          # 设置待查找元素范围的下界和上界
    while low <= high:
        mid = (low + high) // 2
        if self.list[mid] == x:     # 如果找到元素，则返回该元素所在的位置
            return mid + 1
        elif self.list[mid] < x:    # 如果mid所指示的元素小于关键字，则修改low指针
            low = mid + 1
        elif self.list[mid]> x:     # 如果mid所指示的元素大于关键字，则修改high指针
            high = mid - 1
    return 0
```

用折半查找算法查找关键字56的元素时，需要比较的次数为4次。从图11-1中可以看出，查找元素36时需要比较1次，查找元素63时需要比较2次，查找元素47时需要比较3次，查找56需要比较4次。整个查找过程可以用图11-2所示的二叉判定树来表示。树中的每个结点表示表中元素的关键字。

从图11-2中的判定树可以看出，查找关键字为56的过程正好是从根结点到元素值为56的结点的路径。所要查找元素所在判定树的层次就是折半查找要比较的次数。因此，假设表中具有n个元素，折半查找成功时，至多需要比较次数为$\lfloor \log_2 n \rfloor$+1。

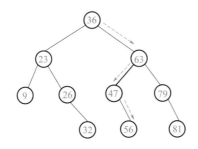

图11-2 折半查找关键字为56的过程的判定树

对于具有n个结点的有序表刚好能够构成一个深度为h的满二叉树，则有$h=\lfloor \log_2(n+1) \rfloor$。二叉树中第$i$层的结点个数是$2^{i-1}$，假设表中每个元素的查找概率相等，即$P_i=\dfrac{1}{n}$，则有序表折半查找成功时的平均查找长度为

$$ASL_{成功}=\sum_{i=1}^{n}P_iC_i=\sum_{i=1}^{h}\frac{1}{n}i\times 2^i=\frac{n+1}{n}\log_2(n+1)+1$$

在查找失败时，即要查找的元素没有在表中，则有序顺序表折半查找失败时的平均查找长度为

$$ASL_{失败}=\sum_{i=1}^{n}P_iC_i=\sum_{i=1}^{h}\frac{1}{n}\log_2(n+1)=\log_2(n+1)$$

11.2.3 索引顺序表的查找

索引顺序表的查找是将顺序表分成几个单元，然后为这几个单元建立一个索引，利用索引在其中一个单元中进行查找。索引顺序表查找也称为分块查找，主要应用于表中存在大量数据元素的时候，通过为顺序表建立索引和分块来提高查找的效率。

通常将为顺序表提供索引的表称为索引表，索引表分为两个部分：一个用来存储顺序表中每个单元最大的关键字，另一个用来存储顺序表中每个单元第一个元素的下标。索引表中的关键字必须是有序的，主表中元素可以是按关键字有序排列，也可以是在单元内或块中是有序的，即后一个单元中所有元素的关键字都大于前一个单元中元素的关键字。一个索引顺序表如图11-3所示。

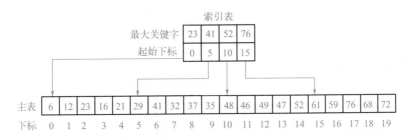

图11-3 索引顺序表

从图11-3中可以看出，索引表将主表分为4个单元，每个单元有5个元素。要查找主表中的某个元素，需要分为两步查找：第一步，需要确定要查找元素所在的单元；第二步，在该单元内进行查找。例如，要查找关键字为47的元素，首先需要将47与索引表中的关键字进行比较，因为41<关键字47<52，所以需要在第3个单元中查找。该单元的起始下标是10，

因此从主表中下标为10的位置开始查找，直到找到关键字为47的元素为止。如果主表中不存在该元素，则只需要将关键字47与第3个单元中的5个元素进行比较，如果都不相等，则说明查找失败。

因为索引表中的元素是按照关键字有序排列的，所以在确定元素所在的单元时，可以用顺序查找法查找索引表，也可以采用折半查找法查找索引表。但是在主表中的元素是无序的，因此只能采用顺序查找法查找。索引顺序表的平均查找长度可以表示为ASL$=L_{index}+L_{unit}$。式中，L_{index}是索引表的平均查找长度；L_{unit}是单元中元素的平均查找长度。

假设主表中的元素个数为n，并将该主表平均分为b个单元，且每个单元有s个元素，即$b=n/s$。如果表中的元素查找概率相等，则每个单元中元素的查找概率就是$1/s$，主表中每个单元的查找概率是$1/b$。如果用顺序查找法查找索引表中的元素，则索引顺序表查找成功时的平均查找长度为$ASL_{成功}=L_{index}+L_{unit}=\dfrac{1}{b}\sum_{i=1}^{b}i+\dfrac{1}{s}\sum_{j=1}^{s}j=\dfrac{b+1}{2}+\dfrac{s+1}{2}=\dfrac{1}{2}\times\left(\dfrac{n}{s}+s\right)+1$。

如果用折半查找法查找索引表中的元素，则有$L_{index}=\dfrac{b+1}{b}\log_2(b+1)+1\approx\log_2(b+1)-1$，将其代入$ASL_{成功}=L_{index}+L_{unit}$中，则索引顺序表查找成功时的平均查找长度为$ASL_{成功}=L_{index}+L_{unit}=\log_2(b+1)-1+\dfrac{1}{s}\sum_{j=1}^{s}j=\log_2(b+1)-1+\dfrac{s+1}{2}\approx\log_2(n/s+1)+\dfrac{s}{2}$。

当然，如果主表中每个单元的元素个数不相等时，就需要在索引表中增加一项，即用来存储主表中每个单元元素的个数。将这种利用索引表示的顺序表称为不等长索引顺序表。例如，一个不等长的索引顺序表如图11-4所示。

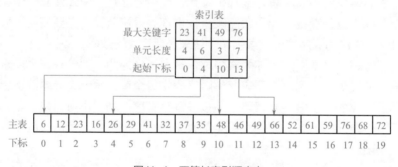

图11-4　不等长索引顺序表

11.3　动态查找

动态查找是指在查找的过程中动态生成表结构。对于给定的关键字，如果表中存在则返回其位置，表示查找成功；否则，插入该关键字的元素。动态查找包括二叉树和树结构两种类型的查找。

11.3.1　二叉排序树

二叉排序树也称为二叉查找树。二叉排序树的查找是一种常用的动态查找方法。下面介绍二叉排序树的定义与查找、二叉排序树的插入和删除，以及二叉排序树的应用举例。

（1）二叉排序树的定义与查找

所谓二叉排序树，或者是一棵空二叉树，或者是具有以下性质的二叉树。

① 如果二叉树的左子树不为空，则左子树上每一个结点的值都小于其对应根结点的值。

② 如果二叉树的右子树不为空，则右子树上每一个结点的值都大于其对应根结点的值。

③ 该二叉树的左子树和右子树也满足性质①和②，即左子树和右子树也是一棵二叉排序树。

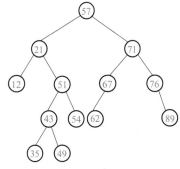

显然，这是一个递归的定义。图11-5为一棵二叉排序树。图11-5中的每个结点是对应元素关键字的值。

从图11-5中可以看出，其中每个根结点的值都大于其所有左子树结点的值，而小于其所有右子树中结点的值。如果要查找与二叉树中某个关键字相等的结点，可以从根结点开始，与给定的关键字比较，如果相等，则查找成功。如果给定的关键字小于根结点的值，则在该根结点的左子树中查找。如果给定的关键字大于根结点的值，则在该根结点的右子树中查找。

图11-5　二叉排序树

采用二叉树的链式存储结构，二叉排序树的类型定义如下：

```
class BiTreeNode:
    def _init_(self,data,lchild=None,rchild=None):
        self.data=data
        self.lchild=lchild
        self.rchild=rchild
```

二叉排序树的查找算法描述如下。

```
def BSTSearch(self,x):      # 二叉排序树的查找，如果找到元素x，则返回指向结点的指针，
                            #   否则返回None
    T=self.root
    if T!=None:             # 如果二叉排序树不为空
        p=T
    while p!=None:
        if p.data==x:       # 如果找到，则返回指向该结点的指针
            return p
        elif x<p.data:      # 如果关键字小于p指向的结点的值，则在左子树中查找
            p=p.lchild
        else:
            p=p.rchild      # 如果关键字大于p指向的结点的值，则在右子树中查找
    return None
```

利用二叉排序树的查找算法思想，如果要查找关键字为x.key=62的元素，从根结点开始，依次将该关键字与二叉树的根结点比较。因为有62>57，所以需要在根结点为57的右子树中进行查找。因为有62<71，所以需要在以71为根结点的左子树中继续查找。因为有

62<67，所以需要在根结点为67的左子树中查找。因为该关键字与结点为67的左孩子结点对应的关键字相等，所以查找成功，返回结点62对应的指针。如果要查找关键字为20的元素，当比较到结点为12的元素时，因为关键字12对应的结点不存在右子树，所以查找失败，返回NULL。

在二叉排序树的查找过程中，查找某个结点的过程正好是走了从根结点到要查找结点的路径，其比较的次数正好是路径长度+1，这类似于折半查找，与折半查找不同的是由n个结点构成的判定树是唯一的，而由n个结点构成的二叉排序树则不唯一。例如，图11-6、图11-7为两棵二叉排序树，其元素的关键字序列分别是{57，21，71，12，51，67，76}和{12，21，51，57，67，71，76}。

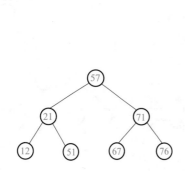

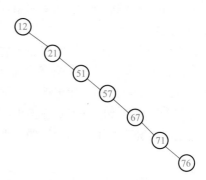

图11-6　高度为3的二叉排序树　　　图11-7　高度为7的二叉排序树

在图11-6、图11-7中，假设每个元素的查找概率都相等，则图11-6的平均查找长度为$\text{ASL}_{成功}=\frac{1}{7}\times(1+2\times2+4\times3)=\frac{17}{7}$，图11-7的平均查找长度为$\text{ASL}_{成功}=\frac{1}{7}\times(1+2+3+4+5+6+7)=\frac{28}{7}$。因此，树的平均查找长度与树的形态有关。如果二叉排序树有n个结点，则在最坏的情况下，平均查找长度为n；在最好的情况下，平均查找长度为$\log_2 n$。

（2）二叉排序树的插入操作

二叉排序树的插入操作过程其实就是二叉排序树的建立过程。二叉树的插入操作从根结点开始，首先要检查当前结点是否为要查找的元素，如果是，则不进行插入操作；否则，将结点插入到查找失败时结点的左指针或右指针处。在算法的实现过程中，需要设置一个指向下一个要访问结点的双亲结点指针parent，就是需要记下前驱结点的位置，以便在查找失败时进行插入操作。

假设当前结点指针cur为空，则说明查找失败，需要插入结点。如果parent.data大于要插入的结点x，则需要将parent的左指针指向x，使x成为parent的左孩子结点。如果parent.data小于要插入的结点x，则需要将parent的右指针指向x，使x成为parent的右孩子结点。如果二叉排序树为空树，则使当前结点成为根结点。在整个二叉排序树的插入过程中，其插入操作都是在叶子结点处进行的。

二叉排序树的插入操作算法描述如下。

```python
def BSTInsert(self,x):
    # 二叉排序树的插入操作，如果树中不存在元素x，则将x插入到正确的位置并返回1，否则返回0
```

```
if self.root is None:
    self.root = BiTreeNode(x)
    return


parent = self.root
while True:
    e = parent.data
    if x < e:                    # 如果关键字x小于parent指向的结点的值，则在左子树中查找
        if parent.lchild is None:
            parent.lchild = BiTreeNode(x)
        else:
            parent = parent.lchild
    elif x > e:                  # 如果关键字x大于parent指向的结点的值，则在右子树中查找
        if parent.rchild is None:
            parent.rchild = BiTreeNode(x)
        else:
            parent = parent.rchild
    else:
        return
```

对于一个关键字序列{37，32，35，62，82，95，73，12，5}，根据二叉排序树的插入算法思想，对应的二叉排序树插入过程如图11-8所示。

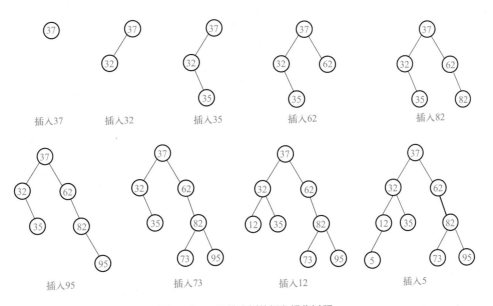

图11-8　二叉排序树的插入操作过程

从图11-8可以看出，通过中序遍历二叉排序树，可以得到一个关键字有序的序列{5，12，32，35，37，62，73，82，95}。因此，构造二叉排序树的过程就是对一个无序的序列排序的过程，且每次插入的结点都是叶子结点。在二叉排序树的插入操作过程中，不需要移动结点，仅需要移动结点指针，实现较为容易。

（3）二叉排序树的删除操作

在二叉排序树中删除一个结点后，剩下的结点仍然构成一棵二叉排序树，即保持原来的特性。删除二叉排序树中的一个结点可以分为三种情况讨论。假设要删除的结点由指针 s 指示，指针 p 指向 s 的双亲结点，设 S 为 P 的左孩子结点。二叉排序树的各种删除情形如图11-9所示。

① 如果 s 指向的结点为叶子结点，其左子树和右子树为空，删除叶子结点不会影响到树的结构特性，因此只需要修改 p 的指针即可。

② 如果 s 指向的结点只有左子树或只有右子树，在删除了结点 S 后，只需要将 S 结点的左子树 S_L 或右子树 S_R 作为 P 的左孩子，即 p.lchild=s.lchild 或 p.lchid=s.rchild。

③ 如果 S 结点的左子树和右子树都存在，在删除结点 S 之前，二叉排序树的中序序列为 $\{\cdots Q_L Q \cdots X_L XY_L YSS_R P \cdots\}$，因此，在删除了结点 S 之后，有两种方法调整使该二叉树仍然保持原来的性质不变。第一种方法是使结点 S 的左子树作为结点 P 的左子树，结点 S 的右子树成为结点 Y 的右子树。第二种方法是使结点 S 的直接前驱取代结点 S，并删除 S 的直接前驱结点 Y，然后令结点 Y 原来的左子树作为结点 X 的右子树。

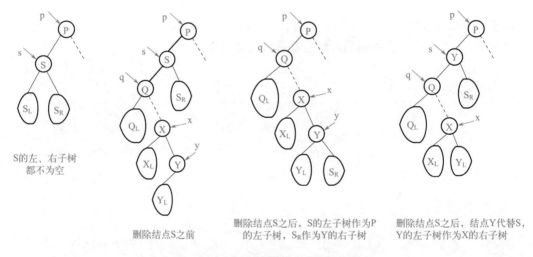

图11-9　二叉排序树删除操作的各种情形

二叉排序树的删除操作算法描述如下。

```python
def BSTDelete2(self,x):
# 在二叉排序树T中存在值为x的数据元素时，删除该数据元素结点，并返回1，否则返回0
    p,s=None,self.root
    if not s:                    # 如果不存在值为x的数据元素，则返回0
        print('二叉树为空，不能进行删除操作')
        return 0
    else:
        while s:
```

```
        if s.data!=x:
            p = s
        else:                    # 如果找到值为x的数据元素，则s为要删除的结点
            break
        if x < s.data:    # 如果当前元素值大于x的值，则在该结点的左子树中查找并删除之
            s = s.lchild
        else:                    # 如果当前元素值小于x的值，则在该结点的右子树中查找并删除之
            s = s.rchild
# 从二叉排序树中删除结点s，并使该二叉排序树性质不变
if not s.lchild:    # 如果s的左子树为空，则使s的右子树成为被删结点双亲结点的左子树
    if p is None:
        self.root=s.rchild
    elif s== p.lchild:
        p.lchild=s.rchild
    else:
        p.rchild=s.rchild
    return
if not s.rchild:        # 如果s的右子树为空，则使s的左子树成为被删结点双亲结点的左子树
    if p is None:
        self.root=s.lchild
    elif s== p.lchild:
        p.lchild=s.lchild
    else:
        p.rchild=s.lchild
    return

    # 如果s的左、右子树都存在，则使s的直接前驱结点代替s，并使该直接前驱结点的左子树成为其
双亲结点的右子树结点
x_node=s
y_node=s.lchild
while y_node.rchild:
    x_node=y_node
    y_node = y_node.rchild
s.data=y_node.data        # 结点S被y_node取代
if x_node!=s:               # 如果结点s的左孩子结点不存在右子树
    x_node.rchild = y_node.lchild      # 使y_node的左子树成为x_node的右子树
else:                       # 如果结点s的左孩子结点存在右子树
    x_node.lchild = y_node.lchild      # 使y_node的左子树成为x_node的左子树
```

删除二叉排序树中的任意一个结点后，二叉排序树性质保持不变。

（4）二叉排序树的应用举例

【例11-1】 给定一组元素序列{37, 32, 35, 62, 82, 95, 73, 12, 5}，利用二叉排序树的插入算法创建一棵二叉排序树，然后查找元素值为32的元素，并删除该元素，然后以中序序

列输出该元素序列。

【分析】 通过给定一组元素值，利用插入算法，将元素插入到二叉树中构成一棵二叉排序树，然后利用查找算法实现二叉排序树的查找。

```python
if _name_ == '_main_':
    table=[37, 32, 35, 62, 82, 95, 73, 12, 5]
    S=BiSearchTree()
    # S=S.CreateBiSearchTree(table)
    for i in range(len(table)):
        S.BSTInsert(table[i])
    T=S.root
    print("中序遍历二叉排序树得到的序列为:")
    S.InOrderTraverse(T)
    x = int(input('\n请输入要查找的元素:'))
    p=S.BSTSearch(x)
    if p != None:
        print("二叉排序树查找，关键字%d存在! "%x)
    else:
        print("查找失败! ")
    S.BSTDelete3(x)
    print('删除%d后，二叉排序树元素序列:'%x)
    S.InOrderTraverse(T)
def InOrderTraverse(self,T):
# 中序遍历二叉排序树的递归实现
    if T!=None:                              # 如果二叉排序树不为空
        self.InOrderTraverse(T.lchild)       # 中序遍历左子树
        print("%d"%T.data,end=' ')           # 访问根结点
        self.InOrderTraverse(T.rchild)       # 中序遍历右子树
```

程序运行结果如下所示。

```
中序遍历二叉排序树得到的序列为:
5 12 32 35 37 62 73 82 95
请输入要查找的元素:32
二叉排序树查找，关键字32存在!
删除32后，二叉排序树元素序列:
5 12 35 37 62 73 82 95
```

11.3.2　平衡二叉树

二叉排序树查找在最坏的情况下，二叉排序树的深度为n，其平均查找长度为n。因此，为了减少二叉排序树的查找次数，需要进行平衡化处理，平衡化处理后得到的二叉树称为平衡二叉树。

（1）平衡二叉树的定义

　　平衡二叉树或者是一棵空二叉树，或者是具有以下性质的二叉树：平衡二叉树左子树和右子树深度之差的绝对值小于等于1，且左子树和右子树也是平衡二叉树。平衡二叉树也称为AVL树。

　　如果将二叉树中结点的平衡因子定义为结点的左子树与右子树之差，则平衡二叉树中每个结点平衡因子的值只有三种可能：-1、0和1。例如，图11-10所示即为平衡二叉树，结点的右边表示平衡因子，因为所示二叉树既是二叉排序树又是平衡树，因此，该二叉树称为平衡二叉排序树。如果在二叉树中有一个结点的平衡因子的绝对值大于1，则该二叉树是不平衡的。例如，图11-11所示为不平衡的二叉树。

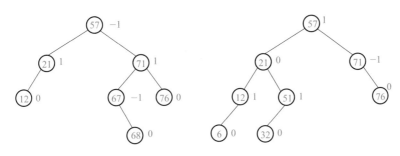

图11-10　平衡二叉树

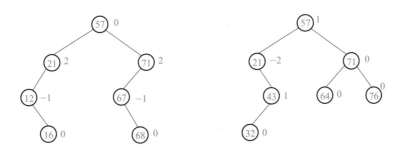

图11-11　不平衡二叉树

　　如果二叉排序树是平衡二叉树，则其平均查找长度与$\log_2 n$是同数量级的，就可以尽量减少与关键字比较的次数。

（2）二叉排序树的平衡处理

　　在二叉排序树中插入一个新结点后，如何保证该二叉树是平衡二叉排序树呢？假设有一个关键字序列{5，34，45，76，65}，依照此关键字序列建立二叉排序树，且使该二叉排序树是平衡二叉排序树。构造平衡二叉排序树的过程如图11-12所示。

　　初始时，二叉树是空树，因此是平衡二叉树。在空二叉树中插入结点5，该二叉树依然是平衡的。当插入结点34后，该二叉树仍然是平衡的，结点5的平衡因子变为-1。当插入结点45后，结点5的平衡因子变为-2，二叉树不平衡，需要进行调整。只需要以结点34为轴进行逆时针旋转，将二叉树变为以34为根结点，这时各个结点的平衡因子都为0，二叉树转换为平衡二叉树。

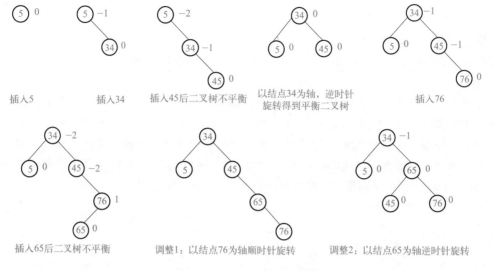

| 插入5 | 插入34 | 插入45后二叉树不平衡 | 以结点34为轴，逆时针旋转得到平衡二叉树 | 插入76 |

插入65后二叉树不平衡　　　　调整1：以结点76为轴顺时针旋转　　　　调整2：以结点65为轴逆时针旋转

图11-12　平衡二叉树的调整过程

继续插入结点76，二叉树仍然是平衡的。当插入结点65时，该二叉树失去了平衡，如果仍然按照上述方法仅仅以结点45为轴进行旋转，就会失去二叉排序树的性质。为了保持二叉排序树的性质，又要保证该二叉树是平衡的，需要进行两次调整：先以结点76为轴进行顺时针旋转，然后以结点65为轴进行逆时针旋转。

一般情况下，新插入结点可能使二叉排序树失去平衡，通过使插入点最近的祖先结点恢复平衡，从而使上一层祖先结点恢复平衡。因此，为了使二叉排序树恢复平衡，需要从离插入点最近的结点开始调整。失去平衡的二叉排序树类型及调整方法可以归纳为以下四种情形。

① LL型。LL型是指在离插入点最近的失衡结点左孩子的左子树中插入结点，导致二叉排序树失去平衡，如图11-13所示。距离插入点最近的失衡结点为A，插入新结点X后，结点A的平衡因子由1变为2，该二叉排序树失去平衡。为了使二叉树恢复平衡且保持二叉排序树的性质不变，可以使结点A作为结点B的右子树，结点B的右子树作为结点A的左子树。这样就能恢复该二叉排序树的平衡，这相当于以结点B为轴，对结点A进行顺时针旋转。

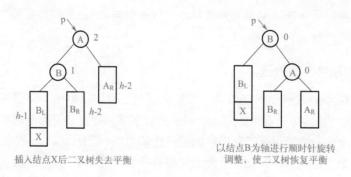

插入结点X后二叉树失去平衡　　　　以结点B为轴进行顺时针旋转调整，使二叉树恢复平衡

图11-13　LL型二叉排序树的调整

为平衡二叉排序树的每个结点增加一个域bf，用来表示对应结点的平衡因子，则平衡二叉排序树的类型定义描述如下：

```
class BSTNode:                # 平衡二叉排序树的类型定义
    def _init_(self,data=None,bf=None):
        self.data=data
        self.bf=bf                # 结点的平衡因子
        self.lchild=None          # 左孩子指针
        self.rchild=None          # 右孩子指针
```

当二叉树失去平衡时，对LL型二叉排序树的调整，算法实现如下：

```
b=p.lchild                    # b指向p的左子树的根结点
p.lchild=b.rchild             # 将b的右子树作为p的左子树
b.rchild=p
p.bf,b.bf=0,0                 # 修改平衡因子
```

② LR型。LR型是指在离插入点最近的失衡结点左孩子的右子树中插入结点，导致二叉排序树失去平衡，如图11-14所示。

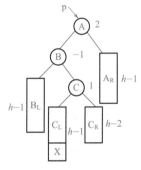 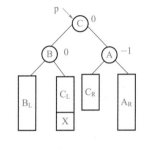

插入结点X后二叉树失去平衡　　　以结点B为轴进行逆时针旋转，然后以C为轴对A进行顺时针旋转

图11-14　LR型二叉排序树的调整

距离插入点最近的失衡结点为A，在C的左子树C_L下插入新结点X后，结点A的平衡因子由1变为2，该二叉排序树失去平衡。为了使二叉树恢复平衡且保持二叉排序树的性质不变，可以使结点B作为结点C的左子树，结点C的左子树作为结点B的右子树。将结点C作为新的根结点，结点A作为C的右子树的根结点，结点C的右子树作为A的左子树。这样就能恢复该二叉排序树的平衡。这相当于以结点B为轴，对结点C先做了一次逆时针旋转；然后以结点C为轴，对结点A做了一次顺时针旋转。

相应地，对于LR型二叉排序树的调整，算法实现如下：

```
BSTree b,c;
b=p->lchild,c=b->rchild;
b->rchild=c->lchild;                  /*将结点C的左子树作为结点B的右子树*/
p->lchild=c->rchild;                  /*将结点C的右子树作为结点A的左子树*/
c->lchild=b;                          /*将B作为结点C的左子树*/
c->rchild=p;                          /*将A作为结点C的右子树*/
/*修改平衡因子*/
```

```
p->bf=-1;
b->bf=0;
c->bf=0;
```

③ RL 型。RL 型是指在离插入点最近的失衡结点右孩子的左子树中插入结点，导致二叉排序树失去平衡，如图11-15所示。

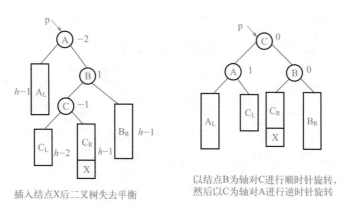

插入结点X后二叉树失去平衡

以结点B为轴对C进行顺时针旋转，
然后以C为轴对A进行逆时针旋转

图11-15　RL型二叉排序树的调整

距离插入点最近的失衡结点为A，在C的右子树C_R下插入新结点X后，结点A的平衡因子由-1变为-2，该二叉排序树失去平衡。为了使二叉树恢复平衡且保持二叉排序树的性质不变，可以使结点B作为结点C的右子树，结点C的右子树作为结点B的左子树。将结点C作为新的根结点，结点A作为C左子树的根结点，结点C的左子树作为A的右子树。这样就能恢复该二叉排序树的平衡。这相当于以结点B为轴，对结点C先做了一次顺时针旋转；然后以结点C为轴，对结点A做了一次逆时针旋转。

相应地，对于RL型二叉排序树的调整，算法实现如下：

```
b=p.rchild
c=b.lchild
b.lchild=c.rchild        # 将结点C的右子树作为结点B的左子树
p.rchild=c.lchild        # 将结点C的左子树作为结点A的右子树
c.lchild=p               # 将A作为结点C的左子树
c.rchild=b               # 将B作为结点C的右子树
#修改平衡因子
p.bf=1
b.bf=0
c.bf=0
```

④ RR 型。RR 型是指在离插入点最近的失衡结点右孩子的右子树中插入结点，导致二叉排序树失去平衡，如图11-16所示。

距离插入点最近的失衡结点为A，在结点B的右子树B_R下插入新结点X后，结点A的平衡因子由-1变为-2，该二叉排序树失去平衡。为了使二叉树恢复平衡且保持二叉排序树的性质不变，可以使结点A作为B左子树的根结点，结点B的左子树作为A的右子树。这样就能恢复该二叉排序树的平衡。这相当于以结点B为轴，对结点A做了一次逆时针旋转。

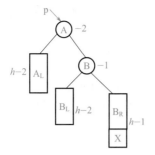 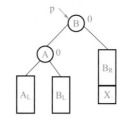

插入结点X后二叉树失去平衡　　　　　　　以结点B为轴对A进行逆时针旋转

图11-16　RR型二叉排序树的调整

相应地，对于RR型二叉排序树的调整可以用以下语句实现：

```
b=p.rchild
p.rchild=b.lchild        # 将结点B的左子树作为结点A的右子树
b.lchild=p               # 将A作为结点B的左子树
# 修改平衡因子
p.bf=0
b.bf=0
```

综合以上四种情况，在平衡二叉排序树中插入一个新结点e的算法描述如下：

① 如果平衡二叉排序树是空树，则插入的新结点作为根结点，同时将该树的深度增1。

② 如果二叉树中已经存在与结点e的关键字相等的结点，则不进行插入。

③ 如果结点e的关键字小于要插入位置结点的关键字，则将e插入到该结点的左子树位置，并将该结点的左子树高度增1，同时修改该结点的平衡因子；如果该结点的平衡因子绝对值大于1，则需要进行平衡化处理。

④ 如果结点e的关键字大于要插入位置结点的关键字，则将e插入到该结点的右子树位置，并将该结点的右子树高度增1，同时修改该结点的平衡因子；如果该结点的平衡因子绝对值大于1，则需要进行平衡化处理。

二叉排序树的平衡化处理算法实现包括2个部分：平衡二叉排序树的插入操作和平衡处理。平衡二叉排序树的插入算法实现如下。

```
def InsertAVL(self, T, e, taller):
    # 如果在平衡的二叉排序树T中不存在与e有相同关键字的结点，则将e插入并返回1，否则返回0
    # 如果插入新结点后使二叉排序树失去平衡，则进行平衡旋转处理
    if T==None:                 # 如果二叉排序树为空，则插入新结点，将taller置为1
        T=BSTNode()
        T.data=e
        T.bf=0
        taller=1
    else:
        if e==T.data:           # 如果树中存在和e的关键字相等的结点，则不进行插入操作
            taller=0
            return 0
```

```
    if e<T.data:              #  如果e的关键字小于当前结点的关键字，则继续在T的左子树中
                                 进行查找
        if self.InsertAVL(T.lchild,e,taller)==0:
        return 0
        if taller:            # 已插入到T的左子树中且左子树"长高"
            if T.bf==1:       # 检查T的平衡度，在插入之前，左子树比右子树高，需要做左平
                                 衡处理
                self.LeftBalance(T)
                taller=0
            elif T.bf==0:     # 在插入之前，左、右子树等高，树增高将taller置为1
                T.bf=1
                taller=1
            elif T.bf==-1:    # 在插入之前，右子树比左子树高，现左、右子树等高
                T.bf=0
                taller=0
    else:
        # 应继续在T的右子树中进行搜索
        if self.InsertAVL(T.rchild,e,taller)==0:
        return 0
        if taller:            # 已插入到T的右子树且右子树"长高"
            if T.bf==1:       # 检查T的平衡度,在插入之前，左子树比右子树高，现左、右子树等高
                T.bf=0
                taller=0
            elif T.bf==0:     # 在插入之前，左、右子树等高，现因右子树增高而使树增高
                T.bf=-1
                taller=1
            elif T.bf==-1:    # 在插入之前，右子树比左子树高，需要做右平衡处理
                self.RightBalance(T)
                taller=0
    return 1
```

二叉排序树的平衡处理算法实现包括四种情形：LL型、LR型、RL型和RR型。其实现代码如下所示。

① LL型的平衡处理。对于LL型的失去平衡的情形，只需要对离插入点最近的失衡结点进行一次顺时针旋转处理即可。其实现代码如下。

```
def RightRotate(self,p):
    # 对以p为根结点的二叉排序树进行右旋，处理之后p指向新的根结点，即旋转处理之前的左子树的
根结点
    lc=p.lchild                   # lc指向p的左子树的根结点
    p.lchild=lc.rchild            # 将lc的右子树作为p的左子树
    lc.rchild=p
    p.bf=0
    lc.bf=0
    p=lc                          # p指向新的根结点
```

② LR 型的平衡处理。对于 LR 型的失去平衡的情形，需要进行两次旋转处理：需要先进行一次逆时针旋转，然后再进行一次顺时针旋转处理。其实现代码如下所示。

```python
def LeftBalance(self,T):
# 对以T所指结点为根的二叉树进行左旋转平衡处理，并使T指向新的根结点
    lc=T.lchild         # lc指向T的左子树根结点
    if lc.bf==1:        #   检查T的左子树的平衡度，并做相应平衡处理，调用LL型失衡处理。
                            新结点插入T的左孩子的左子树上，需要进行单右旋处理*/
        T.bf=0
        lc.bf=0
        self.RightRotate(T)
    elif lc.bf==-1:     # LR型失衡处理。新结点插入在T的左孩子的右子树上，要进行双旋处理
        rd=lc.rchild    # rd指向T的左孩子的右子树的根结点
        if rd.bf==1:    # 修改T及其左孩子的平衡因子
            T.bf=-1
            lc.bf=0
        elif rd.bf==0:
            T.bf=0
            lc.bf=0
        elif rd.bf==-1:
            T.bf=0
            lc.bf=1
        rd.bf=0
        self.LeftRotate(T.lchild)            # 对T的左子树做左旋平衡处理
        self.RightRotate(T)                  # 对T做右旋平衡处理
```

③ RL 型的平衡处理。对于 RL 型的失去平衡的情形，需要进行两次旋转处理：需要先进行一次顺时针旋转，然后再进行一次逆时针旋转处理。其实现代码如下。

```python
def RightBalance(self,T):
    # 对以T所指结点为根的二叉树做右旋转平衡处理，并使T指向新的根结点
    rc=T.rchild         # rc指向T的右子树根结点
    if rc.bf==-1:       #   调用RR型平衡处理。检查T的右子树的平衡度，并做相应平衡处理,新结
                            点插入在T的右孩子的右子树上，要做单左旋处理*/
        T.bf=0
        rc.bf=0
        self.LeftRotate(T)
    elif rc.bf==1:      # RL型平衡处理。新结点插入T的右孩子的左子树上，需要进行双旋处理
        rd=rc.lchild    # rd指向T的右孩子的左子树的根结点
        if rd.bf==-1:   # 修改T及其右孩子的平衡因子
            T.bf=1
        elif rd.bf==0:
            T.bf=0
            rc.bf=0
        elif rd.bf==1:
            T.bf=0
```

```
        rc.bf=-1
    rd.bf=0
    self.RightRotate(T.rchild)          # 对T的右子树做右旋平衡处理
    self.LeftRotate(T)                  # 对T做左旋平衡处理
```

④ RR型的平衡处理。对于RR型的失去平衡的情形，只需要对离插入点最近的失衡结点进行一次逆时针旋转处理即可。其实现代码如下。

```
def LeftRotate(self,p):
    # 对以p为根的二叉排序树进行左旋，处理之后p指向新的根结点，即旋转处理之前的右子树的根
      结点
    rc=p.rchild                 # rc指向p的右子树的根结点
    p.rchild=rc.lchild          # 将rc的左子树作为p的右子树
    rc.lchild=p
    p=rc                        # p指向新的根结点
```

在平衡二叉排序树中的查找过程与二叉排序树类似，其比较次数最多为树的深度，如果树的结点个数为n，则时间复杂度为$O(\log_2 n)$。

拓展阅读

有序顺序表、索引顺序表、二叉排序树的查找均体现出发现规律、掌握规律的重要性。对于有序顺序表的查找，通过发现查找表中元素的规律而设置监视哨，以减少查找过程中的比较次数，从而提高查找效率。对于索引顺序表，通过构造索引缩小查找范围以提高查找效率。对于二叉排序树的查找，通过构造出的二叉树满足性质（左孩子结点元素值≤根结点元素值≤右孩子结点元素值，在查找时按照比较结果确定待查找元素所在的子树），以缩小查找范围。这些查找策略都是充分利用事物的规律而建立的。

11.4 B−树与B+树

B−树与B+是两种特殊的动态查找树。

11.4.1 B−树

B−树与二叉排序树类似，它是一种特殊的动态查找树，是一种m叉排序树。下面介绍B−树的定义、查找、插入与删除操作。

（1）B−树的定义

B−是一种平衡的排序树，也称为m路（阶）查找树。一棵m阶B−树或者是一棵空树，或者是满足以下性质的m叉树。

① 树中的任何一个结点最多有m棵子树。

② 如果是根结点且不是叶子结点，至少有两棵子树。

③ 除了根结点之外，所有的非叶子结点至少应有 $\lceil m/2 \rceil$ 棵子树。

④ 所有的叶子结点处于同一层次上，且不包括任何关键字信息。

⑤ 所有的非叶子结点结构如下：

$$ n \quad P_0 \quad K_1 \quad P_1 \quad K_2 \quad \cdots \quad K_n \quad P_n $$

其中，n 表示对应结点中的关键字的个数，P_i 表示指向子树的根结点的指针，并且 P_i 指向的子树中每一个结点的关键字都小于 K_{i+1}($i=0,1,\cdots,n-1$)。

例如，一棵深度为4的4阶的 B- 树如图11-17所示。

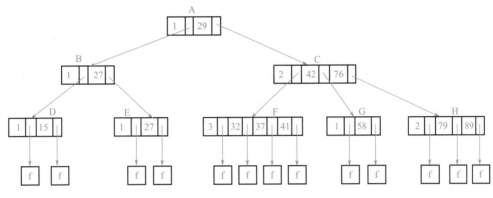

图11-17　一棵深度为4的4阶的 B- 树

（2）B-树的查找

在 B- 树中，查找某个关键字的过程与二叉排序树的查找过程类似。在 B- 树中的查找过程如下：

① 若 B- 树为空，则查找失败；否则，将待比较元素的关键字 key 与根结点元素的每个关键字 K_i($1 \leqslant i \leqslant n-1$) 进行比较。

② 若 key 与 K_i 相等，则查找成功。

③ 若 key<K_i，则在 P_{i-1} 指向的子树中查找。

④ 若 K_i <key<K_{i+1}，则在 P_i 指向的子树中查找。

⑤ 若 key>K_{i+1}，则在 P_{i+1} 指向的子树中查找。

例如，要查找关键字为41的元素，首先从根结点开始，将41与A结点的关键字29比较，因为41>29，所以应该在A的 P_1 所指向的子树内查找。A的指针 P_1 指向结点C，因此需要将41与结点C中的关键字逐个比较，因为有41<42，所以应该在C的 P_0 指向的子树内查找。C的指针 P_0 指向结点F，因此需要将41与结点F中的关键字逐个进行比较，在结点F中存在关键字为41的元素，因此查找成功。

在 B- 树中的查找过程其实是对在二叉排序树中查找的扩展，与二叉排序树不同的是，在 B- 树中，每个结点有不止一个子树。在 B- 树中进行查找需要顺着指针 P_i 找到对应的结点，然后在结点中顺序查找。

```
B-树的类型描述如下：
# define m 4                          /*B-树的阶数*/
```

```
typedef struct BTNode              /*B-树类型定义*/
{
        int keynum;                /*每个结点中的关键字个数*/
        struct BTNode *parent;     /*指向双亲结点*/
        KeyType data[m+1];         /*结点中关键字信息*/
        struct BTNode *ptr[m+1];   /*指针向量*/
}BTNode,*BTree;
class BTNode:                      # B-树类型定义
    def _init_(self):
        self.keynum=0              # 每个结点中的关键字个数
        self.parent=None           # 指向双亲结点
        self.data=[]               # 结点中关键字信息
        self.ptr=[]                # 指针向量
```

B-树的查找算法描述如下。

```
class Result:                      # 返回结果类型定义
    def _init_(self):
        self.pt=None               # 指向找到的结点
        self.pos=None              # 关键字在结点中的序号
        self.flag=None             # 查找成功与否标志
    def BTreeSearch(self,T,k):
        # 在m阶B-树T上查找关键字k，返回结果为r(pt,pos,flag)。如果查找成功，则标志flag为
    1，pt指向关键字为k的结点，否则特征值flag=0，等于k的关键字应插入在指针pt所指结点中第pos和
    第pos+1个关键字之间*
        p=T
        q=None
        i=0
        found=0
        r=Result()
        while p and found==0:
            i=self.Search(p,k)     # p->data[i]≤k<p->data[i+1]
            if i>0 and p.data[i]==k:  # 如果找到要查找的关键字，标志found置为1
                found=1
            else:
                q=p
                p=p.ptr[i]
        if found:                  # 查找成功，返回结点的地址和位置序号
            r.pt=p
            r.flag=1
            r.pos=i
        else:                      # 查找失败，返回k的插入位置信息
            r.pt=q
            r.flag=0
            r.pos=i
        return r
    def Search(self,T,k):          # 在T指向的结点中查找关键字为k的序号
```

```
i=1
n=T.keynum
while i<=n and T.data[i]<=k:
    i+=1
return i-1
```

（3）B-树的插入操作

B-树的插入操作与二叉排序树的插入操作类似，都是使插入后，结点左子树中每一个结点的关键字小于根结点的关键字，右子树结点的关键字大于根结点的关键字。而与二叉排序树不同的是，插入的关键字不是树的叶子结点，而是树中处于最低层的非叶子结点，同时该结点的关键字个数最少应该是$\lceil m/2 \rceil -1$，最大应该是$m-1$，否则需要对该结点进行分裂。

例如，图11-18为一棵3阶的B-树（省略了叶子结点），在该B-树中依次插入关键字35、25、78和43。

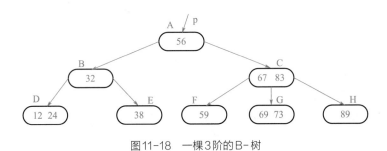

图11-18　一棵3阶的B-树

插入关键字35：首先需要从根结点开始，确定关键字35应插入的位置应该是结点E。因为插入后结点E中的关键字个数大于1（$\lceil m/2 \rceil -1$）且等于2（即$m-1$），所以插入成功。插入后的B-树如图11-19所示。

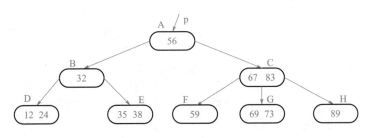

图11-19　插入关键字35的过程

插入关键字25：从根结点开始确定关键字25应插入的位置为结点D。因为插入后结点D中的关键字个数大于2，需要将结点D分裂为两个结点，关键字24被插入到双亲结点B中，关键字12被保留在结点D中，关键字25被插入到新生成的结点D′中，并使关键字24的右指针指向结点D′。插入关键字25及结点D的分裂过程如图11-20所示。

插入关键字78：从根结点开始确定关键字78应插入的位置为结点G。因为插入后结点G中的关键字个数大于2，所以需要将结点G分裂为两个结点，其中关键字73被插入到结点C中，关键字69被保留在结点G中，关键字78被插入到新的结点G′中，并使关键字73的右指针指向结点G′。插入关键字78的过程及结点G的分裂过程如图11-21所示。

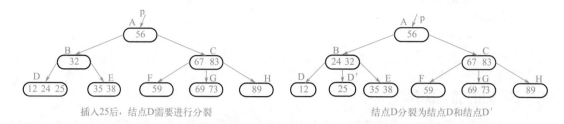

图11-20　插入关键字25及结点D的分裂过程

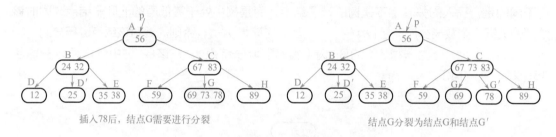

图11-21　插入关键字78及结点G的分裂过程

此时，结点C的关键字个数大于2，因此，需要将结点C分裂为两个结点。将中间的关键字73插入到双亲结点A中，关键字83保留在C中，关键字67插入到新结点C′中，并使关键字56的右指针指向结点C′，关键字73的右指针指向结点C。结点C的分裂过程如图11-22所示。

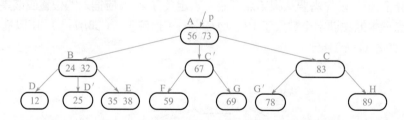

图11-22　结点C分裂为结点C和C′的过程

插入关键字43：从根结点开始确定关键字43应插入的位置为结点E。如图11-23所示，因为插入后结点E中的关键字个数大于2，所以需要将结点E分裂为两个结点，其中中间关键字38被插入到双亲结点B中，关键字43被保留在结点E中，关键字35被插入到新的结点E′中，并使关键字32的右指针指向结点E′，关键字38的右指针指向结点E。结点E被分裂的过程如图11-24所示。

此时，结点B中的关键字个数大于2，需要进一步分解结点B，其中关键字32被插入到双亲结点A中，关键字24被保留在结点B中，关键字38被插入到新结点B′中，关键字24的左、右指针分别指向结点D和D′，关键字38的左、右指针分别指向结点E′和E。结点B被分裂的过程如图11-25所示。

关键字32被插入到结点A中后，结点A的关键字个数大于2，因此，需要将结点A分裂为两个结点。因为结点A是根结点，所以需要生成一个新结点R作为根结点，将结点A中的中间关键字56插入到R中，关键字32被保留在结点A中，关键字73被插入到新结点A′中，关键字56的左、右指针分别指向结点A和A′。关键字32的左、右指针分别指向结点B和B′，关键字73的左、右指针分别指向结点C′和C。结点A被分裂的过程如图11-26所示。

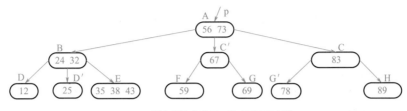

插入关键字43后，结点E需要分裂

图11-23 插入关键字43后

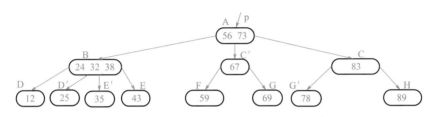

结点E分裂为结点E和结点E′

图11-24 结点E的分裂过程

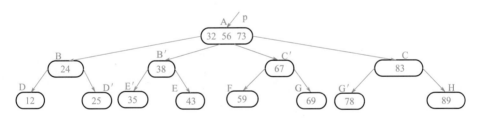

结点B分裂为结点B和结点B′

图11-25 结点B的分裂过程

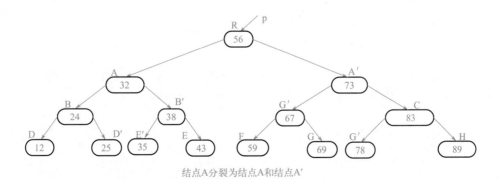

结点A分裂为结点A和结点A′

图11-26 结点A的分裂过程

在B-树中插入关键字的算法如下。

```python
def BTreeInsert(self,T,k,p,i):
    # 在m阶B-树T上结点 p插入关键字k。如果结点关键字个数 > m - 1，则进行结点分裂调整
    ap = None
    finished = 0
    if T == None:        # 如果树T为空，则生成的结点作为根结点
        T=BTNode()
        T.keynum=1
        T.parent=None
        T.data[1]=k
        T.ptr[0]=None
        T.ptr[1]=None
    else:
        rx=k
        while p and finished==0:
            self.Insert(p,i,rx,ap)          # 将rx和ap分别插入到p.data[i+1]和
                                            #   p.ptr[i+1]中
            if p.keynum < m:                # 如果关键字个数小于m，则表示插入完成
                finished = 1
            else:                           # 分裂结点 p
                s = (m + 1)/2
                self.split(p, ap)           # 将p.key[s+1...m],p.ptr[s...m]和
                                            #   p.ptr[s+1...m]移入新结点ap
                rx = p.data[s]
                p = p.parent
                if p:
                    i=self.Search(p,rx)     # 在双亲结点 p中查找rx的插入位置
        if finished==0:                     # 生成含信息(T,rx,ap)的新的根结点T，
                                            #   原T和ap为子树指针
            newroot = BTNode()
            newroot.keynum = 1
            newroot.parent = None
            newroot.data[1] = rx
            newroot.ptr[0] = T
            newroot.ptr[1] = ap
            T = newroot

def Insert(self, p,i, k, ap):  # 将k和ap分别插入到p.data[i+1]和p.ptr[i+1]中
    for j in range(p.keynum,i,-1):          # 空出p->data[i+1]
        p.data[j + 1] = p.data[j]
        p.ptr[j + 1] = p.ptr[j]
    p.data[i + 1] = k
    p.ptr[i + 1] = ap
    p.keynum +=1
```

```python
def split(self,p, ap):
    # 将结点p分裂成两个结点，前一半保留，后一半移入新生成的结点ap
    s = (m + 1) / 2
    ap = BTNode()                    # 生成新结点ap
    ap.ptr[0] = p.ptr[s]             # 后一半移入ap
    for i in range(s+1,m+1):
        ap.data[i - s] = p.data[i]
        if ap.ptr[i-s]:
            ap.ptr[i-s].parent= ap
    ap.keynum = m - s
    ap.parent = p.parent
    p.keynum = s - 1                 # p的前一半保留，修改keynum
```

（4）B-树的删除操作

对于要在B-树中删除一个关键字的操作，首先利用B-树的查找算法，找到关键字所在的结点，然后将该关键字从该结点删除。如果删除该关键字后，该结点中的关键字个数仍然大于等于$\lceil m/2 \rceil - 1$，则删除完成；否则，需要合并结点。

B-树的删除操作有以下三种可能：

① 要删除的关键字所在结点的关键字个数大于等于$\lceil m/2 \rceil$，则只需要将关键字K_i和对应的指针P_i从该结点中删除即可。因为删除该关键字后，该结点的关键字个数仍然不小于$\lceil m/2 \rceil - 1$。例如，图11-27显示了从结点E中删除关键字35的情形。

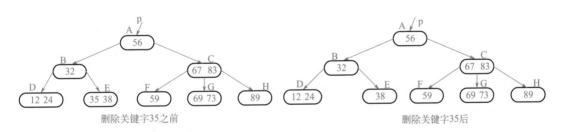

图11-27　删除关键字35的过程

② 要删除的关键字所在结点的关键字个数等于$\lceil m/2 \rceil - 1$，而与该结点相邻的兄弟结点（左兄弟或右兄弟）中的关键字个数大于$\lceil m/2 \rceil - 1$，则删除关键字后，需要将其兄弟结点中最小（或最大）的关键字移动到双亲结点中，将小于（或大于）并且离移动的关键字最近的关键字移动到被删关键字所在的结点中。例如，将关键字89删除后，需要将关键字73向上移动到双亲结点C中，并将关键字83下移到结点H中，得到如图11-28所示的B-树。

③ 要删除的关键字所在结点的关键字个数等于$\lceil m/2 \rceil - 1$，而与该结点相邻的兄弟结点（左兄弟或右兄弟）中的关键字个数也等于$\lceil m/2 \rceil - 1$，则删除关键字（假设该关键字由指针P_i指示）后，需要将剩余关键字与其双亲结点中的关键字K_i和兄弟结点（左兄弟或右兄弟）中的关键字进行合并，同时将其双亲结点的指针P_i一块合并。例如，将关键字83删除后，需要将关键字83左兄弟结点的关键字69与其双亲结点中的关键字73合并到一起，得到如图11-29所示的B-树。

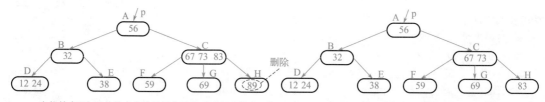

图11-28　删除关键字89的过程

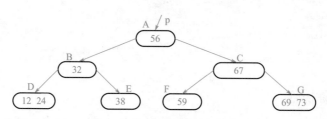

删除关键字83后，将其双亲结点与左兄弟结点中的关键字合并

图11-29　删除关键字83的过程

11.4.2　B+树

B+树是B−树的一种变型。它与B−树的主要区别在于：

① 如果一个结点有n棵子树，则该结点也必有n个关键字，即关键字个数与结点的子树个数相等。

② 所有的非叶子结点包含子树的根结点的最大或者最小的关键字信息，因此所有的非叶子结点可以作为索引。

③ 叶子结点包含所有关键字信息和关键字记录的指针，所有叶子结点中的关键字按照从小到大的顺序依次通过指针链接。

由此可以看出，B+树的存储方式类似于索引顺序表的存储结构，所有的记录存储在叶子结点中，非叶子结点作为一个索引表。图11-30为一棵3阶的B+树。

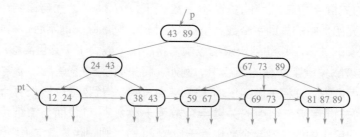

图11-30　一棵3阶的B+树示意图

在图11-30中，B+树有两个指针：一个指向根结点的指针，一个指向叶子结点的指针。因此，对B+树的查找可以从根结点开始，也可以从指向叶子结点的指针开始。从根结点开始的查找是一种索引方式的查找，而从叶子结点开始的查找是顺序查找，类似于链表的访问。

从根结点对B+树进行查找给定的关键字，是从根结点开始经过非叶子结点到叶子结点。查找每一个结点，无论查找是否成功，都是走了一条从根结点到叶子结点的路径。在B+树上插入一个关键字和删除一个关键字都是在叶子结点中进行，在插入关键字时，要保证每个结点中的关键字个数不能大于m，否则需要对该结点进行分裂。在删除关键字时，要保证每个结点中的关键字个数不能小于$\lceil m/2 \rceil$，否则需要与兄弟结点合并。

11.5　哈希表

在前面讨论过的有关查找算法都经过了一系列与关键字比较的过程，这一类算法是建立在"比较"的基础上的，查找算法效率的高低取决于比较的次数。而比较理想的情况是不经过比较就能直接确定要查找元素的位置，这就必须在记录的存储位置和它的关键字之间建立一个确定的对应关系f，使得每一个关键字和记录中的存储位置相对应，通过数据元素的关键字直接确定其存放的位置。这就是本节要介绍的哈希表。

11.5.1　哈希表的定义

如何在查找元素的过程中，不与给定的关键字进行比较，就能确定所查找元素的存放位置。这就需要在元素的关键字与元素的存储位置之间建立起一种对应关系，使得元素的关键字与唯一的存储位置对应。有了这种对应关系，在查找某个元素时，只需要利用这种确定的对应关系，由给定的关键字就可以直接找到该元素。用key表示元素的关键字，f表示对应关系，则$f(key)$表示元素的存储地址，将这种对应关系f称为哈希（hash）函数，利用哈希函数可以建立哈希表。哈希函数也称为散列函数。

例如，一个班级有30名学生，将这些学生用各自姓氏的拼音排序，其中姓氏首字母相同的学生放在一起。根据学生姓名的拼音首字母建立的哈希表如表11-2所示。

表11-2　哈希表示例

序号	姓氏拼音	学生姓名
1	A	安紫衣
2	B	白小翼
3	C	陈立本、陈冲
4	D	邓华
5	E	
6	F	冯高峰
7	G	耿敏、弓宁
8	H	何山、郝国庆
……	……	……

这样，如在查找姓名为"冯高峰"的学生时，就可以从序号为6的一行直接找到该学生。这种方法要比在一堆杂乱无章的姓名中查找方便得多，但是，如果要查找姓名为"郝国庆"的学生时，拼音首字母为"H"的学生有多个，这就需要在该行中顺序查找。像这种不同的关键字key出现在同一地址上，即$key_1 \neq key_2$，$f(key_1)=f(key_2)$的情况称为哈希冲突。

在一般情况下，尽可能避免冲突的发生或者尽可能少发生冲突。元素的关键字越多，越容易发生冲突。只有少发生冲突，才能尽可能快地利用关键字找到对应的元素。因此，为了更加高效地查找集合中的某个元素，不仅需要建立一个哈希函数，还需要一个解决哈希函数冲突的方法。所谓哈希表，就是根据哈希函数和解决冲突的方法将元素的关键字映射在一个有限且连续的地址，并将元素存储在该地址上的表。

11.5.2　哈希函数的构造方法

构造哈希函数主要是为了使哈希地址尽可能地均匀分布以减少冲突的可能性，并使计算方法尽可能简便以提高运算效率。哈希函数的构造方法有许多，常见的构造哈希函数的方法有以下几种。

（1）直接定址法

直接定址法就是直接取关键字的线性函数值作为哈希函数的地址。直接定址法可以表示如下：

$$h(key)=x \times key+y$$

式中，x和y是常数。直接定址法的计算比较简单且不会发生冲突。但是，由于这种方法会使产生的哈希函数地址比较分散，造成内存的大量浪费。例如，如果任给一组关键字{230，125，456，46，320，760，610，109}，如果令$x=1$，$y=0$，则需要714（最大的关键字减去最小的关键字，即760-46）个内存单元存储这8个关键字。

（2）平方取中法

平方取中法是将关键字平方后得到的值中的几位作为哈希函数的地址。由于一个数经过平方后，每一位数字都与该数的每一位相关，因此，采用平方取中法得到的哈希地址与关键字的每一位都相关，能达到哈希地址有较好的分散性，从而避免冲突的发生。

例如，如果给定关键字key=3456，则关键字取平方后即key^2=11943936，取中间的四位得到哈希函数的地址，即$h(key)$=9439。在得到关键字的平方后，具体取哪几位作为哈希函数的地址根据具体情况决定。

（3）折叠法

折叠法是将关键字平均分割为若干等份，最后一个部分如果不够可以空缺，然后将这几个等份叠加求和作为哈希地址。这种方法主要用在关键字的位数特别多且每一个关键字的位数分布大体相当的情况。例如，给定一个关键字23478245983，可以按照3位将该关键字分割为几个部分，其折叠计算方法如下：

$$
\begin{array}{r}
234 \\
782 \\
459 \\
83 \\
\hline
h(key)=1558
\end{array}
$$

然后去掉进位，将558作为关键字key的哈希地址。

（4）除留余数法

除留余数法主要是通过对关键字取余，将得到的余数作为哈希地址。其主要方法为：设哈希表长为m，p为小于等于m的数，则哈希函数为$h(key)=key\%p$。除留余数法是一种常用的求哈希函数的方法。

例如，给定一组关键字{75，149，123，183，230，56，37，91}，设哈希表长m为14，取$p=13$，则这组关键字的哈希地址存储情况为

	0	1	2	3	4	5	6	7	8	9	10	11	12	13
hash 地址	91	183			56		123	149		230	75	37		

在求解关键字的哈希地址时，p的取值十分关键，一般情况下，p为质数或者除去小于20的质因数的合数。

11.5.3　处理冲突的方法

在构造哈希函数的过程中，不可避免地会出现冲突的情况。所谓处理冲突就是在有冲突发生时，为产生冲突的关键字找到另一个地址存放该关键字。在解决冲突的过程中，可能会得到一系列哈希地址$h_i(i=1,2,\cdots,n)$，也就是发生第一冲突时，经过处理后得到第一新地址记作h_1，如果h_1仍然会冲突，则处理后得到第二个地址h_2……依次类推，直到h_n不产生冲突，将h_n作为关键字的存储地址。

处理冲突的方法比较常用的主要有开放定址法、再哈希法和链地址法。

（1）开放定址法

开放定址法是解决冲突比较常用的方法。开放定址法是利用哈希表中的空地址存储产生冲突的关键字。当冲突发生时，按照下列公式处理冲突，即

$$h_i=[h(key)+d_i]\%m,\quad i=1,2,\cdots,m-1$$

式中，$h(key)$为哈希函数；m为哈希表长；d_i为地址增量。地址增量d_i可由以下三种方法获得：

① 线性探测再散列：在冲突发生时，地址增量d_i依次取$1,2,\cdots,m-1$自然数列，即$d_i=1,2,\cdots,m-1$。

② 二次探测再散列：在冲突发生时，地址增量d_i依次取自然数的平方，即$d_i=1^2$，-1^2，2^2，$-2^2,\cdots,k^2$，$-k^2$。

③ 伪随机数再散列：在冲突发生时，地址增量d_i依次取随机数序列。

例如，在长度为14的哈希表中，在将关键字183、123、230、91存放在哈希表中的情况如图11-31所示。

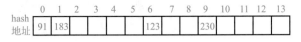

图11-31　哈希表冲突发生前

当要插入关键字149时，由哈希函数$h(149)=149\%13=6$，而单元6已经存在关键字，产生冲突。利用线性探测再散列法解决冲突，即$h_1=(6+1)\%14=7$，将149存储在单元7中，如图11-32所示。

图11-32　插入关键字149后

当要插入关键字227时，由哈希函数$h(227)=227\%13=6$，而单元6已经存在关键字，产生冲突。利用线性探测再散列法解决冲突，即$h_1=(6+1)\%14=7$，仍然冲突；继续利用线性探测再散列法，即$h_2=(6+2)\%14=8$，单元8空闲，因此将227存储在单元8中，如图11-33所示。

图11-33　插入关键字227后

当然，在冲突发生时，也可以利用二次探测再散列解决冲突。在图11-32中，如果要插入关键字227，因为产生冲突，利用二次探测再散列法解决冲突，即$h_1=(6+1)\%14=7$，再次产生冲突时，有$h_2=(6-1)\%14=5$，将227存储在单元5中，如图11-34所示。

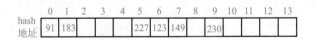

图11-34　利用二次探测再散列法解决冲突

（2）再哈希法

再哈希法是在冲突发生时，利用另外一个哈希函数再次求哈希函数的地址，直到冲突不再发生为止，即

$$h_i=\text{rehash}(key)，i=1,2,\cdots,n$$

式中，rehash表示不同的哈希函数。这种再哈希法一般不容易再次发生冲突，但是需要事先构造多个哈希函数，这是一件不太容易也不现实的事情。

（3）链地址法

链地址法是将具有相同散列地址的关键字用一个线性链表存储起来。每个线性链表设置一个头指针指向该链表。链地址法的存储表示类似于图的邻接表表示。在每一个链表中，所有的元素都按照关键字有序排列。链地址法的主要优点是在哈希表中增加元素和删除元素方便。

例如，一组关键字序列{23，35，12，56，123，39，342，90，78，110}，按照哈希函数*h*(key)=key%13和链地址法处理冲突，其哈希表如图11-35所示。

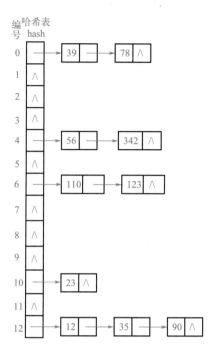

图11-35　链地址法处理冲突的哈希表

11.5.4　哈希表应用举例

【例11-2】　给定一组元素的关键字hash[]={23,35,12,56,123,39,342,90}，利用除留余数法和线性探测再散列法将元素存储在哈希表中，并查找给定的关键字，求解平均查找长度。

【分析】　主要考查哈希函数的构造方法、冲突解决的办法。算法实现主要包括几个部分：构建哈希表、在哈希表中查找给定的关键字、输出哈希表及求平均查找长度。关键字的个数是8个，假设哈希表的长度*m*为11，*p*为11，利用除留余数法求哈希函数，即*h*(key)=key%*p*，利用线性探测再散列法解决冲突，即h_i=[*h*(key)+d_i]，哈希表如图11-36所示。

	0	1	2	3	4	5	6	7	8	9	10
hash 地址		23	35	12	56	123	39	342	90		
冲突 次数		1	1	3	4	4	1	7	7		

图11-36　哈希表

哈希表的查找过程是利用哈希函数和处理冲突创建哈希表的过程。例如，要查找key=12，由哈希函数*h*(12)=12%11=1，此时与第1号单元中的关键字23比较，因为

$23 \neq 12$，$h_1=(1+1)\%11=2$，所以将第2号单元的关键字35与12比较，因为$35 \neq 12$，$h_2=(1+2)\%11=3$，所以将第3号单元中关键字12与key比较，因为key=12，所以查找成功，返回序号3。

尽管用哈希函数可以利用关键字直接找到对应的元素，但是不可避免地仍然会有冲突产生，在查找的过程中，比较仍是不可避免的，因此，仍然以平均查找长度衡量哈希表查找的效率高低。假设每个关键字的查找概率都是相等的，则在图11-37中的哈希表中，查找某个元素成功时的平均查找长度$ASL_{成功} = \dfrac{1}{8} \times (1 \times 3+3+4 \times 2+7 \times 2)=3.5$。

（1）哈希表的操作

这部分主要包括哈希表的创建、查找与求哈希表平均查找长度。

```python
class HashData:                      # 元素类型定义
    def _init_(self,hi=0,key=None):
        self.hi=hi                   # 冲突次数
        self.key=key
class HashTable:                     # 哈希表类型定义
    def _init_(self,tableSize=0,curSize=0):
        self.data=[]
        self.tableSize=tableSize     # 哈希表的长度
        self.curSize=curSize         # 表中关键字个数
    def CreateHashTable(self,m,p,hash,n):
        # 构造一个空的哈希表，并处理冲突
        k=1
        for i in range(m):           # 初始化哈希表
            hd=HashData(0,-1)
            self.data.append(hd)
        for i in range(n):           # 求哈希函数地址并处理冲突
            sum=0                    # 冲突的次数
            addr=hash[i]%p           # 利用除留余数法求哈希函数地址
            di=addr
            if self.data[addr].key==-1:    # 如果不冲突则将元素存储在表中
                self.data[addr].key=hash[i]
                self.data[addr].hi=1
            else:                    # 用线性探测再散列法处理冲突
                while self.data[di].key!=-1:
                    di=(di+k)%m
                    sum+=1
                self.data[di].key=hash[i]
                self.data[di].hi=sum+1
        self.curSize=n               # 哈希表中关键字个数为n
        self.tableSize=m             # 哈希表的长度

    def SearchHash(self, k):         # 在哈希表H中查找关键字k的元素
        m=self.tableSize
```

```
        d=k%m
        d1=k%m                          # 求k的哈希地址
        while self.data[d].key!=-1:
            if self.data[d].key==k:     # 如果是要查找的关键字k，则返回k的位置
                return d
            else:                       # 继续往后查找
                d=(d+1)%m
            if d==d1:                    # 如果查找了哈希表中的所有位置，没有找到返回0
                return 0
        return 0                        # 该位置不存在关键字k
    def HashASL(self, m):               # 求哈希表的平均查找长度
        average=0
        for i in range(m):
            average+=self.data[i].hi
        average=average/self.curSize
        print("平均查找长度ASL=%.2f"%average)
```

（2）测试部分

```
    def DisplayHash(self,m):                # 输出哈希表
        print("哈希表地址:",end='')
        for i in range(m):
            print("%-5d"%i,end='')
        print("")
        print("关键字key:",end='')
        for i in range(m):
            print("%-5d"%self.data[i].key,end='')
        print("")
        print("冲突次数:",end='')
        for i in range(m):
            print("%-5d"%self.data[i].hi,end='')
        print("")
if _name_ == '_main_':
    hash = [23, 35, 12, 56, 123, 39, 342, 90]
    m = 11
    p = 11
    n = 8
    hashtable=HashTable()
    hashtable.CreateHashTable(m, p, hash, n)
    hashtable.DisplayHash(m)
    k = 123
    pos = hashtable.SearchHash(k)
    print("关键字%d在哈希表中的位置为:%d"%(k,pos))
    hashtable.HashASL(m)
```

程序运行结果如下所示。

```
哈希表地址: 0     1     2     3     4     5      6     7      8     9     10
关键字key: -1    23    35    12    56    123    39    342    90    -1    -1
冲突次数:   0     1     1     3     4     4      1     7      7     0     0
关键字123在哈希表中的位置为:5
平均查找长度ASL=3.50
```

Python

第12章
排序

排序（sorting）是计算机程序设计中的一种重要技术，它的作用是将一个数据元素（或记录）的任意序列重新排列成一个关键字有序的序列。它的应用领域也非常广泛，在数据处理过程中，对数据进行排序是不可避免的。元素的查找过程就涉及对数据的排序，例如，排列有序的折半查找算法要比顺序查找的效率高许多。排序按照内存和外存的使用情况，可分为内排序和外排序。本章主要讲解内排序。

学习目标：

- 排序的基本概念。
- 插入排序、选择排序、交换排序、归并排序、非比较类排序的算法思想及实现。

知识点框架：

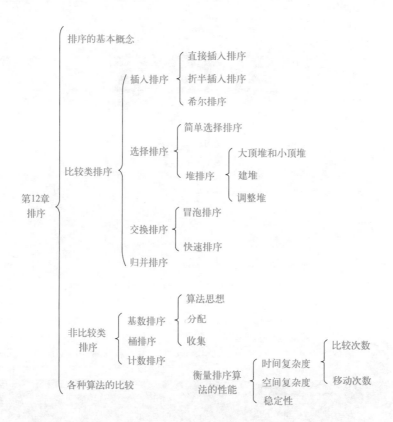

12.1   排序的基本概念

在介绍排序算法之前，先来介绍与排序相关的基本概念。

排序：把一个无序的元素序列按照元素的关键字递增或递减排列为有序的序列。设包含 n 个元素的序列 $(E_1, E_2, \cdots, E_n)$，其对应的关键字为 $(k_1, k_2, \cdots, k_n)$，为了将元素按照非递减（或非递增）排列，需要对下标 $1, 2, \cdots, n$ 构成一种能够让元素按照非递减（或非递增）的排列，即 $p_1, p_2, \cdots, p_n$，使关键字呈非递减（或非递增）排列，即 $k_{p1} \leqslant k_{p2} \leqslant \cdots \leqslant k_{pn}$，从而使元素构成一个非递减（或非递增）的序列，即$(E_{p1}, E_{p2}, \cdots, E_{pn})$。这样的一种操作被称为排序。

稳定排序和不稳定排序：在排列过程中，如果存在两个关键字相等，即$k_i = k_j (1 \leqslant i \leqslant n, 1 \leqslant j \leqslant n, i \neq j)$，在排序前对应的元素$E_i$在$E_j$之前，在排序之后，如果元素$E_i$仍然在$E_j$之前，则称这种排序采用的方法是稳定的；如果经过排序之后，元素E_i位于E_j之后，则称这种排序方法是不稳定的。

无论是稳定的排序方法还是不稳定的排序方法，都能正确地完成排序。一个排序算法的好坏主要通过时间复杂度、空间复杂度和稳定性来衡量。

内排序和外排序：根据排序过程中，所利用的内存储器和外存储器的情况，将排序分为两类，即内部排序和外部排序。内部排序也称为内排序，外部排序也称为外排序。所谓内排序是指需要排序的元素数量不是特别大，在排序的过程中完全在内存中进行的方法。所谓外排序是指需要排序的数据量非常大，在内存中不能一次完成排序，需要不断地在内存和外存中交替才能完成的排序。

内排序的方法有许多，按照排序过程中采用的策略将排序分为几个大类：插入排序、选择排序、交换排序和归并排序。这些排序方法各有优点和不足，在使用时，可根据具体情况选择比较合适的方法。

在排序过程中，主要需要以下两种基本操作：

① 比较两个元素相应关键字的大小。

② 将元素从一个位置移动到另一个位置。

其中，第二种操作即移动元素，通过采用链表存储方式可以避免；而比较关键字的大小，不管采用何种存储结构都是不可避免的。

待排序的元素的存储结构有三种方式：

① 顺序存储。将待排序的元素存储在一组连续的存储单元中，这类似于线性表的顺序存储，元素E_i和E_j在逻辑上相邻，其物理位置也相邻。在排序过程中，需要移动元素。

② 链式存储。将待排序元素存储在一组不连续的存储单元中，这类似于线性表的链式存储，元素E_i和E_j在逻辑上相邻，其物理位置不一定相邻。在进行排序时，不需要移动元素，只需要修改相应的指针即可。

③ 静态链表。元素之间的关系可以通过元素对应的游标指示，游标类似于链表中的指针。

为了方便描述，本章的排序算法主要采用顺序存储。相应的数据类型描述如下：

```
class SqList:#顺序表类型定义
    def _init_(self,length=0):
        self.data=[]
        self.length=length
```

12.2　插入排序

插入排序的算法思想：在一个有序的元素序列中，不断地将新元素插入到该已经有序的元素序列中的合适位置，直到所有元素都插入到合适位置为止。

12.2.1　直接插入排序

　　直接插入排序的基本思想：假设前$i-1$个元素已经有序，将第i个元素的关键字与前$i-1$个元素的关键字进行比较，找到合适的位置，将第i个元素插入。按照类似的方法，将剩下的元素依次插入到已经有序的序列中，完成插入排序。

　　假设待排序的元素有n个，对应的关键字分别是$a_1,a_2,\cdots,a_n$，因为第1个元素是有序的，所以从第2个元素开始，将a_2与a_1进行比较。如果$a_2<a_1$，则将a_2插入到a_1之前；否则，说明已经有序，不需要移动a_2。

　　这样，有序的元素个数变为2，然后将a_3与a_2、a_1进行比较，确定a_3的位置。首先将a_3与a_2比较，如果$a_3 \geq a_2$，则说明a_1、a_2、a_3已经是有序排列。如果$a_3<a_2$，则继续将a_3与a_1比较，如果$a_3<a_1$，则将a_3插入到a_1之前；否则，将a_3插入到a_1与a_2之间。这样即可完成a_1、a_2、a_3的排列。依次类推，直到最后一个关键字a_n插入到前$n-1$个有序排列中。

　　例如，给定一个含有8个元素的序列，其对应的关键字序列为(45,23,56,12,97,76,29,68)，将这些元素按照关键字从小到大进行直接插入排序的过程如图12-1所示。

序号	1	2	3	4	5	6	7	8
初始状态	[45]	23	56	12	97	76	29	68
$i=2$	[23	45]	56	12	97	76	29	68
$i=3$	[23	45	56]	12	97	76	29	68
$i=4$	[12	23	45	56]	97	76	29	68
$i=5$	[12	23	45	56	97]	76	29	68
$i=6$	[12	23	45	56	76	97]	29	68
$i=7$	[12	23	29	45	56	76	97]	68
$i=8$	[12	23	29	45	56	68	76	97]

图12-1　直接插入排序过程

　　直接插入排序算法描述如下。

```
def InsertSort(self):
    # 直接插入排序
    for i in range(self.length-1):          # 前i个元素已经有序，从第i+1个元素开始
                                            #   与前i个有序的关键字比较
        t=self.data[i+1]                     # 取出第i+1个元素，即待排序的元素
        j=i
        while j>-1 and t<self.data[j]:       # 寻找当前元素的合适位置
            self.data[j+1]=self.data[j]
            j-=1
        self.data[j+1]=t                     # 将当前元素插入合适的位置
```

　　从上面的算法可以看出，直接插入排序算法简单且容易实现。在最好的情况下，即所有元素的关键字已经基本有序，直接插入排序算法的时间复杂度为$O(n)$。在最坏的情况下，即所有元素的关键字都是按逆序排列，则内层while循环的比较次数均为$i+1$，则整个比较次数

为 $\sum_{i=1}^{n-1}(i+1) = \frac{(n+2)(n-1)}{2}$，移动次数为 $\sum_{i=1}^{n-1}(i+2) = \frac{(n+4)(n-1)}{2}$，即在最坏情况下，时间复杂度为 $O(n^2)$。如果元素的关键字是随机排列，其比较次数和移动次数约为 $n^2/4$，此时直接插入排序的时间复杂度为 $O(n^2)$。直接插入排序算法的空间复杂度为 $O(1)$。

12.2.2　折半插入排序

在插入排序中，需要将待排序元素插入到已经有序的元素序列的正确位置，因此，在查找正确插入位置时，可以采用折半查找的思想寻找插入位置。这种插入排序算法称为折半插入排序。

对直接插入排序算法简单修改后，得到以下折半插入排序算法。

```python
def BinInsertSort(self):
    # 折半插入排序
    for i in range(self.length-1):          # 前i个元素已经有序，从第i+1个元素开始与前i
                                            #   个的有序的关键字比较
        t=self.data[i+1]                    # 取出第i+1个元素，即待排序的元素
        low,high=0,i
        while low <= high:                  # 利用折半查找思想寻找当前元素的合适位置
            mid = (low + high) // 2
            if self.data[mid] > t:
                high=mid-1
            else:
                low=mid+1
        for j in range(i,low-1,-1):         # 移动元素，空出要插入的位置
            self.data[j+1]=self.data[j]
        self.data[low]=t                    # 将当前元素插入合适的位置
```

折半插入排序算法与直接插入排序算法的区别在于查找插入的位置，折半插入排序减少了关键字间的比较次数，每次插入一个元素，需要比较的次数为判定树的深度，其平均比较时间复杂度为 $O(n\log_2 n)$。但是，折半插入排序并没有减少移动元素的次数，因此，折半插入排序算法的整体平均时间复杂度为 $O(n^2)$。

12.2.3　希尔排序

希尔排序也称为缩小增量排序，它的基本思想是：通过将待排序的元素分为若干个子序列，利用直接插入排序思想对子序列进行排序。然后将该子序列缩小，接着对子序列进行直接插入排序。按照这种思想，直到所有的元素都按照关键字有序排列。

假设待排序的元素有 n 个，对应的关键字分别是 $a_1, a_2, \cdots, a_n$，设距离（增量）为 $c_1=4$ 的元素为同一个子序列，则元素的关键字 $a_1, a_5, \cdots, a_i, a_{i+5}, \cdots, a_{n-5}$ 为一个子序列，同理，关键字 $a_2, a_6, \cdots, a_{i+1}, a_{i+6}, \cdots, a_{n-4}$ 为一个子序列……然后分别对同一个子序列的关键字利用直接插入排序进行排序。之后，缩小增量令 $c_2=2$，分别对同一个子序列的关键字进行插入排序。依次类推，最后令增量为1，这时只有一个子序列，对全部元素进行排序。

例如，利用希尔排序的算法思想，对元素的关键字序列(56,22,67,32,59,12,89,26,48,37)进行排序，其排序过程如图12-2所示。

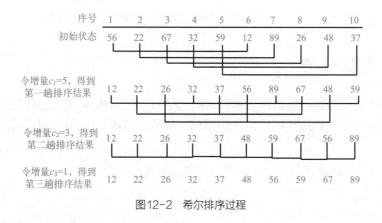

图12-2　希尔排序过程

希尔排序的算法描述如下。

```
def ShellInsert(self,c):
    # 对顺序表L进行一次希尔排序，c是增量
    for i in range(c,self.length):        # 将距离为c的元素作为一个子序列进行排序
        if self.data[i]< self.data[i-c]:  # 如果后者小于前者，则需要移动元素
            t=self.data[i]
            j=i-c
            while j>-1 and t < self.data[j]:
                self.data[j+c]=self.data[j]
                j-=c
            self.data[j+c]=t              # 依次将元素插入到正确的位置
def ShellInsertSort(self, delta,m):
    # 希尔排序，每次调用算法ShellInsert，delta是存放增量的数组
    for i in range(m):                    # 进行m次希尔插入排序
        self.ShellInsert(delta[i])
```

希尔排序的分析是一个非常复杂的事情，问题主要在于希尔排序选择的增量，但是大量的研究表明，当增量的序列为$2^{m-k+1}-1$（m为排序的次数；$1 \leqslant k \leqslant t$，$t$为排序的趟数）时，其时间复杂度为$O(n^{3/2})$。希尔排序的空间复杂度为$O(1)$。希尔排序是一种不稳定的排序。

12.2.4　插入排序应用举例

【例12-1】 利用直接插入排序、折半插入排序和希尔排序对关键字为(56,22,67,32,59,12,89,26,48,37)的元素序列进行排序。

```
if _name_=='_main_':
    a=[56,22,67,32,59,12,89,26,48,37]
    delta=[5,3,1]
    n,m=10,3
```

```
# 直接插入排序
L=SqList()
L.InitSeqList(a,n)
print("排序前:")
L.DispList(n)
L.InsertSort()
print("直接插入排序结果:")
L.DispList(n)
#折半插入排序
L = SqList()
L.InitSeqList(a,n)
print("排序前:")
L.DispList(n)
L.BinInsertSort()
print("折半插入排序结果:")
L.DispList(n)
# 希尔排序
L = SqList()
L.InitSeqList(a, n)
print("排序前:")
L.DispList(n)
L.ShellInsertSort(delta,m)
print("希尔排序结果:")
L.DispList(n)
```

程序运行结果如下所示。

```
排序前:
  56  22  67  32  59  12  89  26  48  37
直接插入排序结果:
  12  22  26  32  37  48  56  59  67  89
排序前:
  56  22  67  32  59  12  89  26  48  37
折半插入排序结果:
  12  22  26  32  37  48  56  59  67  89
排序前:
  56  22  67  32  59  12  89  26  48  37
希尔排序结果:
  12  22  26  32  37  48  56  59  67  89
```

12.3　选择排序

选择排序的基本思想：不断地从待排序的元素序列中选择关键字最小（或最大）的元素，将其放在已排序元素序列的最前面（或最后面），直到待排序元素序列中没有元素。

12.3.1 简单选择排序

简单选择排序的基本思想：假设待排序的元素序列有n个，第一趟排序经过$n-1$次比较，从n个元素序列中选择关键字最小的元素，并将其放在元素序列的最前面，即第一个位置。第二趟排序从剩余的$n-1$个元素中，经过$n-2$次比较选择关键字最小的元素，将其放在第二个位置。依次类推，直到没有待比较的元素，简单选择排序算法结束。

简单选择排序的算法描述如下。

```python
def SelectSort(self):
# 简单选择排序
    # 将第i个元素与后面[i + 1...n]元素比较，将值最小的元素放在第i个位置
    for i in range(self.length-1):
        j=i
        for k in range(i+1,self.length):   # 值最小的元素的序号为j
            if self.data[k] < self.data[j]:
                j=k
        if j!=i:           #如果序号i不等于j，则需要将序号i和序号j的元素交换
            t=self.data[i]
            self.data[i]=self.data[j]
            self.data[j]=t
```

给定一组元素序列，其元素的关键字为(36,22,65,32,36,80,12,29)，简单选择排序的过程如图12-3所示。

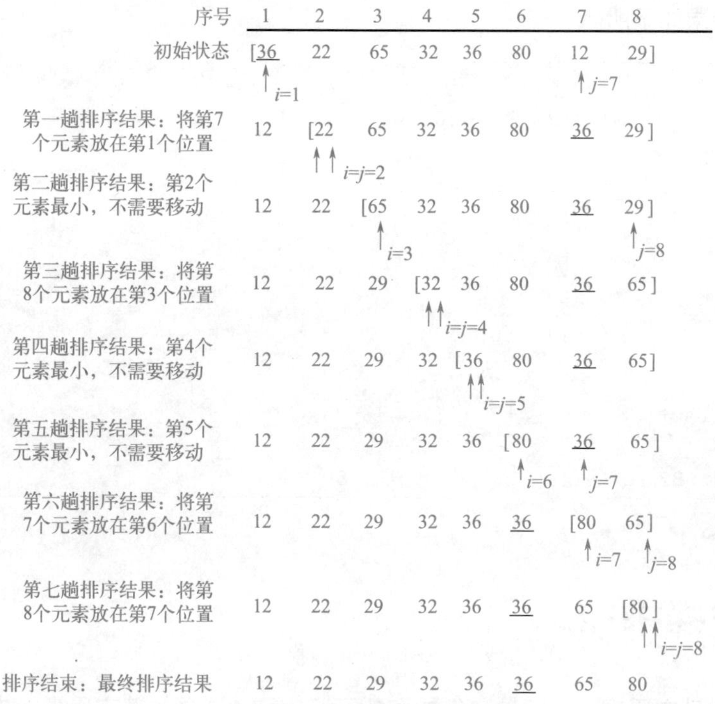

图12-3　简单选择排序

简单选择排序的空间复杂度为$O(1)$。在最好的情况下，对于简单选择排序来说，其元素序列已经是非递减有序序列，则不需要移动元素。在最坏的情况下，其元素序列是按照递减排列，则在每一趟排序的过程中都需要移动元素，因此，需要移动元素的次数为$3(n-1)$。而简单选择排序的比较次数与元素的关键字排列无关，在任何情况下，都需要进行$n(n-1)/2$次。因此，综合以上考虑，简单选择排序的时间复杂度为$O(n^2)$。从图12-3的排序过程可以看出，简单选择排序是不稳定的。

12.3.2 堆排序

堆排序的算法思想主要是利用二叉树的性质进行排序。

（1）堆的定义

堆排序是利用二叉树的树形结构进行排序。堆排序的算法思想：堆排序主要是利用二叉树的树形结构，按照完全二叉树的编号次序，将元素序列的关键字依次存放在相应的结点。然后从叶子结点开始，从互为兄弟的两个结点中（没有兄弟结点除外），选择一个较大（或较小）者与其双亲结点比较，如果该结点大于（或小于）双亲结点，则将两者进行交换，使较大（或较小）者成为双亲结点。将所有的结点都做类似操作，直到根结点为止。这时，根结点元素的关键字最大（或最小）。

这样就构成了堆，堆中的每一个结点都大于（或小于）其孩子结点。堆的数学形式定义为：假设存在n个元素，其关键字序列为$(k_1,k_2,\cdots,k_i,\cdots,k_n)$，如果有以下关系，则称此元素序列构成了一个堆。

$$\begin{cases} k_i \leqslant k_{2i} \\ k_i \leqslant k_{2i+1} \end{cases} \text{或} \begin{cases} k_i \geqslant k_{2i} \\ k_i \geqslant k_{2i+1} \end{cases}$$

式中，$i=1,2,\cdots,\left\lfloor \dfrac{n}{2} \right\rfloor$。如果将这些元素的关键字存放在一维数组中，将此一维数组中的元素与完全二叉树一一对应起来，则完全二叉树中的每个非叶子结点的值都不小于（或不大于）孩子结点的值。

在堆中，堆的根结点元素值一定是所有结点元素值的最大值或最小值。例如，序列 $(87,64,53,51,23,21,48,32)$ 和 $(12,35,27,46,41,39,48,55,89,76)$ 都是堆，相应的完全二叉树表示如图12-4所示。

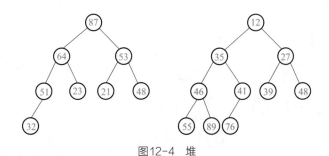

图12-4 堆

在图12-4中，一个是非叶子结点的元素值不小于其孩子结点的值，这样的堆称为大顶堆；另一个是非叶子结点的元素值不大于其孩子结点的元素值，这样的堆称为小顶堆。

如果将堆中的根结点（堆顶）输出之后，然后将剩余$n-1$个结点的元素值重新建立一个堆，则新堆的堆顶元素值是次大（或次小）值，将该堆顶元素输出。然后将剩余$n-2$个结点的元素值重新建立一个堆，反复执行以上操作，直到堆中没有结点，就构成了一个有序序列，这样的重复建堆并输出堆顶元素的过程称为堆排序。

（2）建堆

堆排序的过程就是建立堆和不断调整使剩余结点构成新堆的过程。假设将待排序元素的关键字存放在数组a中，第1个元素的关键字$a[1]$表示二叉树的根结点，剩下元素的关键字$a[2\cdots n]$分别与二叉树中的结点按照层次从左到右一一对应。例如，根结点的左孩子结点存放在$a[2]$中，右孩子结点存放在$a[3]$中，$a[i]$的左孩子结点存放在$a[2i]$中，右孩子结点存放在$a[2i+1]$中。

如果是大顶堆，则有$a[i].key \geq a[2i].key$且$a[i].key \geq a[2i+1].key\left(i=1,2,\cdots,\left\lfloor\dfrac{n}{2}\right\rfloor\right)$。

如果是小顶堆，则有$a[i].key \leq a[2i].key$且$a[i].key \leq a[2i+1].key\left(i=1,2,\cdots,\left\lfloor\dfrac{n}{2}\right\rfloor\right)$。

建立一个大顶堆就是将一个无序的关键字序列构建为一个满足条件$a[i] \geq a[2i]$且$a[i] \geq a[2i+1]\left(i=1,2,\cdots,\left\lfloor\dfrac{n}{2}\right\rfloor\right)$的序列。

建立大顶堆的算法思想：从位于元素序列中的最后一个非叶子结点，即第$\dfrac{n}{2}$个元素开始，逐层比较，直到根结点为止。假设当前结点的序号为i，则当前元素为$a[i]$，其左、右孩子结点元素分别为$a[2i]$和$a[2i+1]$。将$a[2i].key$和$a[2i+1].key$较大者与$a[i]$比较，如果孩子结点元素值大于当前结点值，则交换两者；否则，不进行交换。逐层向上执行此操作，直到根结点，这样就能建立一个大顶堆。建立小顶堆的算法与此类似。

例如，给定一组元素，其关键字序列为(21,47,39,51,39,57,48,56)，建立大顶堆的过程如图12-5所示。结点的旁边为对应的序号。

从图12-5容易看出，建立后的大顶堆，其非叶子结点的元素值均不小于左、右子树结点的元素值。

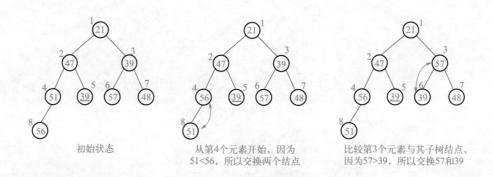

初始状态　　　　从第4个元素开始，因为　　　比较第3个元素与其子树结点，
　　　　　　　　51<56，所以交换两个结点　　因为57>39，所以交换57和39

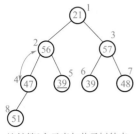
比较第2个元素与其子树结点，
因为56>47，所以交换56和47

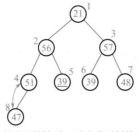
接着比较第4个元素与其子树结点，
因为51>47，所以交换51和47

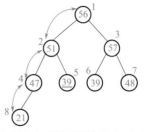
比较第1个元素与其子树结点，依次经过
第1个与第2个、第2个与第4个、第4个与
第8个元素交换过程，即得到大顶堆

图12-5　建立大顶堆的过程

建立大顶堆的算法描述如下。

```python
def CreateHeap(self, n):
    # 建立大顶堆
    for i in range(n//2-1,-1,-1):  # 从序号n/2开始建立大顶堆
        self.AdjustHeap(i, n-1)
def AdjustHeap(self, s, m):
    # 调整H.data[s...m]的关键字，使其成为一个大顶堆
    t = self.data[s]                              # 将根结点暂时保存在t中
    j=2*s+1
    while j<=m:
        if j < m and self.data[j] <self.data[j+1]:  # 沿关键字较大的孩子结点向下筛选
            j +=1                                   # j为关键字较大的结点的下标
        if t > self.data[j]:        # 如果孩子结点的值小于根结点的值，则不进行交换
            break
        self.data[s] = self.data[j]
        s = j
        j*=2+1
    self.data[s] = t             # 将根结点插入到正确位置
```

（3）调整堆

建立好一个大顶堆后，当输出堆顶元素后，如何调整剩下的元素，使其构成一个新的大顶堆呢？其实，这也是一个建堆的过程，由于除了堆顶元素外，剩下的元素本身就具有$a[i].$key $\geq a[2i].$key 且 $a[i].$key $\geq a[2i+1].$key $\left(i=1,2,\cdots,\left\lfloor\dfrac{n}{2}\right\rfloor\right)$ 的性质，关键字按照由大到小逐层排列，因此，调整剩下的元素构成新的大顶堆只需要从上往下进行比较，找出最大的关键字并将其放在根结点的位置，即可构成新的堆。

具体实现：当堆顶元素输出后，可以将堆顶元素放在堆的最后，即将第1个元素与最后一个元素交换a[1]<->a[n]，则需要调整的元素序列就是a[1…n-1]。从根结点开始，如果其左、右子树结点元素值大于根结点元素值，选择较大的一个进行交换。即如果a[2]>a[3]，则将a[1]与a[2]比较，如果a[1]<a[2]，则将a[1]与a[2]交换，否则不交换。如果a[2]<a[3]，则

将a[1]与a[3]比较，如果a[1]<a[3]，则将a[1]与a[3]交换，否则不交换。重复执行此操作，直到叶子结点不存在，即可完成堆的调整，构成一个新堆。

例如，一个大顶堆的关键字序列为(87,64,53,51,23,21,48,32)，当输出87后，调整剩余的关键字序列为一个新的大顶堆的过程如图12-6所示。

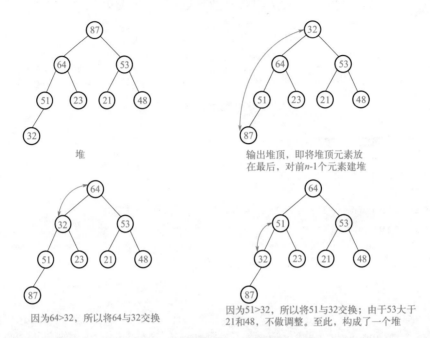

图12-6　输出堆顶元素后，调整堆的过程

如果重复地输出堆顶元素，即将堆顶元素与堆的最后一个元素交换，然后重新调整剩余的元素序列使其构成一个新的大顶堆，直到没有需要输出的元素为止。重复地执行以上操作，就会把元素序列构成一个有序的序列，即完成一个排序的过程。

```python
def HeapSort(self):              # 对顺序表H进行堆排序
    self.CreateHeap(self.length) # 创建堆
    for i in range(self.length-1,0,-1):   # 将堆顶元素与最后一个元素交换，重新调整堆
        t=self.data[0]
        self.data[0]=self.data[i]
        self.data[i]=t
        self.AdjustHeap(0, i-1)   # 将data[1...i-1]调整为大顶堆
```

例如，一个大顶堆元素的关键字序列为(87,64,49,51,49,21,48,32)，其相应的完整的堆排序过程如图12-7所示。

堆排序是一种不稳定的排序。堆排序的时间耗费主要在建立堆和不断调整堆的过程中。一个深度为h，元素个数为n的堆，其调整算法的比较次数最多为$2(h-1)$次，而建立一个堆，其比较次数最多为$4n$。一个完整的堆排序过程总共的比较次数为$2(\lfloor\log_2(n-1)\rfloor+\lfloor\log_2(n-2)\rfloor+\cdots+\lfloor\log_2 2\rfloor)<2n\log_2 n$，因此，堆排序在最坏的情况下，其时间复杂度为$O(n\log_2 n)$。堆排序适合应用于待排序的数据量较大的情况。

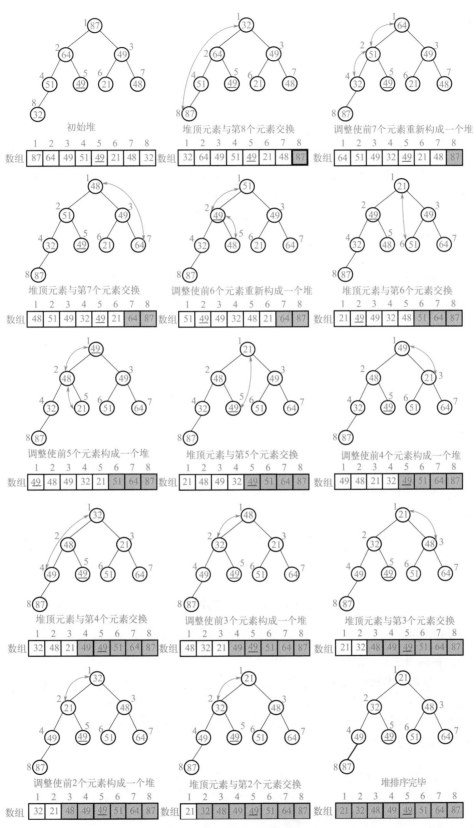

图12-7　一个完整的堆排序过程

12.4　交换排序

交换排序的基本思想是：通过依次交换逆序的元素实现排序。

12.4.1　冒泡排序

冒泡排序的基本思想：从第一个元素开始，依次比较两个相邻的元素，如果两个元素逆序，则进行交换，即如果L.data[i].key>L.data[i+1].key，则交换L.data[i]与L.data[i+1]。假设元素序列中有n个待比较的元素，在第一趟排序结束时，会将元素序列中关键字最大的元素移到序列的末尾，即第n个位置。在第二趟排序结束时，会将关键字次大的元素移动到第n-1个位置。依次类推，经过n-1趟排序后，元素序列构成一个有序的序列。这样的排序类似于气泡慢慢向上浮动，因此称为冒泡排序。

例如，一组元素序列的关键字为(56,22,67,32,59,12,89,26)，对该关键字序列进行冒泡排序，第一趟排序过程如图12-8所示。

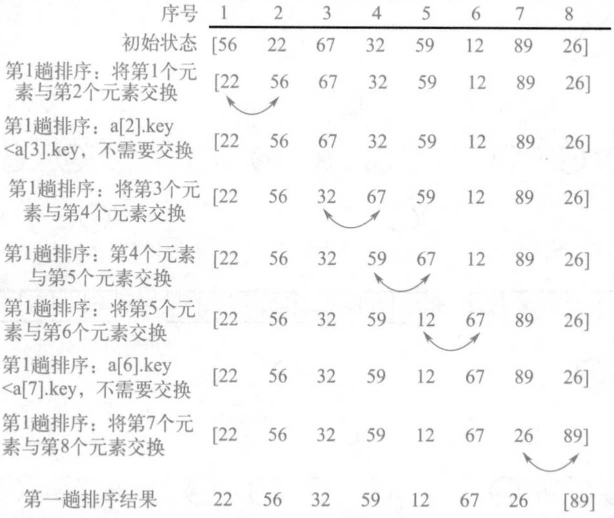

序号	1	2	3	4	5	6	7	8
初始状态	[56	22	67	32	59	12	89	26]
第1趟排序：将第1个元素与第2个元素交换	[22	56	67	32	59	12	89	26]
第1趟排序：a[2].key<a[3].key，不需要交换	[22	56	67	32	59	12	89	26]
第1趟排序：将第3个元素与第4个元素交换	[22	56	32	67	59	12	89	26]
第1趟排序：第4个元素与第5元素交换	[22	56	32	59	67	12	89	26]
第1趟排序：将第5个元素与第6个元素交换	[22	56	32	59	12	67	89	26]
第1趟排序：a[6].key<a[7].key，不需要交换	[22	56	32	59	12	67	89	26]
第1趟排序：将第7个元素与第8个元素交换	[22	56	32	59	12	67	26	89]
第一趟排序结果	22	56	32	59	12	67	26	[89]

图12-8　第一趟排序过程

从图12-8容易看出，第一趟排序结束后，关键字最大的元素被移动到序列的末尾。按照这种方法，冒泡排序的全过程如图12-9所示。

从图12-9中不难看出，在第5趟排序结束后，其实该元素已经有序，第6趟和第7趟排序就不需要进行比较了。因此，在设计算法时，可以设置一个标志为flag，如果在某一趟循环中，所有元素已经有序，则令flag=0，表示该序列已经有序，不需要再进行后面的比较。

冒泡排序的算法实现如下。

```python
def BubbleSort(self):
#冒泡排序
    flag=True
    for i in range(n-1):
```

```
    if flag==True:                           # 需要进行n-1趟排序
        flag=False
        for j in range(self.length-i-1):     # 每一趟排序需要比较n-i次
            if self.data[j] > self.data[j+1]:
                t=self.data[j]
                self.data[j]=self.data[j+1]
                self.data[j+1]=t
                flag=True
```

序号	1	2	3	4	5	6	7	8
初始状态	[56	22	67	32	59	12	89	26]
第1趟排序结果	22	56	32	59	12	67	26	[89]
第2趟排序结果	22	32	56	12	59	26	[67	89]
第3趟排序结果	22	32	12	56	26	[59	67	89]
第4趟排序结果	22	12	32	26	[56	59	67	89]
第5趟排序结果	12	22	26	[32	56	59	67	89]
第6趟排序结果	12	22	[26	32	56	59	67	89]
第7趟排序结果	12	[22	26	32	56	59	67	89]
最后排序结果	12	22	26	32	56	59	67	89

图12-9　冒泡排序的全过程

容易看出，冒泡排序的空间复杂度为$O(1)$。在进行冒泡排序的过程中，假设待排序的元素序列为n个，则需要进行$n-1$趟排序，每一趟需要进行$n-i$次比较，其中$i=1,2,\cdots,n-1$。因此整个冒泡排序需要比较的次数为$\sum_{i=1}^{n-1}i=\dfrac{n(n-1)}{2}$，移动次数为$3\times\dfrac{n(n-1)}{2}$，冒泡排序的时间复杂度为$O(n^2)$。冒泡排序是一种稳定的排序算法。

12.4.2　快速排序

快速排序算法是冒泡排序的一种改进，与冒泡排序类似，只是快速排序是将元素序列中的关键字与指定的元素进行比较，将逆序的两个元素进行交换。快速排序的基本算法思想是：设待排序序列的元素个数为n，分别存放在数组data$[1\cdots n]$中，令第一元素作为枢轴元素，即将a[1]作为参考元素，令pivot=a[1]。初始时，令$i=1$，$j=n$，然后按照以下方法操作。

① 从序列的j位置往前，依次将元素的关键字与枢轴元素比较。如果当前元素的关键字大于等于枢轴元素的关键字，则将前一个元素的关键字与枢轴元素的关键字比较；否则，将当前元素移动到位置i。即比较a[j].key与pivot.key，如果a[j].key≥pivot.key，则连续执行j--操作，直到找到一个元素使a[j].key<pivot.key，则将a[j]移动到a[i]中，并执行一次i++操作。

② 从序列的i位置开始，依次将该元素的关键字与枢轴元素比较。如果当前元素的关键字小于枢轴元素的关键字，则将后一个元素的关键字与枢轴元素的关键字比较；否则，将当前

元素移动到位置j。即比较$a[i]$.key与pivot.key，如果$a[i]$.key<pivot.key，则连续执行i++，直到遇到一个元素使$a[i]$.key≥pivot.key，则将$a[i]$移动到$a[j]$中，并执行一次j--操作。

③ 循环执行步骤①和②，直到出现$i≥j$，则将元素pivot移动到$a[i]$中。此时整个元素序列在位置i被划分成两个部分，前一部分的元素关键字都小于$a[i]$.key，后一部分元素的关键字都大于等于$a[i]$.key。即完成了一趟快速排序。

如果按照以上方法，在每一个部分继续进行以上划分操作，直到每一个部分只剩下一个元素不能继续划分为止，这样整个元素序列就构成了以关键字非递增的排列。

例如，一组元素序列的关键字为(37,19,43,22,22,89,26,92)，根据快速排序算法思想，第一次划分的过程如图12-10所示。

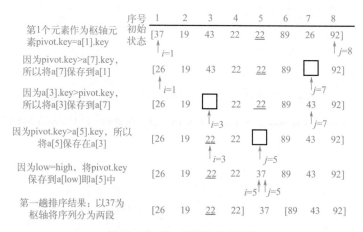

图12-10　第一趟快速排序过程

从图12-10容易看出，当一趟快速排序完毕之后，整个元素序列被枢轴的关键字37划分为两个部分，前一个部分元素的关键字都小于37，后一部分元素的关键字都大于等于37。其实，快速排序的过程就是以枢轴为中心将元素序列划分的过程，直到所有的序列被划分为单独的元素，快速排序完毕。快速排序的过程如图12-11所示。

	序号	1	2	3	4	5	6	7	8
第1个元素作为枢轴元素pivot.key=a[1].key	初始状态	[37 i=1	19	43	22	22	89	26	92] j=8
第一趟排序结果		[26	19	22	22]	37	[89	43	92]
第二趟排序结果		[22	19	22]	26	37	[43]	89	[92]
第三趟排序结果		[19]	22	[22]	26	37	43	89	92
最终排序结果		19	22	22	26	37	43	89	92

图12-11　快速排序过程

进行一趟快速排序，即将元素序列进行一次划分的算法描述如下。

```
def Partition(self,low,high):
# 对顺序表L.r[low...high]的元素进行一趟排序，使枢轴前面的元素关键字小于枢轴元素的关键
字，枢轴后面的元素关键字大于等于枢轴元素的关键字，并返回枢轴位置
```

```
        pivotkey = self.data[low]          # 将表的第一个元素作为枢轴元素
        t = self.data[low]
        while low < high:                  # 从表的两端交替地向中间扫描
            while low < high and self.data[high] >= pivotkey:  #从表的末端向前扫描
                high -=1
            if low < high:                 # 将当前high指向的元素保存在low位置
                self.data[low] = self.data[high]
                low+=1
            while low < high and self.data[low] <= pivotkey:  # 从表的始端向后扫描
                low +=1
            if low < high:                 # 将当前low指向的元素保存在high位置
                self.data[high] = self.data[low]
                high -=1
        self.data[low] = t                 # 将枢轴元素保存在low = high的位置
        return low                         #返回枢轴所在位置
```

通过多次递归调用一次划分算法即一趟排序算法，可实现快速排序，其算法描述如下。

```
def QuickSort(self, low, high):
    # 对顺序表L进行快速排序
    if low < high:                # 如果元素序列的长度大于1
        pivot = self.Partition(low, high)   # 将待排序序列L.r[low...high]划分为两部分
        self.QuickSort(low, pivot - 1)      # 对左边的子表进行递归排序,pivot是枢轴位置
        self.QuickSort(pivot + 1, high)     # 对右边的子表进行递归排序
```

容易看出，快速排序是一种不稳定的排序算法，其空间复杂度为$O(\log_2 n)$。

在最好的情况下，每趟排序均将元素序列正好划分为相等的两个子序列，这样快速排序的划分过程就是将元素序列构成一个完全二叉树的结构，分解的次数等于树的深度即$\log_2 n$，因此快速排序总的比较次数为$T(n) \leq n+2T(n/2) \leq n+2[n/2+2T(n/4)]=2n+4T(n/4) \leq 3n+8T(n/8) \leq \cdots \leq n\log_2 n+nT(1)$。因此，在最好的情况下，快速排序的时间复杂度为$O(n\log_2 n)$。

在最坏的情况下，待排序的元素序列已经是有序序列，则第一趟需要比较$n-1$次，第二趟需要比较$n-2$次，依次类推，共需要比较$n(n-1)/2$次，因此时间复杂度为$O(n^2)$。

在平均情况下，快速排序的时间复杂度为$O(n\log_2 n)$。

12.4.3 交换排序应用举例

【例12-2】 一组元素的关键字序列为(37,19,43,22,22,89,26,92)，使用冒泡排序和快速排序对该元素进行排序，并输出冒泡排序和快速排序的每趟排序结果。

```
class SqList:                        # 顺序表类型定义
    def _init_(self,length=0):
        self.data=[]
        self.length=length
    def InitSeqList(self,a,n):       # 顺序表的初始化
        for i in range(1,n+1):
```

```python
            self.data.append(a[i-1])
        self.length=n

    def BubbleSort(self):                # 冒泡排序
        flag = True
        count=1
        for i in range(n - 1):
            if flag == True:         # 需要进行n-1趟排序
                flag = False
                for j in range(self.length - i - 1):      # 每一趟排序需要比较n-i次
                    if self.data[j] > self.data[j + 1]:
                        t = self.data[j]
                        self.data[j] = self.data[j + 1]
                        self.data[j + 1] = t
                        flag = True
                self.DispList2(count)
                count +=1
```

```python
    # 对顺序表L.r[low...high]的元素进行一趟排序，使枢轴前面的元素关键字小于枢轴元素的
# 关键字，枢轴后面的元素关键字大于等于枢轴元素的关键字，并返回枢轴位置
    def Partition(self,low,high):
        pivotkey = self.data[low] # 将表的第一个元素作为枢轴元素
        t = self.data[low]
        while low < high:           # 从表的两端交替地向中间扫描
            while low < high and self.data[high] >= pivotkey:  # 从表的末端向前扫描
                high -=1
            if low < high:          # 将当前high指向的元素保存在low位置
                self.data[low] = self.data[high]
                low+=1
            while low < high and self.data[low] <= pivotkey:  # 从表的始端向后扫描
                low +=1
            if low < high:          # 将当前low指向的元素保存在high位置
                self.data[high] = self.data[low]
                high -=1
        self.data[low] = t     # 将枢轴元素保存在low = high的位置
        return low                # 返回枢轴所在位置
```

```python
    def QuickSort(self, low, high):
        # 对顺序表L进行快速排序
        count=1
        if low < high:              # 如果元素序列的长度大于1
            pivot = self.Partition(low, high) # 将待排序序列L.r[low...high]划
                                              # 分为两部分
            self.DispList3(pivot, count)       # 输出每次划分的结果
            count +=1
```

```
                self.QuickSort( low, pivot - 1)      # 对左边的子表进行递归排序，pivot
                                                       是枢轴位置
                self.QuickSort( pivot + 1, high)     # 对右边的子表进行递归排序


    def DispList(self, n):                           # 输出表中的元素
        for i in range(n):
            print("%4d" % self.data[i], end='')
        print()

    def DispList2(self,count):
        #输出表中的元素
        print("第%d趟排序结果:"%count,end='')
        for i in range(self.length):
            print("%4d"%self.data[i],end='')
        print()


    def DispList3(self,pivot,count):
        print("第%d趟排序结果: ["%count,end='')
        for i in range(pivot):
            print("%-4d"%self.data[i],end='')
        print("]",end='')
        print("%3d"%self.data[pivot],end='')
        print("[",end='')
        for i in range(pivot+1,self.length):
            print("%-4d"%self.data[i],end='')
        print("]",end='')
        print()




if _name_=='_main_':
    a=[37,19,43,22,22,89,26,92]
    # 冒泡排序
    n = len(a)
    L = SqList()
    L.InitSeqList(a, n)
    print("排序前:",end='')
    L.DispList(n)
    L.BubbleSort()
    print("冒泡排序结果:",end='')
    L.DispList(n)
    #快速排序
    n=len(a)
    L=SqList()
    L.InitSeqList(a,n)
```

```
print("排序前:",end=")
L.DispList(n)
L.QuickSort(0,n-1)
print("快速排序结果:",end=")
L.DispList(n)
```

程序运行结果如下所示。

```
排序前:   37   19   43   22   22   89   26   92
第1趟排序结果:  19   37   22   22   43   26   89   92
第2趟排序结果:  19   22   22   37   26   43   89   92
第3趟排序结果:  19   22   22   26   37   43   89   92
第4趟排序结果:  19   22   22   26   37   43   89   92
冒泡排序结果:  19   22   22   26   37   43   89   92
排序前:   37   19   43   22   22   89   26   92
第1趟排序结果: [26    19    22    22    ] 37 [89    43    92    ]
第2趟排序结果: [22    19    22    ] 26 [37    43    89    92    ]
第3趟排序结果: [19    ] 22 [22    26    37    43    89    92    ]
第4趟排序结果: [19    22    22    26    37    43    ] 89 [92    ]
快速排序结果:  19   22   22   26   37   43   89   92
```

12.5　归并排序

归并排序的基本思想是：将两个或两个以上的元素有序序列组合，使其成为一个有序序列。其中最为常用的是2路归并排序。

2路归并排序的主要思想：假设元素的个数是n，将每个元素作为一个有序的子序列，然后将相邻的两个子序列两两合并，得到$\left\lceil \dfrac{n}{2} \right\rceil$个长度为2的有序子序列。继续将相邻的两个有序子序列两两合并，得到$\left\lceil \dfrac{n}{4} \right\rceil$个长度为4的有序子序列。依次类推，重复执行以上操作，直到有序序列合并为1个为止。这样就能得到一个有序序列。

一组元素序列的关键字序列为(37,19,43,22,57,89,26,92)，2路归并排序的过程如图12-12所示。

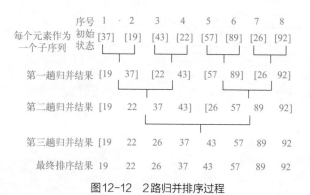

图12-12　2路归并排序过程

容易看出，2路归并排序的过程其实就是不断地将两个相邻的子序列合并为一个子序列的过程。其合并算法如下所示。

```python
def Merge(self,s, t, low, mid, high):
# 将有序的s[low...mid]和s[mid + 1...high] 归并为有序的t[low...high]
    i = low
    j = mid + 1
    k = low
    while i <= mid and j <= high:         # 将s中元素由小到大地合并到t
        if s[i] <= s[j]:
            t[k] = s[i]
            i+=1
        else:
            t[k] = s[j]
            j+=1
        k +=1
    while i <= mid:                       # 将剩余的s[i...mid]复制到t
        t[k] = s[i]
        k+=1
        i+=1
    while j <= high:                      #将剩余的s[j...high]复制到t
        t[k] = s[j]
        k+=1
        j+=1
```

以上是合并两个子表的算法，可通过递归调用以上算法合并所有子表，从而实现2路归并排序。其2路归并算法描述如下。

```python
def MergeSort(self, s, t,low, high):
# 2路归并排序，将s[low...high]归并排序并存储到t[low...high]中
    t2 = [None for i in range(len(s))]
    if low==high:
        t[low]=s[low]
    else:
        mid=(low+high)//2                 # 将s[low...high]分为s[low...mid]和
                                          #   s[mid+1...high]
        self.MergeSort(s,t2,low,mid)      # 将s[low...mid]归并为有序的t2
                                          #   [low...mid]
        self.MergeSort(s,t2,mid+1,high)   # 将s[mid+1...high]归并为有序的t2
                                          #   [mid+1...high]
        self.Merge(t2,t,low,mid,high)     # 将t2[low...mid]和t2[mid+1...high]
                                          #   归并到t[low...high]
```

归并排序的空间复杂度为$O(n)$。由于2路归并排序过程中所使用的空间过大，因此，它主要被用在外部排序中。2路归并排序算法需要多次递归调用自己，其递归调用的过程可以构成一个二叉树的结构，它的时间复杂度为$T(n) \leq n+2T(n/2) \leq n+2[n/2+2T(n/4)]=$

$2n+4T(n/4) \leqslant 3n+8T(n/8) \leqslant \cdots \leqslant n\log_2 n + nT(1)$，即$O(n\log_2 n)$。2路归并排序是一种稳定的排序算法。

12.6　非比较类排序

基数排序、桶排序和计数排序属于非比较类排序算法，它们使用的排序策略与前面所讲的排序算法不同。前面所述的排序方法是通过对元素的关键字进行比较，然后移动元素实现的，而这些非比较类排序则不需要对关键字进行比较。

12.6.1　基数排序

（1）基数排序算法

基数排序主要是利用多个关键字进行排序，在日常生活中，扑克牌就是一种多关键字的排序问题。扑克牌有4种花色，即红桃、方块、梅花和黑桃，每种花色从A到K共13张牌。这4种花色就相当于4个关键字，而每种花色的A到K张牌就相当于对不同的关键字进行排序。

基数排序正是借助这种思想，对不同类的元素进行分类，然后对同一类中的元素进行排序，通过这样的一种过程，完成对元素序列的排序。在基数排序中，通常将对不同元素的分类称为分配，排序的过程称为收集。

具体算法思想：假设第i个元素a_i的关键字key_i，key_i由d位十进制数组成，即$key_i = ki^d ki^{d-1} \cdots ki^1$，其中$ki^1$为最低位，$ki^d$为最高位。关键字的每一位数字都可作为一个子关键字。首先将元素序列按照最低的关键字进行排序，然后从低位到高位直到最高位依次进行排序，这样就完成了排序过程。

例如，一组元素序列的关键字为(334,285,21,467,821,562,342,45)。这组关键字位数最多的是3位，在排序之前，首先将所有的关键字都看作一个3位数字组成的数，即(334,285,021,467,821,562,342,045)。对这组关键字进行基数排序需要进行3趟分配和收集。首先需要对该关键字序列的最低位进行分配和搜集，然后对十位数字进行分配和收集，最后对最高位的数字进行分配和收集。一般情况下，采用链表实现基数排序。对最低位进行分配和收集的过程如图12-13所示。其中，数组f[i]保存第i个链表的头指针，数组r[i]保存第i个链表的尾指针。

对十位数字分配和收集的过程如图12-14所示。

对百位数字分配和收集的过程如图12-15所示。

经过第一趟排序即对以个位数作为关键字进行分配后，关键字被分为10类，个位数字相同的数字被划分为一类，然后对分配后的关键字进行收集之后，得到以个位数字非递减排序的序列。同理，经过第二趟分配和收集后，得到以十位数字非递减排序的序列；经过第三趟分配和收集后，得到最终的排序结果。

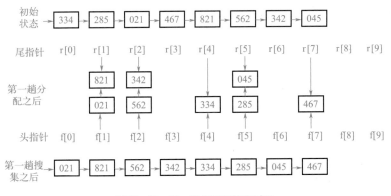

图12-13　第一趟分配和收集过程

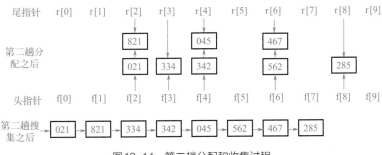

图12-14　第二趟分配和收集过程

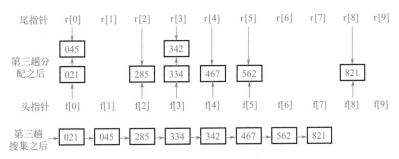

图12-15　第三趟分配和收集过程

基数排序的算法主要包括分配和收集。静态链表类型描述如下：

```python
class SListCell:                    # 静态链表的结点类型
    def _init_(self,next=None):
        self.key=[]                 # 关键字
        self.next=next
class SList:
    def _init_(self,keynum=0,length=0):
        self.data=[]                # 存储元素，data[0]为头结点
        self.keynum=keynum          # 每个元素的当前关键字个数
        self.length=length          # 静态链表的当前长度
```

基数排序的分配算法实现如下。

```
def Distribute(self,data, i, f, r,radix=10):
    # 为data中的第i个关键字key[i]建立radix个子表，使同一子表中元素的key[i]相同
    # f[0...radix - 1]和r[0...radix - 1]分别指向各个子表中第一个和最后一个元素
    for j in range(radix):             # 将各个子表初始化为空表
        f[j]=0


    p=data[0].next
    while p!=0:
        j=int(data[p].key[i])          # 将对应的关键字字符转化为整数类型
        if f[j]==0:                     # f[j]是空表，则f[j]指示第一个元素
            f[j]=p
        else:
            data[r[j]].next=p
        r[j]=p                          # 将p所指的结点插入第j个子表中
        p = data[p].next
```

其中，数组f[*j*]和数组r[*j*]分别存放第*j*个子表第一个元素的位置和最后一个元素的位置。基数排序的收集算法实现如下。

```
def Collect(self, data, f, r,radix=10):
    # 按key[i]将f[0...Radix - 1]所指各子表依次连接成一个静态链表
    j=0
    while f[j]==0:  #找第一个非空子表
        j+=1
    data[0].next=f[j]#data[0].next指向第一个非空子表中的第一个结点
    t = r[j]


    while j < radix - 1:
        j+=1
        while j < radix-1 and f[j]==0:    # 找下一个非空子表
            j+=1
        if f[j]:                          # 将非空链表连接在一起
            data[t].next=f[j]
            t=r[j]
    data[t].next=0                        # t指向最后一个非空子表中的最后一个结点
```

基数排序通过多次调用分配算法和收集算法，从而实现排序，其算法实现如下。

```
def RadixSort(self,radix=10):        # 对L进行基数排序，使得L成为按关键字非递减的静态
                                       链表，L.r[0]为头结点
    f=[]
    r=[]
    for j in range(radix):           # 将各个子表初始化为空表
        f.append(0)
    for j in range(radix):           # 将各个子表初始化为空表
```

```
        r.append(0)
    for i in range(self.keynum)：  # 由低位到高位依次对各关键字进行分配和收集
        self.Distribute(self.data, i, f, r)     # 第i趟分配
        self.Collect(self.data, f, r)           # 第i趟收集
        print("第%d趟收集后:"%(i + 1))
        self.PrintList2()
```

容易看出，基数排序需要2×Radix个队列指针，分别指向每个队列的队头和队尾。假设待排序的元素为n个，每个元素的关键字为d个，则基数排序的时间复杂度为$O(d(n+\text{Radix}))$。

（2）基数排序应用举例

【例12-3】 一组元素序列的关键字为(268,126,63,730,587,184)，使用基数排序对该元素序列排序，并输出每一趟基数排序的结果。

【分析】 主要考查基数排序的算法思想。基数排序是利用多个关键字先进行分配，然后再对每趟排序结果进行收集，通过多趟分配和收集后，得到最终的排序结果。十进制数有0~9共10个数字，利用10个链表分别存放每个关键字各个位为0~9的元素，然后通过收集，将每个链表连接在一起，构成一个链表，通过3次（因为最大关键字是3位数）分配和收集就能完成排序。

基数排序采用静态链表实现，算法的完整实现包括3个部分：基数排序的分配和收集算法、链表的初始化、测试代码。

① 对于基数排序的分配、收集，因为此例中关键字中最大的是3位数，因此需要进行3趟分配和收集。其相关的实现代码见基数排序算法部分。

② 链表的初始化。

链表的初始化主要包括以下功能：

a.求出关键字最大的元素，并通过该元素值得到子关键字的个数，通过对数函数实现。

b.将每个元素的关键字转换为字符类型，不足的位数用字符"0"补齐，子关键字即元素关键字每个位的值存放在key域中。

c.将每个结点通过链域连接起来，构成一个链表。

链表的初始化代码如下。

```
def InitList(self, a, n):
# 初始化链表
    ch=[]
    max = a[0]
    for i in range(1,n):                        # 将最大的关键字存入max
        if max < a[i]:
            max=a[i]
    self.keynum=(int)(math.log10(max))+1        # 求子关键字的个数
    self.length=n                               # 待排序个数
    slistnode=SListCell()
    self.data.append(slistnode)
```

```python
    for i in range(1,n+1):

        ch=str(a[i-1])                              # 将整型转化为字符，并存入ch
        for j in range(len(ch),self.keynum):        # 如果ch的长度 < max的位数，则在
                                                    #   ch前补'0'
            ch='0'+ch

        slistnode=SListCell()
        for j in range(self.keynum):                # 将每个关键字各个位的数存入key
            slistnode.key.append(ch[self.keynum-1-j])

        self.data.append(slistnode)

    for i in range(self.length):                    # 初始化链表
        self.data[i].next=i+1
    self.data[self.length].next=0
```

③ 测试代码。

```python
if _name_=='_main_':
    d = [268, 126, 63, 730, 587, 184]
    N=6
    L=SList()
    L.InitList(d, N)
    print("待排序元素个数是%d个，关键字个数为%d个"%(L.length, L.keynum))
    print("排序前的元素:")
    L.PrintList2()
    L.RadixSort( )
    print("排序后元素:")
    L.PrintList2()


def PrintList2(self):                    # 输出链表
    i = L.data[0].next
    while i!=0:
        for j in range(self.keynum-1,-1,-1):
            print("%c"%self.data[i].key[j],end=")
        print("",end=")
        i=L.data[i].next
    print()
def PrintList(self):#按数组序号形式输出静态链表
    print("序号 关键字  地址")
    for i in range(1,self.length+1):
        print("%2d     "%i,end=")
        for j in range(self.keynum-1,-1,-1):
            print("%c"%L.data[i].key[j],end=")
        print("      %d"%self.data[i].next)
```

程序运行结果如下所示。

```
待排序元素个数是6个，关键字个数为3个
排序前的元素：
268 126 063 730 587 184
排序前的元素的存放位置：
序号 关键字 地址
 1    268    2
 2    126    3
 3    063    4
 4    730    5
 5    587    6
 6    184    0
第1趟收集后：
730 063 184 126 587 268
第2趟收集后：
126 730 063 268 184 587
第3趟收集后：
063 126 184 268 587 730
排序后元素：
063 126 184 268 587 730
排序后的元素的存放位置：
序号 关键字 地址
 1    268    5
 2    126    6
 3    063    2
 4    730    0
 5    587    4
 6    184    1
```

12.6.2 桶排序

桶排序（bucket sort）也称为箱排序，其算法原理是将数组分到有限数量的桶里，再对每个桶中的元素分别排序，最后再分别将每个桶中排好序的元素输出。

（1）桶排序算法

桶排序与基数排序类似，首先需要将待排序元素划分到对应的桶中，然后对桶中的元素进行排序，最后将桶中的元素收集到一起，就可完成排序。

假如有一组待排序的数据元素：[33, 46, 6, 44, 8, 39, 28, 49, 2, 55, 86, 21]。假设创建10个桶，即桶0~桶9，每个桶可容纳一定范围的数据元素，如桶0容纳0~9，桶1容纳10~19，桶2容纳20~29，以此类推。分配元素到桶：遍历待排序数组，将每个元素根据其值分配到对应的桶中。例如，33分配到桶3，46分配到桶4，6分配到桶0，以此类推。桶0~桶9中的元素分配如下。

桶0: 6, 8, 2。桶1空。桶2: 28, 21。桶3: 33, 39。桶4: 46, 44, 49。桶5: 55。桶6空。桶7空。桶8: 86。桶9空。

对每个桶进行排序：对每个非空的桶应用排序算法进行排序，可以选择插入排序、快速排序等。此处使用插入排序对每个桶内的元素进行排序。

桶0: 2, 6, 8。桶1空。桶2: 21, 28。桶3: 33, 39。桶4: 44, 46, 49。桶5: 55。桶6空。桶7空。桶8: 86。桶9空。

合并桶中的元素：按照桶1~桶9的顺序，依次将每个非空桶中的元素存放到一个数组中，从而得到排序结果。排序结果为[2, 6, 8, 21, 28, 33, 39, 44, 46, 49, 55, 86]。

根据以上桶排序的过程，总结出桶排序的算法思想：

① 设置桶的个数为n，把待排序的元素尽可能均匀地放置到各个桶中。

② 对每个桶中的元素进行排序，可选择直接插入排序、简单选择排序、冒泡排序等算法。

③ 合并各桶中的元素，即可得到排序结果。

为了使待排序元素均匀地存放到各个桶中，需要确定桶的个数和每个桶中放几个元素。假设元素个数为n，可找出其中的最小值和最大值，分别设为min和max，则每个桶所装的数据的区间大小为

$$c = (max-min)/n+1$$

所需的桶的个数为

$$cnt=(max-min)/c+1$$

则可得第一个桶中元素的范围为[min, min+c)，第二个桶中元素的范围为[min+c,min+2c)，第三个桶中元素的范围为[min+2c,min+3c)，……，第n个桶中元素的范围为[min+(n-1)c, min+nc]。

（2）桶排序应用举例

根据桶排序算法思想，可得到以下桶排序算法。

```python
class BucketNode(object):
    def _init_(self, count, elems):
        self.count = count
        self.values = elems


class Bucket(object):
    def _init_(self,bucket_size):
        self.BUCKET_SIZE=bucket_size

    def bucketSort(self, a, n):
    # 创建桶数组
    buckets=[]
    # 初始化桶
    for i in range(self.BUCKET_SIZE):
        buckets_node=BucketNode(0,None)
        buckets.append(buckets_node)
        buckets[i].values = []          # 扩展桶的容量
```

```
        # 将元素放入桶中
        for i in range(n):
            bucket_index = a[i] // self.BUCKET_SIZE
            buckets[bucket_index].values.append(a[i])
            buckets[bucket_index].count+=1


        # 对每个桶中的元素进行排序
        for i in range(self.BUCKET_SIZE):
            bucketSize = buckets[i].count
            # 使用直接插入排序对桶中的元素进行排序
            for j in range(1, bucketSize):
                key = buckets[i].values[j]
                k = j - 1
                while k >= 0 and buckets[i].values[k] > key:
                    buckets[i].values[k + 1] = buckets[i].values[k]
                    k-=1
                buckets[i].values[k + 1] = key


        # 合并桶中的元素到原始数组
        index = 0
        for i in range(self.BUCKET_SIZE):
            bucket_size=buckets[i].count
            for j in range(bucket_size):
                a[index] = buckets[i].values[j]
                index+=1

if _name_=='_main_':
    bucket_size=int(input('请输入桶的数量:'))
    Bu=Bucket(bucket_size)
    a = [33, 46, 6, 44, 8, 39, 28, 49, 2, 55, 86, 21]
    n = len(a)
    print("原始数组:")
    for i in range(n):
        print(a[i],end='')
    Bu.bucketSort(a, n)
    print("\n排序后的数组:")
    for i in range(n):
        print(a[i],end=' ')
    print()
```

程序运行结果如下。

```
请输入桶的数量:10
原始数组:
33 46 6 44 8 39 28 49 2 55 86 21
排序后的数组:
2 6 8 21 28 33 39 44 46 49 55 86
```

桶排序的平均时间复杂度是线性的，即$O(n)$。在桶排序中，需要创建m(cnt)个桶的额外空间及n个元素的额外空间，空间复杂度是比较大的。桶排序算法是稳定的排序算法。桶排序的优点是在某些数据分布情况下，可达到线性时间复杂度。桶排序的性能高度依赖于数据的分布情况，如果数据分布不均匀，桶之间的数据量差距过大，会导致桶排序的性能下降。

12.6.3　计数排序

计数排序（counting sort）是通过统计每个元素出现的次数进行排序，适用于待排序元素为整数或范围有限的非负整数的序列排序。其优势在于速度快且稳定。

（1）计数排序算法

计数排序可以看作一种特殊的桶排序。当要排序的n个元素范围区间不大时，可将这n个元素分配到n个桶中，若有相同元素时，每个桶内的元素值都是相同的，桶内不需要再排序。计数排序主要利用数组的索引是有序的这个条件，通过将待排序元素作为索引，其个数作为值放入数组，遍历数组来排序。

例如，待排序元素序列为{6，2，5，7，12，2，5，8，3，7}，分别存储在数组对应的下标中，根据元素值创建计数数组，计数数组以待排序元素值为下标，对待排序元素进行计数，如图12-16所示。

得到计数数组后，依次根据数组的下标对计数数组中的元素进行遍历，当存在不为0的元素时，取该元素的索引存入新数组，并将该元素值减1，直至为0，按此方法对其他元素执行同样操作，直至计数数组中所有元素值均为0。例如，对于上述计数数组，第一个非零元素的下标为2，其值也为2，则排序后第一个元素应为2，第二个元素也为2；计数数组第二个非零元素的下标为3，其值为1，则第三个元素应为3；计数数组第三个非零元素下标为5，其值为2，则第四、五个元素应为5、5；依次类推，得到排序后元素序列为{2，2，3，5，5，6，7，7，8，12 }。

这里会存在一个问题，若元素的最小值偏大，计数数组分配空间时会造成浪费。为了解决这个问题，可以让最小的元素从下标0开始存放，在排序时，可将下标加上元素最小值得到实际元素值。例如，在这个例子中，可将2存放到下标0的位置，排序时，下标（0）+最小值（2）就是实际元素值。

计数排序的具体步骤如下：

① 扫描待排序元素序列a，找出最大值max_num和最小值min_num。

② 创建一个计数数组tmp，长度为max_num-min_num + 1。

③ 遍历待排序元素数组a，统计每个元素出现的次数，将结果存储在计数数组tmp中。

④ 扫描计数数组，若计数数组tmp中的元素值不为0，则将计数数组的下标i加min_num存储到a中，并将tmp[i]减1，重复执行同样的操作，直至tmp[i]的值为0，继续扫描tmp中的其他非零元素。

当tmp中的元素值均为0时，a中的元素就是排好序的结果。

排序前	下标	0	1	2	3	4	5	6	7	8	9
	元素值	6	2	5	7	12	2	5	8	3	7

计数数组 初始时	下标	0	1	2	3	4	5	6	7	8	9	10	11	12
	元素值	0	0	0	0	0	0	0	0	0	0	0	0	0

计数数组 第1次计数	下标	0	1	2	3	4	5	6	7	8	9	10	11	12
	元素值	0	0	0	0	0	0	1	0	0	0	0	0	0

计数数组 第2次计数	下标	0	1	2	3	4	5	6	7	8	9	10	11	12
	元素值	0	0	1	0	0	0	1	0	0	0	0	0	0

计数数组 第3次计数	下标	0	1	2	3	4	5	6	7	8	9	10	11	12
	元素值	0	0	1	0	0	1	1	0	0	0	0	0	0

计数数组 第4次计数	下标	0	1	2	3	4	5	6	7	8	9	10	11	12
	元素值	0	0	1	0	0	1	1	1	0	0	0	0	0

计数数组 第5次计数	下标	0	1	2	3	4	5	6	7	8	9	10	11	12
	元素值	0	0	1	0	0	1	1	1	0	0	0	0	1

计数数组 第6次计数	下标	0	1	2	3	4	5	6	7	8	9	10	11	12
	元素值	0	0	2	0	0	1	1	1	0	0	0	0	1

······

计数数组 第10次计数	下标	0	1	2	3	4	5	6	7	8	9	10	11	12
	元素值	0	0	2	1	0	2	1	2	1	0	0	0	1

图12-16 计数数组构造过程

（2）计数排序举例

利用前面的计数排序算法思想，可得下面的计数排序算法。

```python
def CountSort(a,n):
    max_num,min_num=max(a),min(a)
    c = max_num - min_num + 1          # 元素范围区间
    tmp=[0]*c
    for i in range(n):                 # 统计数组a中每个元素出现的次数
        tmp[a[i]-min_num]+=1
    j=0
```

```
        for i in range(c):
            while tmp[i]!=0:                     # 若有计数
                a[j]=i+min_num                   # 则将该元素的实际值存储到数组a中
                j+=1
                tmp[i]-=1
def DispArray(a, n):
    for i in range(n):
        print(a[i],end=' ')


if _name_ == '_main_':
    a = [6, 2, 5, 7, 12, 2, 5, 8, 3, 7]
    n=len(a)
    print('共%d个待排序元素，排序前：'%n)
    DispArray(a,n)
    CountSort(a, n)
    print('\n排序后：' )
    DispArray(a, n)
```

程序运行结果如下。

```
共10个待排序元素，排序前：
6 2 5 7 12 2 5 8 3 7
排序后：
2 2 3 5 5 6 7 7 8 12
```

计数排序的时间复杂度是 $O(n+k)$（n 表示的是数组的个数，k 表示的是 max-min+1 的大小），空间复杂度是 $O(k)$，它是一种稳定的排序算法。其排序速度快于任何比较排序算法。当 k 不是很大并且序列比较集中时，计数排序是一种很有效的排序算法。

计数排序适用范围：

① 待排序元素是整数或有限范围内的非负整数。

② 待排序元素序列中存在大量重复元素。

③ 对稳定性排序有要求，即相同元素的相对顺序不变。

Python

第13章

回溯算法——深度优先搜索的方法

回溯算法（backtracking），也称为试探法，是一种选优搜索法，该方法首先暂时放弃关于问题规模大小的限制，并将问题的候选解按照某种顺序逐一枚举和检验。当发现当前的候选解不可能是解时，就选择下一个候选解；倘若当前候选解除了不满足问题的规模要求外，满足所有其他要求时，继续扩大当前候选解的规模，并继续向前试探。如果当前的候选解满足包括问题规模在内的所有要求时，该候选解就是问题的一个解。在寻找解的过程中，放弃当前候选解，退回上一步重新选择候选解的过程就称为回溯。

学习目标：
- 回溯算法的基本思想。
- 装载问题、旅行商问题、和式分解、填字游戏和迷宫求解等算法的实现。

知识点框架：

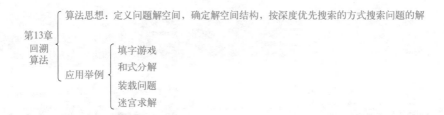

13.1　回溯算法的基本思想

回溯算法在求解问题时，按照深度优先搜索策略对解空间树进行搜索，在搜索至解空间树中的任一结点时，先判断该结点是否包含问题的解，如果包含问题的解，则沿着该分支继续进行深度优先搜索遍历；否则，跳过该结点的分支沿着该结点向上一个结点回溯。回溯算法的思想就像走迷宫一样，在不知道往哪个方向走时，可能会随机选一个方向往前走，当走到死胡同，即所有的路都走过但走不通时，就回退到前一个位置，重新选择另一条路向下走。在如图13-1所示的迷宫中，当从入口处走到第7行第1列的位置时，发现所有方向都不能走下去，就回退到第6行第1列的位置，此时若还走不通，则继续回退，直到第5行第1列的位置，会找到一条通路。

利用回溯算法解决问题有3个关键问题：

① 针对给定的问题，定义问题的解空间。

② 确定易于搜索的解空间结构。

③ 以深度优先方式搜索解空间，并且在搜索过程中用剪枝函数避免无效检索。

13.1.1　问题的解空间

问题的解空间至少包含一个最优解。例如，对于装载问题，若有 n 个集装箱要装上一艘载重量为 c 的轮船，其中集装箱 i 的质量为 w_i，要求在不超过轮船载重量的前提下，将尽可能多

的集装箱装上轮船。当n=3时，解空间是由长度为3的向量组成的，每个向量的元素取值为0或1，解空间为

$$\{(0,0,0),(0,0,1),(0,1,0),(1,0,0),(0,1,1),(1,0,1),(1,1,0),(1,1,1)\}$$

其中，0表示不装入轮船，1表示装入轮船。若c=50，W={18, 25, 25}，解空间可用一棵二叉树表示，左分支用1表示，右分支用0表示，如图13-2所示。

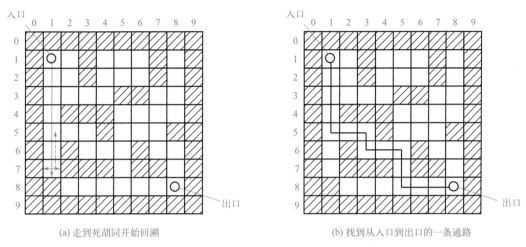

(a) 走到死胡同开始回溯   (b) 找到从入口到出口的一条通路

图13-1 迷宫问题

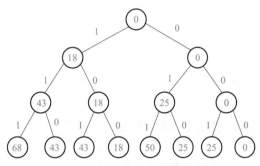

图13-2 装载问题的解空间树

解向量(1,1,1)表示将质量为18、25、25的集装箱都装入轮船，总质量为68。解向量(0,1,1)表示将质量为25和25的集装箱装入轮船，总质量为50。

13.1.2 回溯算法的求解步骤

在构造好解空间树之后，就可以利用回溯算法对解空间树进行搜索，通过搜索求出问题的最优解。从解空间树的根结点出发，对解空间进行深度优先搜索遍历。初始时，根结点成为活结点，并成为当前的扩展结点，沿着扩展结点向纵深方向搜索，达到一个新的结点后，新的结点就成为活结点，并成为当前的扩展结点。如果当前的扩展结点不能继续向前搜索，则当前的扩展结点就成为死结点，这时就会回溯到最近的活结点位置。重复按以上方式搜索整个解空间树，直到程序结束。

💥 知识点

活结点：如果已经生成一个结点或多个结点，而它的所有孩子结点还没有全部生成，则该结点就称为活结点。

扩展结点：当前正在生成孩子结点的活结点。

死结点：不再继续扩展的结点或其孩子结点已经全部生成的结点。

（1）装载问题

当$c=50$，$W=\{18, 25, 25\}$时，装载问题的搜索过程可以表示成一棵子集树，如图13-3所示。

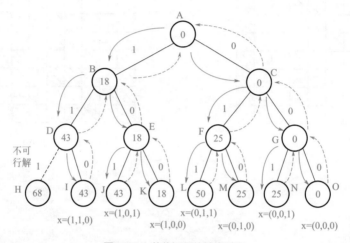

图13-3　装载问题的搜索过程

① 初始时，根结点是唯一的活结点，也是当前的扩展结点，此时轮船的剩余容量为$c_r=50$，还未有集装箱装入轮船。

② 从根结点A出发对左分支结点B进行扩展，若将第1个集装箱装入轮船，则有$c_r=50-18=32$，此时结点B为当前的扩展结点，结点A和结点B为活结点。

③ 从当前的扩展结点B继续沿深度方向扩展，若将第2个集装箱装入轮船，则有$c_r=32-25=7$，此时结点D为当前的扩展结点，结点A、结点B和结点D为活结点。

④ 从当前的扩展结点D沿着左分支继续扩展，由于$c_r<25$，无法将第3个集装箱放入轮船，这是一个不可行的解，回溯到结点D。

⑤ 结点D成为活结点，并成为当前的扩展结点，从结点D沿着右分支进行扩展，扩展到结点I，即不将第3个集装箱装入轮船，此时有第1个和第2个集装箱装入轮船，得到一个可行解，解向量为（1,1,0），装入轮船的集装箱总质量为43。

⑥ 结点I不能再扩展，成为死结点，回溯到结点D，结点D已无可扩展结点，成为死结点，回溯到结点B。

⑦ 结点B成为当前的扩展结点，沿着结点B向右分支结点扩展，到达结点E，结点E成为活结点，并成为当前的扩展结点，第2个集装箱不装入轮船，此时轮船上只有第1个集装箱，$c_r=32$。

⑧ 沿着结点E往左分支扩展，结点J成为活结点，并成为当前的扩展结点，将第3个集

装箱装入轮船，此时有c_r=32-25=7，第1个和第3个集装箱装入轮船，解向量为（1,0,1），装入轮船的总质量为43。

⑨ 结点J不可扩展，成为死结点，回溯到结点E，结点E成为当前的扩展结点，沿着结点E向右分支扩展，到达结点K，结点K为活结点，即第3个集装箱不装入轮船，此时c_r=32，只有第1个集装箱装入轮船，解向量为（1,0,0），装入轮船的总质量为18。

按以上方式继续在解空间树上搜索，搜索完毕后，即可得到装载问题的最优解，最优解为（0,1,1）。

（2）旅行商问题

旅行商问题（traveling salesman problem，TSP），又称为旅行推销员问题、货郎担问题，是数学领域著名的问题之一。问题描述：一个旅行商人要从n个城市的某一城市出发去往其他城市，每个城市经过且只经过一次，最后回到原来出发的城市。求在去往任何一个城市的所有路径中路径长度最短的一条。为了方便描述该问题，可采用带权图表示n个城市及其之间的关系，顶点表示城市，顶点之间的权值表示城市之间的距离。例如，n=4时的旅行商问题可用图13-4表示。

图13-4中的回路有(1,2,3,4,1)，(1,2,4,3,1)，(1,3,2,4,1)，(1,4,2,3,1)，(1,3,4,2,1)，(1,4,3,2,1)等，其中，(1,3,4,2,1)的路径长度最短，其路径长度为29。旅行商人所走过的可能路线其实是所有路径的排列组合，这些方案可绘制成一棵排列树，也是该问题的解空间树，如图13-5所示。该树的深度为5，两个结点之间的路径表示旅行商经过的城市。

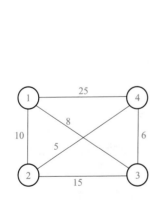

图13-4 旅行商问题

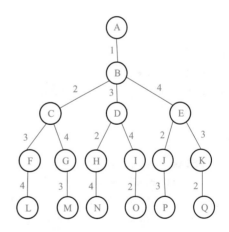

图13-5 旅行商问题的解空间树

利用回溯算法求解问题一般是先根据具体问题构造解空间树，也就是描述问题的解，然后在解空间树中从根结点出发进行搜索问题的解，直到遍历完整棵解空间树。解空间树一般分为两种：子集树和排列树。当所给的问题是从n个元素的集合S中找出满足某种性质的子集时，相应的解空间称为子集树。当所给问题是确定n个元素满足某种性质的排列时，相应的解空间树称为排列树。排列树通常有$n!$个叶子结点。因此遍历排列树需要$O(n!)$的计算时间。

13.2　和式分解（非递归实现）

【问题描述】 编写非递归算法，要求输入一个正整数n，输出和等于n且不递增的所有序列。例如，$n=4$时，输出结果为：

```
4=4
4=3+1
4=2+2
4=2+1+1
4=1+1+1+1
```

【分析】 利用数组a[]存放分解出来的和数，其中，a[k+1]存放第k+1步分解出来的和数。利用r[]存放分解出和数后还未分解的余数，r[k+1]用于存放分解出和数a[k+1]后，还未分解的余数。为保证上述要求能对第一步（$k=0$）分解也成立，在a[0]和r[0]中置为n，表示第一个分解出来的和数为n。第k+1步要继续分解的数是前一步分解后的余数，即r[k]。在分解过程中，当某步欲分解的数r[k]为0时，表明已完成一个完整的和式分解，将该和式输出；然后在前提条件a[k]>1下，调整原来所分解的和数a[k]和余数r[k]，进行新的和式分解，即令a[k]-1，作为新的待分解和数，r[k]+1就成为新的余数。若a[k]=1，表明当前和数不能继续分解，需要进行回溯，回退到上一步，即令k-1，直至a[k]>1时停止回溯，调整新的和数和余数。为了保证分解出的和数依次构成不增的正整数序列，要求从r[k]分解出来的最大和数不能超过a[k]。当$k=0$时，表明完成所有的和式分解。

算法实现如下：

```python
class SplitSum(object):
    def _init_(self):
        self.MAXN=100
    def Sum_Depcompose(self,n,a,r):      # 非递归实现和式分解
        i = 0
        k = 0
        r[0]=n                           # r[0]存放余数
        while True:
            if r[k] == 0:                # 表明已完成一次和式分解，输出和式分解
                print('%d = %d'%(a[0], a[1]),end="")
                for i in range(2,k+1):
                    print('+%d'% a[i],end="")
                print()
                while k>0 and a[k]==1:   # 若当前待分解的和数为1，则回溯
                    k-=1
                if k > 0:                # 调整和数和余数
                    a[k]-=1
                    r[k]+=1
            else:                        # 继续和式分解
                a[k+1] = a[k] if a[k]<r[k] else r[k]
                r[k+1] = r[k] - a[k+1]
```

```
                k+=1
            if k<=0:
                break

if _name_ == '_main_':
    S=SplitSum()
    a=[0]*S.MAXN
    r=[0]*S.MAXN
    test_data = [4, 5, 6]

    for i in range(len(test_data)):
        a[0] = test_data[i]                    # a[0]存放待分解的和数
        print("%d的和式分解:"%a[0])
        S.Sum_Depcompose (test_data[i],a,r)
```

程序运行结果如下所示。

```
4的和式分解:
4 = 4
4 = 3+1
4 = 2+2
4 = 2+1+1
4 = 1+1+1+1
5的和式分解:
5 = 5
5 = 4+1
5 = 3+2
5 = 3+1+1
5 = 2+2+1
5 = 2+1+1+1
5 = 1+1+1+1+1
6的和式分解:
6 = 6
6 = 5+1
6 = 4+2
6 = 4+1+1
6 = 3+3
6 = 3+2+1
6 = 3+1+1+1
6 = 2+2+2
6 = 2+2+1+1
6 = 2+1+1+1+1
6 = 1+1+1+1+1+1
```

　　完成一个和式分解后，接下来需要在该分解的基础上进行调整以得到下一个分解的和数，通过对分解出来的和数减去1，并对余数增加1，寻找下一个和数。例如，完成5=3+2的和式分解后，可对当前的和数2减1，并对其余数0增1，这样就能得到新的和数1及新的余数1，然后继续对余数进行分解，得到5=3+1+1。

当未完成一次和式分解时，继续对和式进行分解。分解的原理：和数是前一个和数和余数中较小的那个，余数就是上一个余数减去当前的和数。

```
a[k+1] = a[k] if a[k]<r[k] else r[k]
r[k+1] = r[k] - a[k+1]
```

除了上述解法，还可以通过构造解空间树，对解空间树进行深度优先搜索遍历寻找问题的解。

假设n=4，根结点为4，它可以分解为1、2、3、4，因此，根结点有4个分支结点，对于这4个结点可继续进行扩展，每个结点最多可有4个分支，其结点分别为1、2、3、4。对于1来说，从4分解出1之后，还可以分解出1、2、3三种情况，沿着结点1，还可以分解为1和2两种情况。对每个结点按上述方式进行扩展，可构造出和式分解的解空间树，如图13-6所示。如果增加一个约束条件：分解出来的数按非降序排列，则可继续对解空间树进行简化，4的分解就有五种情况。

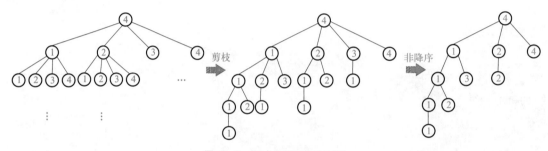

图13-6　和式分解的解空间树

从根结点出发，沿着某个分支进行深度优先搜索，直到叶子结点，就可得到一个和式分解。

```python
class SplitSum(object):
    # 输出一组解
    def Prints(self, s):
        s2 = ""
        for i in range(len(s)-1):
            s2 += str(s[i]) + " "
        print(s2)

    # 使用回溯算法实现整数分解
    def DFS_Split(self, n, s, p, i):
        if n == 1:
            self.Prints(s)
            return
        for k in range(n):
            if k >= p:
```

```
                s.insert(i-1,k)
                self.DFS_Split(n - k, s, k, i + 1)
                s.pop(-1)
if _name_ == '_main_':
    SS=SplitSum()
    n = 5
    s = []
    s.append(n)
    SS.DFS_Split(n, s, 1, 1)
```

程序运行结果如下所示。

```
1 1 1 1
1 1 2
1 3
2 2
4
```

13.3　填字游戏

【问题描述】 在3×3的方格中填入数字1～N（$N \geqslant 0$）中的某9个数字，每个方格填1个整数，使相邻的两个方格中的整数之和为质数。求满足以上要求的各种数字填法。

【分析】 利用试探法找到问题的解，即从第一个方格开始，为当前方格寻找一个合理的整数填入，并在当前位置正确填入后，为下一方格寻找可填入的合理整数。如果不能为当前方格找到一个合理的可填整数，就要回退到前一个方格，调整前一个方格的填入数。当第9个方格也填入合理的整数后，就能找到一个解，将该解输出，并调整第9个填入的整数，继续寻找下一个解。为了检查当前方格填入整数的合理性，引入二维数组checkMatrix，存放需要合理性检查的相邻方格的序号。

为了找到一个满足要求的9个数的填法，按照某种顺序（如从小到大）每次在当前位置填入一个整数，然后检查当前填入的整数是否能够满足要求。在满足要求的情况下，继续用同样的方法为下一个方格填入整数。如果最近填入的整数不能满足要求，就改变填入的整数。如果对当前方格试尽所有可能的整数，都不能满足要求，就回退到前一个方格（回溯），并调整该方格填入的整数。如此重复扩展、检查、调整，直到找到一个满足问题要求的解，将解输出。

回溯算法找一个解的算法如下：

```
m=0
ok=True
n=8
while True:
    if ok:
        扩展;
```

```
        else:
            调整；
        ok=检查前m个整数填放的合理性
        while (not ok or m!=n) and m!=0:
            break
if m!=0:
        输出解
else:
        输出无解报告
```

如果程序要找全部解，则在将找到的解输出后，继续调整最后位置上填放的整数，试图去找下一个解。相应的算法如下：

```
m=0
ok=True
n=8
while True:
        if ok:
                if m==n:
                        输出解；
                        调整；
                        else:
                        扩展；
        else:
                调整；
        ok=检查前m个整数填放的合理性
    if m!=0:
        break
```

为了确保程序能够终止，调整时必须保证曾被放弃过的填数序列不会再次试探，即要求按某种序列模型生成填数序列，设定一个被检验的顺序，按这个顺序逐一形成候选解并检验。调整时，找当前候选解中下一个还未被使用过的整数。

算法实现如下：

```
class FillNum(object):
    def _init_(self):
        self.N=12
        self.b=[0]*(self.N+1)
        self.a=[0]*10                # 存放方格填入的整数
        self.total=0                 # 共有多少种填法
        self.checkmatrix=[[-1],[0,-1],[1,-1],[0,-1],[1,3,-1],[2,4,-1],
[3,-1],[4,6,-1],[5,7,-1]]

    def dispsovle(self, a):          # 输出方格中的数字
        for i in range(3):
            for j in range(3):
```

```
                print("%3d"%a[3*i+j],end=' ')
            print()
    def isprime(self,m):              # 判断m是否是质数
        primes=[2,3,5,7,11,17,19,23,29,-1]
        if m==1 or m%2==0:
            return 0
        i=0
        while primes[i]>0:
            if m==primes[i]:
                return 1
            i+=1
        i=3
        while i*i<=m:
            if m%i==0:
                return 0
            i+=2
        return 1

    def selectnum(self,start):    # 从start开始选择没有使用过的数字
        for j in range(start,self.N+1):
            if self.b[j]!=0:
                return j
        return 0

    def check(self, pos):             # 检查填入的pos位置是否合理
        if pos<0:
            return 0
        # 判断相邻的两个数是否是质数
        i=0
        j=self.checkmatrix[pos][i]
        while j>0:
            if self.isprime(self.a[pos]+self.a[j])==0:
                return 0
            i+=1
            j = self.checkmatrix[pos][i]
        return 1

    def extend(self, pos):         # 为下一个方格找一个还没有使用过的数字
        pos+=1
        self.a[pos]=self.selectnum(1)
        self.b[self.a[pos]]=0
        return pos
    def change(self, pos):         # 调整填入的数,为当前方格寻找下一个还没有用到的数
        # 找到第一个没有使用过的数
        j = self.selectnum(self.a[pos] + 1)
        while pos>=0 and j==0:
```

```
            self.b[self.a[pos]]=1
            pos-=1
            j = self.selectnum(self.a[pos] + 1)
        if pos<0:
            return -1
        self.b[self.a[pos]]=1
        self.a[pos]=j
        self.b[j]=0
        return pos

    def find(self):                              # 查找
        succ=False
        pos=0
        self.a[pos]=1
        self.b[self.a[pos]]=0
        while True:
            if succ:
                if pos==8:
                    self.total+=1
                    print("第%d种填法"%self.total)
                    self.dispsovle(self.a)
                    pos=self.change(pos)         # 调整
                else:
                    pos=self.extend(pos)         # 扩展
            else:
                pos=self.change(pos)             # 调整
            succ=self.check(pos)                 # 检查
            if pos<0:
                break


if _name_ == '_main_':
    FN=FillNum()
    for i in range(1,FN.N+1):
        FN.b[i]=1
    FN.find()
    print("共有%d种填法"%FN.total)
```

程序运行结果如下所示。

```
第4988种填法
 12  11   8
  7   6   5
 10   1   2
第4989种填法
 12  11   8
```

```
   9    2    3
   4    1   10
第4990种填法
  12   11    8
   9    2    3
  10    1    4
第4991种填法
  12   11    8
   9    2    5
   4    1    6
第4992种填法
  12   11    8
   9    2    5
  10    1    6
共有4992种填法
```

定义一个嵌套列表checkmatrix，用来检测两个相邻数是否是质数，即

```
self.checkmatrix=[[-1],[0,-1],[1,-1],[0,-1],[1,3,-1],[2,4,-1],[3,-1],[4,6,-1],[5,7,-1]]
```

函数"dispsovle(self, a)"的作用是输出方格中填入的整数。函数"isprime(self,m)"用于判断 m 是否是质数。函数"selectnum(self,start)"的作用是从start开始选择一个还没有使用过的数字。函数"check(self, pos)"用于检测在第pos位置填入的数字是否合适。函数"extend(self, pos)"为下一个方格填入还没有使用过的数字，并将该数的使用标志置为0。函数"change(self, pos)"调整填入的数字，为当前方格寻找下一个还没有使用过的数字。

函数find(self)初始时将方格中的第一个位置设置为1。如果填满该方格，则输出方格中的数字，并调整最后一个方格中的数字。如果没有得到一个完整的解，则扩展第pos个位置中的数字，从第pos个位置开始调整填入的数字，试探求其他位置填入的数字。最后测试填入的数字是否为一个合法的解。

13.4 装载问题

【问题描述】 已知有 n 个集装箱（质量分别为 w_1，w_2，$\cdots$，w_n）和1艘轮船，轮船的载重量为 c，要求在不超过轮船载重量的前提下，将尽可能多的集装箱装入轮船。其中，第 i 个集装箱的质量为 w_i。

【分析】 为了方便描述，用解向量 $X=(x_1, x_2, \cdots, x_n)$ 表示哪一个集装箱装入轮船。其中，$x_i \in \{0, 1\}$，$1 \leq i \leq n$。 x_i 的取值只有0或1两种情况，$x_i=1$ 表示第 i 个集装箱入轮船，$x_i=0$ 表示第 i 个集装箱不装入轮船。

求解的问题可形式化描述为

$$\max \sum_{i=1}^{n} w_i x_i, \text{s.t.} \sum_{i=1}^{n} w_i x_i \leqslant c$$

即求装入轮船的集装箱的最大数量。在从根结点出发搜索问题的解时，需要考虑两个约束条件：

① 可行性约束条件：$\sum_{i=1}^{n} w_i x_i \leqslant c$。

② 最优解约束条件：remain+cw>bestw。式中，remain表示剩余集装箱质量，cw表示当前已装上的集装箱质量，bestw表示当前的最优装载量。

对于不满足约束条件$\sum_{i=1}^{n} w_i x_i \leqslant c$的情况，则去除该分支；判定第$i$层的结点是否装入轮船的条件为

$$cw(i) = w_i + \sum_{j=1}^{i-1} w_j x_j$$

当$cw(i)>c$时，表示该分支上的所有结点均不满足约束条件，应去除该分支。若对于当前正在搜索的结点来说，沿着当前的结点继续向下扩展到叶子结点，就是将剩下的集装箱都装入轮船，总质量仍然不会大于当前的最优值bestw，则就没有必要对该结点的子树进行扩展，应去除该分支结点。如果当前的扩展结点为第i个结点，则剩下的结点表示集装箱的质量为$r = \sum_{j=i+1}^{n} w_j$，则该结点代表的集装箱质量上界为$cw(i)+r$。

若输入仍然是$c=50$，$W=\{18, 25, 25\}$，解空间树的搜索过程如图13-3所示。初始时，cw=0，bestw=0，$r=68$，然后考查第1个集装箱，此时有cw=0，bestw=0，$r=50$，由于cw+w[1]<c，则可选取第1个集装箱。在选取第1个集装箱后，就进入解空间树的第2层，即开始考查是否将第2个集装箱装入轮船，此时有cw=18，bestw=18，$r=25$，由于cw+w[2]<50，则可选取第2个集装箱。在选取第2个集装箱后，就进入解空间树的第3层，即开始考查是否将第3个集装箱装入轮船，此时有cw=43，bestw=43，$r=0$，由于cw+w[3]>50，因此第3个集装箱不能装入轮船。于是往结点D的右子树方向走下去，即不装入第3个集装箱，到达叶子结点，有cw=43，bestw=43，找到一个解（1,1,0）。经过剪枝后的子集树如图13-7所示。

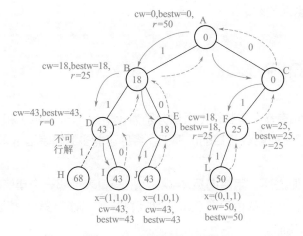

图13-7　经过剪枝后的子集树

算法实现如下：

```python
class BestNode(object):
    def _init_(self):
        self.NUM = 20
        self.bestw=0
        self.bestx=[0]*self.NUM

    def getBestW(self):
        return self.bestw

    def setBestW(self, cw):
        self.bestw=cw

    def setBestX(self,x):
        for i in range(len(x)):
            self.bestx[i] = x[i]

    def getBestX(self, i):
        return self.bestx[i]


class ContainerLoading(object):
    def Backtrack(self, t, n, w, c, r, cw, bNode, x):
        if t>n:                             # 达到叶子结点
            if cw>bNode.getBestW():         # 若存在更优的解，则更新最优解
                bNode.setBestX(x)
                bNode.setBestW(cw)
            return

        r -= w[t]                           # 更新剩余集装箱的重量
        if cw+w[t]<=c:                      # 搜索左子树

            x[t] = 1;
            cw += w[t]
            self.Backtrack(t+1,n,w,c,r,cw,bNode,x)
            cw -= w[t]                      # 恢复状态

        if cw+r>bNode.getBestW():           # 搜索右子树
            x[t]=0
            self.Backtrack(t+1,n,w,c,r,cw,bNode,x)

        r += w[t]                           # 恢复状态

if _name_ == '_main_':
    bNode=BestNode()
    CL=ContainerLoading()
```

```
c=int(input("请输入轮船的装载容量:"))
n=int(input("请输入集装箱的数量:"))
r = 0
w=[0]*(n+1)
x=[0]*(n+1)
print("请分别输入"+str(n)+"个集装箱的重量:")
for i in range(1,n+1):
    w[i]=int(input('第'+str(i)+'个集装箱的重量'))
    r += w[i]

cw = 0
CL.Backtrack(1,n,w,c,r,cw,bNode,x)
print("最优装载量:"+str(bNode.getBestW()))
print("装入轮船的集装箱编号:")
for i in range(1,n+1):
  if bNode.getBestX(i)==1:
      print("  " + str(i),end="")
```

程序运行结果如下所示。

```
请输入轮船的装载容量:50
请输入集装箱的数量:3
请分别输入3个集装箱的重量:
第1个集装箱的重量18
第2个集装箱的重量25
第3个集装箱的重量25
最优装载量:50
装入轮船的集装箱编号:
  2  3
```

未到达叶子结点时，对该结点的两个分支分别进行处理。对于左孩子结点，如果能装入轮船，也就是"cw+w[t]<=c"的情况，令"x[t]=1""cw+=w[t]"，表示为左分支结点，装入轮船，然后继续处理下一层，即递归调用自身。代码如下：

```
if cw+w[t]<=c:                     # 搜索左子树
    x[t] = 1
    cw += w[t]
    self.Backtrack(t+1,n,w,c,r,cw,bNode,x)
    cw -= w[t]                     # 恢复状态
```

对于右孩子结点，即不能装入轮船时，也就是"cw+w[t]>c"的情况，令"x[t]=0"，表示为右分支结点，不装入轮船，然后继续处理下一层，即递归调用自身。代码如下：

```
if cw+r>bNode.getBestW():         # 搜索右子树
    x[t]=0
    self.Backtrack(t+1,n,w,c,r,cw,bNode,x)
```

13.5 迷宫求解

求迷宫中从入口到出口的路径是经典的程序设计问题。通常采用穷举法，即从入口出发，顺某一个方向向前探索，若能走通，则继续往前走；否则沿原路返回，换另一个方向继续探索，直到探索到出口为止。为了保证在任何位置都能原路返回，显然需要用一个后进先出的栈来保存从入口到当前位置的路径。

可以用如图13-8所示的方块表示迷宫。图中的空白方块为通道，带阴影的方块为墙。

所求路径必须是简单路径，即求得的路径上不能重复出现同一通道块。求迷宫中一条路径的算法基本思想是：如果当前位置"可通"，则纳入"当前路径"，并继续朝下一个位置探索，即切换下一个位置为当前位置，如此重复直至到达出口；如果当前位置不可通，则应沿"来向"退回到前一通道块，然后朝"来向"之外的其他方向继续探索；如果该通道块四周的4个方块均不可通，则应从当前路径上删除该通道块。

所谓下一位置指的是当前位置四周（东、南、西、北）4个方向上相邻的方块。假设入口位置为(1,1)，出口位置为(8,8)，根据以上算法搜索出来的一条路径如图13-9所示。

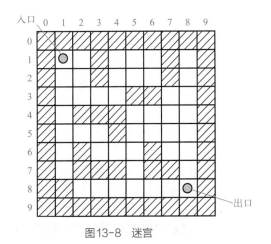

图13-8 迷宫

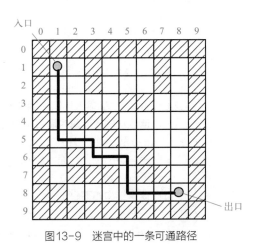

图13-9 迷宫中的一条可通路径

【例13-1】 在图13-8所示的迷宫中，编写算法求一条从入口到出口的路径。

在程序的实现中，定义墙元素值为0，可通过路径为1，不能通过路径为-1。

```python
from SeqStack import MySeqStack
import copy
class PosType(object):        # 迷宫坐标位置类型
    def _init_(self,x,y):
        self.x=x              # 行值
        self.y=y              # 列值
class DataType(object):       # 栈的元素类型
    def _init_(self,ord,seat,di):
        self.ord=ord          # 通道块在路径上的序号
        self.seat=seat        # 通道块在迷宫中的坐标位置
        self.di=di            # 从此通道块走向下一通道块的方向(0~3分别表示东、南、西、北)
```

```python
class Maze(object):
    def _init_(self,b=1,e=1,rows=20,cols=20):
        self.MaxLength=40      # 设迷宫的最大行列为40
        self.m=[[None]*(self.MaxLength) for i in range(self.MaxLength)]
                               # 迷宫数组类型[行][列]
        self.r_nums=rows       # 迷宫的行数、列数
        self.c_nums=cols
        self.begin=PosType(b,e)           # 迷宫的入口坐标
        self.end=PosType(rows-1,cols-1)   # 迷宫的出口坐标
        self.curstep=1                    # 当前足迹，初值(在入口处)为1
    def InitMaze(self,k):                 # 设定迷宫布局(墙为值0，通道值为k)
        r,c=map(int,input("请输入迷宫的行数，列数(包括外墙):").split(','))
        self.r_nums,self.c_nums=r,c
        for i in range(r):                # 定义周边值为0(外墙)
            self.m[0][i]=0                # 行周边
            self.m[r-1][i]=0
        for i in range(c):                # 列周边
            self.m[i][0]=0
            self.m[i][c-1]=0
        for i in range(1,r-1):
            for j in range(1,c-1):
                self.m[i][j]=k            # 定义除外墙，其余都是通道，初值为k
        j=int(input("请输入迷宫内墙单元数:"))
        print("请依次输入迷宫内墙每个单元的行数,列数:")
        for i in range(1,j+1):
            r1,c1=map(int,input().split())
            self.m[r1][c1]=0              # 修改墙的值为0
        print("迷宫结构如下:")
        self.PrintMaze()
        self.begin.x,self.begin.y=map(int,input("请输入入口的行数,列数:").split())
        self.end.x,self.end.y=map(int,input("请输入出口的行数,列数:").split())
    def PrintMaze(self):                  # 输出迷宫的解(m数组)
        for i in range(self.r_nums):
            for j in range(self.c_nums):
                print("%3d"%self.m[i][j],end="")
            print()

    def Pass(self,b):                     # 当迷宫m的b点的序号为1(可通过路径)，返回
                                          #   True; 否则，返回False
        if self.m[b.x][b.y]==1:
            return True
        else:
            return False
    def FootPrint(self,a):        # 使迷宫m的a点的值变为足迹(curstep)
        self.m[a.x][a.y]=self.curstep
```

```python
    def NextPos(self,c,di):            # 根据当前位置及移动方向，求得下一位置
        direc=[[0,1],[1,0],[0,-1],[-1,0]]   # [行增量,列增量],移动方向,依次为东、
                                            #                     南、西、北
        c.x+=direc[di][0]
        c.y+=direc[di][1]
        return c

    def MarkPrint(self,b):             # 使迷宫m的b点的序号变为-1(不能通过的路径)
        self.m[b.x][b.y]=-1

    def MazePath(self,start, end):     # 若迷宫m中存在从入口start到出口end的通道，则
# 求得一条存放在栈中(从栈底到栈顶)，并返回True; 否则返回False
        S=MySeqStack()                 # 顺序栈
        curpos=start                   # 当前位置在入口

        while True:
            if self.Pass(curpos):      # 当前位置可以通过，即未曾走到过的通道块
                self.FootPrint(curpos) # 留下足迹
                curp=curpos
                e=DataType(self.curstep,copy.deepcopy(curp),0)
                S.PushStack(copy.deepcopy(e))           # 入栈当前位置及状态
                self.curstep+=1                         # 足迹加1
                if curp.x==end.x and curp.y==end.y:     # 到达终点(出口)
                    return True
                curpos=self.NextPos(copy.deepcopy(curp),e.di)
                                # 由当前位置及移动方向，确定下一个当前位置
            else:   #当前位置不能通过
                if not S.StackEmpty():  # 栈不空
                    e=S.PopStack()      # 退栈到前一位置
                    self.curstep-=1     # 足迹减1
                    while e.di==3 and not S.StackEmpty():  # 前一位置处于最后一
                                                           #      个方向(北)
                        self.MarkPrint(e.seat)  # 在前一位置留下不能通过的标记(-1)
                        e=S.PopStack()          # 再退回一步
                        self.curstep-=1         # 足迹再减1
                    if e.di<3:                  # 没到最后一个方向(北)
                        e.di+=1                 # 换下一个方向探索
                        S.PushStack(e)          # 入栈该位置的下一个方向
                        self.curstep+=1         # 足迹加1
                        curp=e.seat             # 确定当前位置
                        curpos=self.NextPos(copy.deepcopy(curp),e.di)
                                        # 确定下一个当前位置是该新方向上的
                                        #   相邻块
            if S.StackEmpty():
                break
        return False
if _name_ == '_main_':
```

```
        M=Maze()
        M.InitMaze(1)                          # 初始化迷宫，通道值为1
        if M.MazePath(M.begin,M.end):          # 有通路
            print("此迷宫从入口到出口的一条路径如下:")
            M.PrintMaze()                      # 输出此通路
        else:
            print("此迷宫没有从入口到出口的路径")
```

程序运行结果如下所示。

```
请输入迷宫的行数,列数(包括外墙):10,10
请输入迷宫内墙单元数:18
请依次输入迷宫内墙每个单元的行数,列数:
1 3
1 7
2 3
2 7
3 5
3 6
4 2
4 3
4 4
5 4
6 2
6 6
7 2
7 3
7 4
7 6
7 7
8 1
迷宫结构如下:
  0 0 0 0 0 0 0 0 0 0
  0 1 1 0 1 1 1 0 1 0
  0 1 1 0 1 1 1 0 1 0
  0 1 1 1 1 0 0 1 1 0
  0 1 0 0 0 1 1 1 1 0
  0 1 1 1 0 1 1 1 1 0
  0 1 0 1 1 1 0 1 1 0
  0 1 0 0 0 1 0 0 1 0
  0 0 1 1 1 1 1 1 1 0
  0 0 0 0 0 0 0 0 0 0
请输入入口的行数,列数:1 1
请输入出口的行数,列数:8 8
此迷宫从入口到出口的一条路径如下:
  0 0 0 0 0 0 0 0 0 0
```

0	1	2	0	-1	-1	-1	0	1	0
0	1	3	0	-1	-1	-1	0	1	0
0	5	4	-1	-1	0	0	1	1	0
0	6	0	0	0	1	1	1	1	0
0	7	8	9	0	1	1	1	1	0
0	1	0	10	11	12	0	1	1	0
0	1	0	0	0	13	0	0	1	0
0	0	1	1	1	14	15	16	17	0
0	0	0	0	0	0	0	0	0	0

Python

第14章
递归与分治算法——化繁为简

递归就是自己调用自己，它是设计和描述算法的一种有力工具，常常用来解决比较复杂的问题。递归是一种分而治之、将复杂问题转换为简单问题的求解方法。一般情况下，能采用递归描述的算法通常有以下特征：为求解规模为N的问题，设法将它分解成规模较小的问题，从小问题的解容易地构造出大问题的解，并且这些规模较小的问题也能采用同样的分解方法，分解成规模更小的问题，并能从这些更小问题的解构造出规模较大问题的解。一般情况下，规模$N=1$时，问题的解是已知的。

以上求解过程是利用了分治算法的思想。分治算法将一个大规模问题分解为若干子问题，子问题相互独立，然后将子问题合并就可得到原问题的解，具体的可以使用递归技术去实现。

递归算法具有以下优缺点。

① 优点：使用递归编写的程序简洁、结构清晰，程序的正确性很容易证明，不需要了解递归调用的具体细节。

② 缺点：递归函数在调用过程中，每一层调用都需要保存临时性变量和返回地址、传递参数，因此递归函数的执行效率低。

学习目标：

- 递归与分治算法的基本思想。
- 简单递归和复杂递归的实现。

知识点框架：

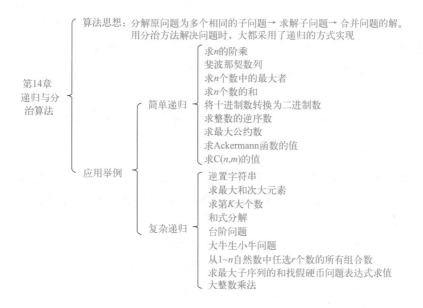

14.1　分治算法的基本思想

分治，即"分而治之"，就是把一个复杂的问题分成两个或更多的相同或相似的子问题，再把子问题分成更小的子问题……直到最后子问题可以简单地直接求解，原问题的解即子问题解的合并。经典的归并排序、快速排序、二分查找就是利用分治算法的思想，下面以一个经典的问题来说明分治法的好处。

有100枚硬币，其中一枚是假币，真币和假币的重量是不一样的，假币会略轻一些。如何快速找出这枚假币？为了找出这枚假币，可以用天平一枚一枚地来称重，如果两枚硬币的重量不同，就找出了假币。采用这种方法需要50次称重才能找出假币。有没有更好的称重办法？可以把100枚硬币平均分成3份，每份硬币的数量分别是33、33和34。用天平分别对这3份硬币称重，若前两份硬币的重量相等，则说明假币在最后一份硬币中；否则，假币在前两份硬币中较轻的一份中。下面分情况讨论：

① 若假币在前两份硬币中，则需要在较轻的硬币中寻找假币。将33枚硬币分为3份，每份硬币数量均为11枚，继续用天平对每份硬币称重，重量较轻的必定包含假币。

② 若假币在34枚硬币中，则将34枚硬币分为3份，每份硬币的数量分别是11、11和12，若前两份硬币的重量相等，则假币在第3份硬币中；否则，假币在前两份中较轻的硬币中。

③ 若假币在第3份硬币中，则继续将硬币分成3份，每份硬币的数量分别是4、4和4，假币在其中较轻的硬币中。

④ 若假币在11枚硬币中，则将其分成3份，每份硬币的数量分别是4、4和3，若前两份硬币的重量相同，则假币在第3份硬币中；否则，假币在前两份中较轻的硬币中。

⑤ 若假币在3枚硬币中，则继续将其分成3份，每份硬币的数量为1、1和1，若前两份硬币的重量相同，则假币在最后一份硬币中；否则，假币在前两份中较轻的一份中。

⑥ 若假币在4枚硬币中，则将其分成3份，每份硬币的数量为1、1和2，若前两份硬币的重量相同，则假币在最后一份硬币中；否则，假币在前两份中较轻的硬币中。

⑦ 若假币在2枚硬币中，则将其划分为2份，每一份只有一枚硬币，重量较轻者为假币。

根据以上分析，找出假币只需要5次称重即可，显然这种方法找出假币的效率非常高。

（1）分治法的基本思想

分治法是将原问题分解为若干子问题进行求解，这些子问题形式相同，且相互独立。这与递归很相似，因此，分治算法常使用递归的方式实现。分治算法的执行分为以下过程：

- 分（divide）：将原问题分解为规模更小的子问题。
- 治（conquer）：递归求解子问题，若问题足够小，则直接求解。
- 合并（combine）：将子问题的解合并为原问题的解。

（2）分治法解决的问题特征

归并排序是利用分治算法的思想实现排序的典型例子，它采用分治策略将问题分成一些小的问题，然后递归求解，再把求解的结果合并在一起，从而完成分而治之，得到最终的排序结果。对序列{12,9,23,5,16,31,20,28}进行归并排序的过程如图14-1所示。

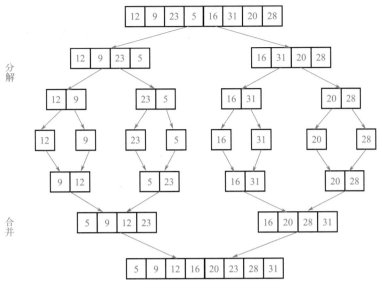

图14-1　归并排序的分治算法求解过程

利用分治策略的归并排序算法实现如下：

```python
class MergeSort:
    def _init_(self,n):
        self.temp=[None]*n    # 临时数组
    def Merge(self, a, low, mid, high):
    # 合并两个子区间中的元素
        i = low                        # i指向需要合并的第一子序列的第一个元素
        j = mid+1                      # j指向需要合并的第二子序列的第一个元素
        k=low
        while i <= mid and j <= high:    # 还没有扫描完毕
            # 将较小数存储在temp中，并且后移指针
            if a[i] < a[j]:
                self.temp[k] = a[i]
                k+=1
                i+=1
            else:
                self.temp[k] = a[j]
                k+=1
                j+=1

        while i <= mid:                # 左半区间还有元素
            self.temp[k] = a[i]
            k+=1
            i+=1
        while j <= high:               # 右半区间还有元素
            self.temp[k] = a[j]
            k+=1
```

```
            j+=1
        for i in range(low,high+1):        # 把元素重新复制到数组a[]中
            a[i] = self.temp[i]


    def Merge_sort(self,a,l,r):
    # 归并排序算法
        if l >= r:                          # 递归出口:每个区间只有一个元素
            return
        mid = (l + r) // 2
        self.Merge_sort(a,l,mid)            # 归并排序左半区间
        self.Merge_sort(a,mid + 1,r)        # 归并排序右半区间
        self.Merge(a,l,mid,r)               # 将左右区间中的元素合并

if _name_ == '_main_':
    a=[12,9,23,5,16,31,20,28]
    n=len(a)
    MS=MergeSort(n)
    MS.Merge_sort(a,0,n-1)        #对第1~n个元素进行归并排序
    for i in range(n):
        print(a[i],end=' ')
```

程序运行结果如下。

```
5   9   12   16   20   23   28   31
```

利用分治法能解决的问题一般具有以下几个特征:

① 原问题与分解后的子问题具有相同的模式,即问题具有最优子结构的性质。

② 原问题分解成的子问题可以独立求解,即子问题之间没有相关性,这是分治算法和动态规划最明显的区别。

③ 子问题的结果可合并成原问题的结果,且合并不能太复杂。

④ 具有分解终止条件。当问题规模变得足够小时,可以直接求解。

14.2　简单递归

求 n 的阶乘、斐波那契数列、求 n 个数中的最大者、求 n 个数的和、数制转换、求最大公约数等都属于比较简单的递归。

14.2.1　求 n 的阶乘

【问题描述】　通过键盘输入一个整数,输出该整数的阶乘。

【分析】　递归的过程分为两个阶段:回推和递推。回推是根据要求解的问题找到最基本的问题解,这个过程需要系统栈保存临时变量的值。递推是根据最基本问题的解得到所求问

题的解，这个过程是逐步释放系统栈的空间，直到得到问题的解。

求n的阶乘的过程分为回推和递推。

（1）回推

求n的阶乘可以描述如下：

$n!=n(n-1)!$

$(n-1)!=(n-1)(n-2)!$

$(n-2)!=(n-2)(n-3)!$

…

$2!=2 \times 1!$

$1!=1 \times 0!$

已知条件：$0!=1$，$1!=1$。

例如，求5!的阶乘的过程如下：

$5!=5 \times 4!$

$4!=4 \times 3!$

$3!=3 \times 2!$

$2!=2 \times 1!$

$1!=1$

如果把n！写成函数的形式，即$f(n)$，则$f(5)$就表示5!。求5!的过程可以写成如下形式：

$f(5)=5 \times f(4)$

$f(4)=4 \times f(3)$

$f(3)=3 \times f(2)$

$f(2)=2 \times f(1)$

$f(1)=1$

从上面的过程可以看出，求$f(5)$需要调用函数$f(4)$，求$f(4)$需要调用$f(3)$，依次类推，求$f(2)$需要调用$f(1)$。其中，$f(5)$、$f(4)$、$f(3)$、$f(2)$、$f(1)$都会调用同一个函数f，只是参数不同而已。上面的递归调用过程如图14-2所示。

（2）递推

根据$f(1)=1$这个最基本的已知条件，得到2!、3!、4!、5!，这个过程称为递推。由递推过程可以得到最终的结果，如图14-3所示。

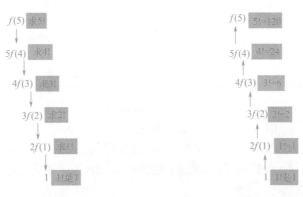

图14-2　求5!递归调用的回推过程　　　　图14-3　求5!递归调用的递推过程

综上所述，回推的过程是将一个复杂的问题变为一个最为简单的问题，递推的过程是由简单问题的解得到复杂问题的解。

求5!的递归函数调用的完整过程如图14-4所示。

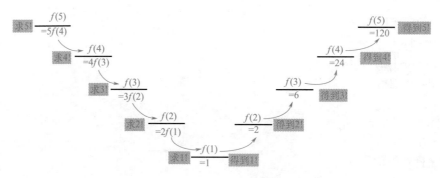

图14-4　求5!递归调用过程

【算法描述】　通过以上分析可知，当$n=0$或$n=1$时，n的阶乘即$f(n)=1$；否则，n的阶乘即$f(n)=nf(n-1)$。因此，求n的阶乘$f(n)$可写成如下公式：

$$f(n)\begin{cases}1 & n=0,1 \\ nf(n-1) & n=2,3,4,\cdots\end{cases}$$

其实，这是一个递归定义的公式。

```python
def Fact(n):
    if n < 0:                    # n<0时阶乘无定义
        print("参数错!")
        return -1
    if n == 0:                   # n==0时阶乘为1
        return 1
    else:
        return n*Fact(n - 1)     # 递归求n的阶乘
if _name_=='_main_':
    n=int(input("请输入一个正整数:"))
    print("%d!=%d"%(n,Fact(n)))
```

程序运行结果如下：

```
请输入一个正整数:5
5!=120
```

【算法说明】

① 函数f是递归函数，它的作用是求n的阶乘。从函数f的实现来看，它与$f(n)$的递归公式没有什么区别，只是将条件变为了用Python语言描述的if语句。需要注意的是，因为这个函数需要有返回结果，所以在if语句中，必须使用return语句。

● 在递归函数中，必须要有一个结束递归过程的条件，即递归的出口。在该程序中，"n==0"或写成"n==1"就是结束递归的条件。这也是求递归问题中的一个已知基本问题的解，即最小问题的解。

● 递归就是自己调用自己。一个函数在定义时直接或间接地调用自身，这样的函数被称为递归函数。它通常是将一个复杂的问题转化为一个与原问题相似且规模较小的问题来求解。

② 递归函数中的局部变量和参数只局限于当前调用层，当进入下一层时，上一层的参数和局部变量被屏蔽起来。

14.2.2　斐波那契数列

【问题描述】 我们把形如0,1,1,2,3,5,8,13,21,34,55,89,…的数列称为斐波那契数列。不难发现，从第3个数起，每个数都是前两数之和。编写算法，输出斐波那契数列的前n项。

【分析】 斐波那契数列可以写成如下公式：

$$\text{Fibonacci}(n)\begin{cases} 0 & n=0 \\ 1 & n=1 \\ \text{Fibonacci}(n-1)+\text{Fibonacci}(n-2) & n=2,3,4,\cdots \end{cases}$$

当$n=4$时，求Fibonacci(4)的值的过程如图14-5所示。

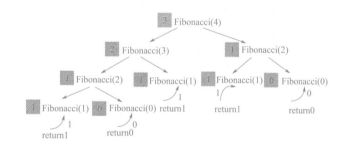

图14-5　求Fibonacci(4)的值的过程

图14-5中的阴影部分是右边函数的对应值。求Fibonacci(4)的值，需要先求出Fibonacci(2)与Fibonacci(3)的值，而求Fibonacci(3)的值，需要先求出Fibonacci(1)与Fibonacci(2)的值，依次类推，直到求出Fibonacci(1)和Fibonacci(0)的值，因为当$n=0$和$n=1$时，有Fibonacci(0)=0，Fibonacci(1)=1，所以直接将1和0返回。Fibonacci(0)=0和Fibonacci(1)=1就是Fibonacci(4)基本问题的解。同理，求解Fibonacci(n)（$n \geq 2$）也是根据这个基本问题的解得到的。当回推到$n=0$或$n=1$时，开始递推，直到求出Fibonacci(4)的值。最后，得到Fibonacci(4)的值为3。求Fibonacci(n)的过程与此类似。

算法实现如下：

```python
def fib(n):
    if n==0:
        return 0
    if n==1:
        return 1
    if n>1:
        return fib(n-1)+fib(n-2)
```

```
if _name_=='_main_':
    n=int(input("请输入项数:"))
    print("第%d项的值:%d"%(n,fib(n)))
```

程序运行结果如下:

```
请输入项数:9
第9项的值:34
```

14.2.3 求n个数中的最大者

【问题描述】 求55、33、22、77、99、88、11、44中的最大者。

【分析】 假设元素序列存放在数组a中，数组a中n个元素的最大者可以通过将a[n-1]与前n-1个元素最大者比较之后得到。当n=1时，有findmax(a,n)=a[0]；当n>1时，有findmax(a,n)=a[n-1]>findmax(a,n-1)?a[n-1]:findmax(n-1)。

也就是说，数组a中只有一个元素时，最大者是a[0]；超过一个元素时，则要比较最后一个元素a[n-1]和前n-1个元素中的最大者，其中较大的一个即为所求。而前n-1个元素的最大者需要继续调用findmax函数。

算法实现如下:

```
def findmax(a,n):
    if n<=1:
        return a[0]
    else:
        m=findmax(a,n-1)
        return a[n-1] if a[n-1]>=m else m

if _name_=='_main_':
    a=[55,33,22,77,99,88,11,44]
    n=len(a)
    print("数组中的元素:")
    for i in range(n):
        print("%4d"%(a[i]),end="")
    print("\n最大的元素是:%d"%(findmax(a,n)))
```

程序运行结果如下:

```
数组中的元素:
  55  33  22  77  99  88  11  44
最大的元素是:99
```

findmax(a,1)=a[0]就是基本问题的解，这是递归函数的已知条件。当n>1时，findmax函数正是通过这个已知条件不断递归调用得到所求问题的解。

14.2.4 求n个数的和

【问题描述】 求11、31、41、21、61、1、81、51、71的和。

【分析】 该问题的求解思想与求n个数的最大者类似。假设元素序列存放在数组a中，数组a中n个元素的和可由前n-1个数的和与第n个数相加得到，这样就将求n个数之和的问题转化为求前n-1个数的和。同理，求n-1个数和的问题同样可转化为求前n-2个数和的问题进行求解，这个过程可通过递归求解得到。第1个数是已知的，也是递归的出口。

算法实现如下：

```python
def AddFunc(a,n):
    if n<=1:
        return a[0]
    return a[n-1]+AddFunc(a,n-1)
if __name__ == '__main__':
    a=[11,31,41,21,61,1,81,51,71]
    n=len(a)
    print("一个元素序列:")
    for i in range(n):
        print("%4d"%a[i],end='')
    print("\n元素序列的和为:",end='')
    print(AddFunc(a,n))
```

程序运行结果如下：

```
一个元素序列:
  11  31  41  21  61   1  81  51  71
元素序列的和为:369
```

14.2.5 将十进制整数转换为二进制数

【问题描述】 使用递归函数实现将十进制整数转换为二进制数。

【分析】 采用除二取余法。不断地将商作为新的被除数除以2，而每次得到的余数序列就是所求的二进制数。函数DectoBin的定义如下：

```python
def DectoBin(num)
```

当num==0时，回推阶段结束，开始递推，返回；否则，将商作为新的被除数，即调用函数"DectoBin(num//2)"，同时输出每层的余数，即"print(num%2,end=' ')"。

算法实现如下：

```python
def DectoBin(num):
    if num==0:
        return
    else:
        DectoBin(num//2)
        print(num%2,end='')
```

```
if _name_ == '_main_':
    n=int(input("请输入一个十进制整数:"))
    print("二进制数是:")
        DectoBin(n)
```

程序运行结果如下所示。

```
请输入一个十进制整数:135
二进制数是:
10000111
```

【算法说明】

① 因为当商为0时，递推阶段结束，需要停止递推，也不需要返回值，所以只需要一个空的返回语句即return。

② 为了将商作为新的被除数，需要将num//2作为参数传递给函数DectoBin，同时输出余数，即num%2。

14.2.6 求整数的逆序数

【问题描述】 编写递归算法，输入一个整数，输出该整数的逆序数。例如，输入1234，则输出4321。

【分析】 设输入的整数为 n，为了输出 n 的逆序数，可利用 n 对10取余，得到末尾数，存放到数组a[]中，然后对 n 除以10，得到新的整数 n，再对10求余，余数依次存入数组a[]中。这个过程可利用递归实现，参数为 $n//10$，递归出口为 $n \leqslant 0$。

算法实现如下:

```
class ReverseNum(object):
    def _init_(self,n):
        self.N=n+1
        self.a=[0]*(n+1)
        self.i=0
    def RevNum(self,n):
        if n > 0:                        # 判断该数是否大于0
            self.a[self.i]=n%10
            self.i += 1
            self.RevNum(n//10)           # 递归迭代整除10后的剩余值
    def LenNum(self,n):
        c=0
        while n!=0:
            n/=10
            c+=1
        return c

if _name_ == '_main_':
```

```
num=input("请输入一个整数:")
n=len(num)
RN = ReverseNum(n)
num=int(num)
RN.RevNum(num)
print("逆序数为:",end='')
for i in range(n):
    print("%d"%RN.a[i],end='')
```

程序运行结果如下所示。

```
请输入一个整数:1234
逆序数为:4321
```

14.2.7　求最大公约数

【问题描述】　用递归函数求两个整数 M 和 N 的最大公约数。

【分析】　两个整数 M 和 N 的最大公约数具有以下性质：

$$gcd(m,n) = \begin{cases} ged(m-n,n) & m > n \\ ged(m, n-m) & m < n \\ m & m = n \end{cases}$$

用 Python 语言描述如下：

```
if m>n:
    return gcd(m-n,n)
elif m<n:
    return gcd(m,n-m)
else:
    return m;
```

算法实现如下：

```
def gcd(m,n):
    if m>n:
        return gcd(m-n,n)
    elif m<n:
        return gcd(m,n-m)
    else:
        return m

if _name_ == '_main_':
    m,n=map(int,input("请输入两个正整数:").split(','))
    print("最大公约数是:%d"%gcd(m,n))
```

程序运行结果如下所示。

```
请输入两个正整数:12,18
最大公约数是:6
```

这种不断相减的方法与辗转相除法本质是一样的，都是在寻找 M 和 N 的公用部分。

14.2.8 求Ackermann函数的值

【问题描述】 已知Ackermann函数定义如下：

$$\text{Ack}(m,n)\begin{cases} n+1 & m=0 \\ \text{Ack}(m-1,1) & m\neq 0, n=0 \\ \text{Ack}(m-1,\text{Ack}(m,n-1)) & m\neq 0, n\neq 0 \end{cases}$$

要求编写以上函数的递归算法，当输入 m 和 n 的值时，求Ackermannn函数的值。

算法实现如下：

```python
def Ackermann(m,n):
    if m==0:
        return n+1
    elif n==0:
        return Ackermann(m-1,1)
    else:
        return Ackermann(m-1,Ackermann(m,n-1))

if _name_ == '_main_':
    m,n=map(int,input("请输入m和n的值（整数）:").split())
    s=Ackermann(m,n)
    print("Ackermann的值为:",s)
```

程序运行结果如下所示。

```
请输入m和n的值（整数）:3 2
Ackermann的值为: 29
```

14.2.9 求C(n,m)的值

【问题描述】 已知C(n,m)的定义如下：

$$C(n,m)=\begin{cases} 1 & n=m \text{ 或 } m=0 \\ C(n-1,m)+C(n-1,m-1) & 0<m<n \end{cases}$$

要求编写以上函数的递归算法，当输入 m 和 n 的值时，求C(n,m)的值。

算法实现如下：

```python
def Comb(n, m):
    if n==m or m==0:
        return 1
```

```
    elif n>m and m>0:
        return Comb(n-1,m)+Comb(n-1,m-1)
if _name_ == '_main_':
    print("求组合数")
    n,m=map(int,input("请输入两个非负的整数n m (n>m>=0):").split())
    print("C(",n,",",m,")=",Comb(n,m))
```

程序运行结果如下所示。

```
求组合数
请输入两个非负的整数n m (n>m>=0):10 2
C( 10 , 2 )= 45
```

14.3　复杂递归

复杂递归算法是在递归调用函数的过程中，还需要一些处理，例如保存或修改元素值。逆置字符串、和式分解、汉诺塔问题等都属于比较复杂的递归算法。

14.3.1　逆置字符串

【问题描述】 编写递归算法，不占用额外的存储空间，将一个字符串就地逆置，重新存放在原字符串中。

【分析】 假设字符串存放在字符数组 s 中，递归函数原型如下：

```
def RevStr(s, i)
```

为逆置当前位置的字符，需要先求出逆置后当前字符在字符串中的存放位置，函数首先将当前位置的字符读取到一个变量 ch 中。若当前位置的字符是字符串结束符时，函数返回 0，告知上次递归调用函数，最末字符应存放到字符串的首位置。代码如下：

```
ch=s[i]
if i==n:
    return 0
```

对于其他情况，函数以字符串 s 和字符位置 $i+1$ 作为参数递归调用函数 RevStr，求得当前字符的存放位置 k，并将字符存放在位置 k 中，同时，下一个位置用来存放前一个字符。代码如下：

```
k=RevStr(s,i+1)
s[k]=ch
return k+1
```

综合以上两种情况，可以很容易写出逆置字符串的递归函数。

```python
def RevStr(s,i,n):
    if i==n:
        return 0
    else:
        ch = s[i]
        k=RevStr(s,i+1,n)
        s[k]=ch
        return k+1


if _name_ == '_main_':
    s=list("Welcome to Northwest University!")
    n=len(s)
    print("颠倒前:",''.join(s))
    RevStr(s,0,n)
    print("颠倒后:",''.join(s))
```

程序运行结果如下所示。

```
颠倒前: Welcome to Northwest University!
颠倒后: !ytisrevinU tsewhtroN ot emocleW
```

【算法说明】

① 条件"i==n"是递归函数的出口,返回0表示已经到了字符串的结束位置,应将前一个字符即最末一个字符存放在第0个位置。

② 在其他情况下,不断递归调用函数RevStr,返回值k就是当前字符应存放的位置。每一层递归调用返回值为k+1(从前往后),表示依次将递归调用返回的字符ch(从后往前)存放在相应的位置。

14.3.2　求最大和次大元素

【问题描述】 已知n个无序的元素序列,要求编写一个算法,求该序列中最大和次大的元素。

【分析】 对于无序序列a[low…high],可采用分而治之的方法(即将问题规模缩小为k个子问题加以解决)求最大和次大元素。该问题可分为以下几种情况:

① 序列a[low…high]中只有一个元素,则最大元素为a[low],次大元素设为-32768。

② 序列a[low…high]中有两个元素,则最大元素为a[low]和a[high]中的较大者,次大元素为两者中的较小者。

③ 序列a[low…high]中元素个数超过2个,则从中间位置mid=(low+high)/2将该序列分为两部分:a[low…mid]和a[mid+1…high]。然后分别通过递归调用的方式得到两个区间中最大元素和次大元素,其中,左边区间求出的最大元素和次大元素分别存放在lmax1和lmax2中,右边区间求出的最大元素和次大元素分别存放在rmax1和rmax2中。

若lmax1>rmax1,则最大元素为lmax1,次大元素为lmax2和rmax1中的较大者;若lmax1≤rmax1,则最大元素为rmax1,次大元素为lmax1和rmax2中的较大者。

算法实现如下：

```python
def MaxMinNum(a,low,high):
    if low==high:
        max1=a[low]
        max2=-32768
        return max1,max2
    elif low==high-1:
        max1=a[low] if a[low]>a[high] else a[high]
        max2=a[high] if a[low]>a[high] else a[low]
        return max1,max2
    else:
        mid=(low+high)//2
        lmax1,lmax2=MaxMinNum(a,low,mid)
        rmax1,rmax2=MaxMinNum(a,mid+1,high)
        if lmax1>rmax1:
            max1=lmax1
            max2=lmax2 if lmax2>rmax1 else rmax1
        else:
            max1=rmax1
            max2=lmax1 if lmax1>rmax2 else rmax2
        return max1,max2


if _name_ == '_main_':
    a=[21,19,29,36,78,95,55,66,80,12]
    n=len(a)
    print("数组中的元素:")
    for i in range(n):
        print(a[i],' ',end='')
    low,high=0,n-1
    max=min=a[0]
    max,min=MaxMinNum(a,low,high)
    print("\n最大的数是:",max)
    print("次大的数是:",min)
```

程序运行结果如下所示。

```
数组中的元素:
21   19   29   36   78   95   55   66   80   12
最大的数是: 95
次大的数是: 80
```

注意：

① 若序列a[low…high]中只有一个元素，则a[low]为最大元素并赋给max1，-32768为次大元素并赋给max2。

② 若序列a[low…high]中只有两个元素，则将较大的赋给max1，较小的赋给max2。

③ 若序列a[low…high]中元素个数超过2个，则先从中间位置将该序列分为两部分，然后递归调用函数MaxMinNum(a,low,mid,&lmax1,&lmax2)和MaxMinNum(a,mid+1,high,&rmax1,&rmax2)，分别求出左半区间和右半区间中最大元素和次大元素，分别存在lmax1和lmax2、rmax1和rmax2中。

④ 若lmax1>rmax1，则最大元素为lmax1，赋给max1，并从lmax2和rmax1中找出较大者，赋给max2。

⑤ 若lmax1 ≤ rmax1，则最大元素为rmax1，赋给max1，并从rmax2和lmax1中找出较大者，赋给max2。

14.3.3   求第*K*大个数

【问题描述】 给定*n*个无序的元素，要求编写一个递归算法，求该序列中第*k*大个数。

【分析】 该题也可以像求最大和次大元素一样利用分而治之的算法思想求解。可利用快速排序的思想，通过确定某个子序列的枢轴位置pos，将这些元素分成若干个子区间，并不断缩小子区间，直至区间中只有一个元素。假设这些无序元素存放在数组a[]中，确定子区间的划分位置分为以下几种情况：

① 如果枢轴位置pos等于*n-k*(其中*n*是无序元素的长度)，则表明找到了第*k*大的元素，返回该位置的元素。

② 如果pos>*n-k*，那么第*k*大的元素一定在区间a[0]~a[pos-1]中，则继续在该子区间查找即可。

③ 如果pos<*n-k*，那么第*k*大的元素一定在区间a[pos+1]~a[*n*-1]中，则继续在该子区间查找即可。

具体在划分子区间，即确定枢轴元素的位置时，利用快速排序算法思想分别从区间的第一个元素和最后一个元素开始，与枢轴元素进行比较，若遇到a[high]<a[pivot]且a[low]>a[pivot]，则将两个元素交换，依次类推，直至high ≤ low，最后将a[pivot]放置在a[low]的位置上，这样pivot就将该区间划分为左右两个子区间，左边区间的元素均小于a[pivot]，右边区间的元素均大于等于a[pivot]。

算法实现如下：

```python
def Partition(a,low,high):        # 以low为枢轴元素位置划分子区间
    t = a[low]
    while low < high:
        while low < high and a[high] >= t:
            high-=1
        a[low] = a[high]
        while low < high and a[low] <= t:
            low+=1
        a[high] = a[low]
    a[low] = t                    # 将枢轴元素存放在low位置
    return low
```

```
def Find_K_Largest(a , low, high, n, k):
    if low >= high or k > n:        # 边界条件和特殊输入的处理
        return 0
    pos = Partition(a,low,high)    # 划分子区间，获得枢轴元素位置pos
    while pos != n - k:
        if pos > n - k:
            high = pos - 1
            pos = Partition(a,low,high) # 应在区间[low,pos-1]中查找第k大的元素
        if pos < n - k:
            low = pos + 1
            pos = Partition(a,low,high) # 应在区间[pos-1,high]中查找第k大的元素
    return a[pos]


if _name_ == '_main_':
    a=[100,200,50,23,300,560,789,456,123,258]
    n=len(a)
    first=0
    last=n-1

    print("数组中的元素:")
    for i in range(n):
        print(a[i],end=' ')
    k = int(input('\n要找第几大元素:'))
    print("第",k,"大元素是:",end=' ')
    print(Find_K_Largest(a,first,last,n,k))
```

程序运行结果如下所示。

```
数组中的元素:
100 200 50 23 300 560 789 456 123 258
要找第几大元素:2
第 2 大元素是: 560
```

14.3.4　和式分解

【问题描述】　编写一个递归函数，要求给定一个正整数n，输出和为n的所有不增的正整数和式。例如，n=5，则输出的和式结果如下:

```
5=5
5=4+1
5=3+2
5=3+1+1
5=2+2+1
5=2+1+1+1
5=1+1+1+1+1
```

【**分析**】 引入数组a，用来存放分解出来的和数，其中，a[k]存放第k步分解出来的和数。递归函数应设置三个参数：第1个参数是数组名a，用来将数组中的元素传递给被调用函数；第2个参数i表示本次递归调用要分解的数；第3个参数k是本次递归调用将要分解出的第k个和数。递归函数的原型如下：

```
def SumDivide(a,i,k)
```

对将要分解的数i，可分解出来的数j共有i种可能选择，它们是i，i-1，…，2，1。但为了保证分解出来的和数依次构成不增的正整数列，要求从i分解出来的和数j不能超过a[k-1]，即上次分解出来的和数。

特别地，为保证对第一步（k=1）分解也成立，程序可在a[0]预置n，即第一个和数最大为n。在分解过程中，当分解出来的数j=i时，说明已完成一个和式分解，应将和式输出；当分解出来的数j<i时，说明还有i-j需要进行第k+1次分解。

算法实现如下：

```
def SumDivide(a, i, k):
    for j in range(i,0,-1):
        if j<=a[k-1]:
            a[k]=j    #将当前的待分解的数j存放到序号为k的位置
            if j==i:
                print("%d=%d"%(a[0],a[1]),end='')
                for p in range(2,k+1):
                    print("+%d"%a[p],end='')
                print()
            else:
                SumDivide(a,i-j,k+1)    #将还未分解的数i-j继续进行下一次分解


if _name_ == '_main_':
    n=int(input("请输入一个正整数n(0<=n<50):"))
    a=[0]*(n+1)
    a[0]=n
    print("和式分解结果:")
    SumDivide(a,n,1)
```

程序运行结果如下所示。

```
请输入一个正整数n(0<=n<50):5
和式分解结果:
5=5
5=4+1
5=3+2
5=3+1+1
5=2+2+1
5=2+1+1+1
5=1+1+1+1+1
```

注意：

① 循环语句表示待分解数的范围为从 i 到 1。

② 当前待分解的数 i 不能超过已经分解的和数 $a[k-1]$，这是为了保证分解出来的和数按照不增的顺序排列。

③ 如果 j 等于 i，则表示已完成一个和式分解，输出该和式。

14.3.5　台阶问题

【问题描述】　某人上楼梯，一步可以迈一个台阶、两个台阶或三个台阶，共有 n 个台阶。编程输出他所有可能的上法。例如，有4个台阶，输出结果如下：

```
1    1    1    1
1    1    2
1    2    1
1    3
2    1    1
2    2
3    1
```

【分析】　由题意可知，可以将问题分成3种情况：一次上一个台阶、一次上两个台阶、一次上三个台阶。在递归函数中，需要引入一个参数 n，用来表示每次上多少级台阶。函数原型如下：

```
def step(n)
```

用数组queue存放每次上的台阶级数。如果上一级台阶，则将1存放到数组queue中，代码如下：

```
queue[index++]=1
step(n-1)
index-=1
```

如果上两级台阶，则将2存放到数组queue中，代码如下：

```
if n > 1:
    self.index+=1
    self.queue[self.index] = 2
    self.step(n - 2)
    self.index-=1
```

如果上三级台阶，则将3存放到数组queue中，代码如下：

```
if n >2:
    self.index+=1
    self.queue[self.index] =3
    self.step(n -3)
    self.index-=1
```

当n=0时，输出每次上台阶的方法。

算法实现如下：

```python
class StepProgram(object):
    def _init_(self,step_num):
        self.total=0
        self.index=0
        self.queue=[0]*(step_num+1)


    def step(self,n):
        if n == 0:
            self.total += 1
            print("---------第%d种方法 ----------"%self.total)
            self.output()
            return
        self.queue[self.index] =1     # 将1存放到数组queue中，表示上一个台阶
        self.index+=1
        self.step( n -1)              # 递归调用函数step，参数为n-1，求下一次上多少级台阶
        self.index-=1                 # 将下标index减1，恢复index的值
        if n > 1:
            self.queue[self.index] = 2
            self.index+=1
            self.step(n - 2)
            self.index-=1             # 在递归调用完毕时，需要恢复index的值
        if n >2:
            self.queue[self.index] =3
            self.index+=1
            self.step(n -3)
            self.index-=1             # 在递归调用结束时，需要恢复index的值


    def output(self):
        for i in range(self.index):
            print("-%d" %self.queue[i],end='')
        print("-")
if _name_ == '_main_':
    step_num=int(input('请输入台阶数:'))
    SP=StepProgram(step_num)
    print("---------------------------------")
    print("                上台阶的方法                     ")
    print("---------------------------------")
    SP.step(step_num)
    print("\n 共有 %d 种方法 "%SP.total)
```

程序运行结果如下。

```
请输入台阶数:4
---------------------------------
                上台阶的方法
---------------------------------
----------第1种方法 ----------
-1-1-1-1-
----------第2种方法 ----------
-1-1-2-
----------第3种方法 ----------
-1-2-1-
----------第4种方法 ----------
-1-3-
----------第5种方法 ----------
-2-1-1-
----------第6种方法 ----------
-2-2-
----------第7种方法 ----------
-3-1-
共有 7 种方法
```

【算法说明】

① 当$n=0$时，说明已经构成一个完整的上台阶方法，输出该方法。

② 当$n>1$时，表示一次可以上两级台阶，将2存放到数组queue中，同时将$n-2$作为参数递归调用step函数。

③ 当$n>2$时，表示一次可以上三级台阶，将3存放到数组queue中，并将$n-3$作为参数调用step函数。

14.3.6 大牛生小牛问题

【问题描述】 一只刚出生的小牛，4年后生一只小牛，以后每年生一只。现有一只刚出生的小牛，问20年后共有牛多少只？

【分析】 由题意可以看出，问题可以分为两种情况处理：小于4年时，只有一头小牛；大于等于4年时，小牛成长为大牛，开始生小牛。递归函数的原型如下：

```
def Cow(years)
```

如果year<4，则返回1，表示只有一头牛；当year≥4时，第4年的大牛开始生小牛，每年生一个。并且每隔3年，小牛成长为大牛，开始生小牛，因此需要递归调用Cow函数，即Cow(subYears)。代码如下：

```
i = 4;
while i <= years:
    subYears = i - 3
    count += Cow(subYears)
    i+=1
```

算法实现如下：

```
def Cow(years):
    count=1
    if years<=3:                    # 表示小牛还不到生育年龄,返回1,即原来大牛的个数
        return 1
    i=4                             # 表示从第4年开始逐年计算牛的个数
    while i<=years:                 # 计算大牛和生的小牛总个数
        subYears = i - 3
        count += Cow(subYears)      # 递归调用大牛和生的小牛个数
        i+=1
    return count

if _name_ == '_main_':
    year=int(input("请输入年数:"))
    n=Cow(year)
    print("%d年后牛的总数:%d"%(year,n))
```

程序运行结果如下所示。

```
请输入年数:20
20年后牛的总数:872
```

14.3.7　从1~n自然数中任选r个数的所有组合数

【问题描述】　编写递归程序，从1~n自然数中任选r个数的所有组合数。

【分析】　利用分而治之的方法，将从n个数中选取r个数的问题分解为较小的问题进行解决。当组合数中的第一个数选定后，其他可从剩下的n-1个数中取k-1个数的组合。假设用数组a[]存放求出的组合数字，在求每组组合数的时候，首先将当前组合数的第一个数字存放在a[k]中，然后调用递归函数从剩下的n-1个数中求其他组合数字。若k≤1，表明得到一组组合数，将该组合数输出即可。然后再求其他组合数，直到所有的组合数输出为止。

算法实现如下：

```
def Comb(m, k):
    for i in range(m,k-1,-1):
        a[k]=i
        if k>1:                     # 未完成一个组合数
            Comb(i-1,k-1)
        else:                       # 完成一个组合数,则输出该组合数的所有数字
            for j in range(a[0],0,-1):
                print(a[j],end=' ')
            print()

if _name_ == '_main_':
```

```
n,r=map(int,input("请输入n和r的值(正整数且n>r):").split())
a=[0]*(r+1)
if r>n:
    print("输入n和r的值错误!")
else:
    print("从1~",n,"中选择其中",r,"个数的组合数依次是:")
    a[0]=r
    Comb(n,r)
```

程序运行结果如下所示。

```
请输入n和r的值(正整数且n>r):5 3
从1~5 中选择其中 3 个数的组合数依次是:
5 4 3
5 4 2
5 4 1
5 3 2
5 3 1
5 2 1
4 3 2
4 3 1
4 2 1
3 2 1
```

14.3.8 求最大子序列的和

【问题描述】 求数组中最大连续子序列的和,例如给定数组A={6,3,-16,5,8,12,-2,9,10,-5},则最大连续子序列的和为42,即5+8+12+(-2)+9+10 = 42。

【分析】 假设要求子序列的和至少包含一个元素,对于含n个整数的数组a[],若n=1,则表示该数组中只有一个元素,返回该元素。

当n>1时,可利用分治法求解该问题,令"mid=(left+right)//2",最大子序列的和可能出现在以下3个区间内:

① 该子序列完全落在左半区间,即a[0…mid-1]中,可采用递归将问题缩小在左半区间,通过调用自身maxLeftSum = MaxSubSum(a,left,mid)求出最大连续子序列的和maxLeftSum。

② 该子序列完全落在右半区间,即a[mid…n-1]中,类似地,可通过调用自身maxRightSum = MaxSubSum(a,mid,right)求出最大连续子序列的和maxRightSum。

③ 该子序列落在两个区间之间,横跨左右两个区间,需要从左半区间求出maxLeftSum1=$\max \sum_{j=i}^{mid-1} a_j$(0≤$i$≤mid-1),从右半区间求出maxRightSum1=$\max \sum_{j=mid}^{i} a_j$(mid≤$i$<$n$)。最大连续子序列的和为maxLeftSum1+ maxRightSum1。

最后需要求出这3种情况连续子序列和的最大值,即maxLeftSum、maxRightSum、

maxLeftSum1+maxRightSum1的最大值就是最大连续子序列的和。

算法实现如下：

```python
class MaxSubSum(object):
    def _init_(self,a):
        self.a=a
    def GetMaxNum(self,x, y,z):
        if x > y and x > z:
            return x
        if y > x and y > z:
            return y
        return z
    def GetMaxSubSum(self,left,right):
        if right - left == 1:              # 如果当前序列只有一个元素
            return self.a[left]
        mid = (left + right) // 2          # 计算当前序列的中间位置
        maxLeftSum = self.GetMaxSubSum(left,mid)
        maxRightSum = self.GetMaxSubSum(mid,right)
        # 计算左边界最大子序列的和
        tempLeftSum = 0
        maxLeftSum1 = self.a[mid-1]
        for i in range(mid - 1,left+1,-1):
            tempLeftSum += self.a[i]
            if maxLeftSum1 < tempLeftSum:
                maxLeftSum1 = tempLeftSum
        # 计算右边界最大子序列的和
        tempRighSum = 0
        maxRightSum1 = a[mid]
        for i in range(mid,right):
            tempRighSum += self.a[i]
            if maxRightSum1 < tempRighSum:
                maxRightSum1 = tempRighSum
        # 返回当前序列最大子序列的和
        return self.GetMaxNum(maxLeftSum1 + maxRightSum1, maxLeftSum,
maxRightSum)

if _name_ == '_main_':
    a= [6, 3, -16, 5, 8, 12, -2, 9, 10, -5]
    S=MaxSubSum(a)
    print("元素序列:")
    for i in range(len(a)):
        print("%5d"%a[i],end='')
    print()
    s=S.GetMaxSubSum(0,len(a))
    print("最大连续子序列的和:",s)
```

程序运行结果如下。

```
元素序列:
    6     3   -16    5    8   12   -2    9   10   -5
最大连续子序列的和: 42
```

下面简要分析以上代码。

若子序列中只有一个元素，则返回该元素，即

```
if right - left == 1:              #若当前子序列只有一个元素
    return self.a[left]
```

递归调用自身求左半区间最大连续子序列的和maxLeftSum：

```
maxLeftSum = self.GetMaxSubSum(left,mid)
```

递归调用自身求右半区间最大连续子序列的和maxRightSum：

```
maxRightSum = self.GetMaxSubSum(mid,right)
```

求左半区间中从mid−1到i的最大子序列的和maxLeftSum1：

```
tempLeftSum = 0
maxLeftSum1 = self.a[mid-1]
for i in range(mid - 1,left+1,-1):
    tempLeftSum += self.a[i]
    if maxLeftSum1 < tempLeftSum:
        maxLeftSum1 = tempLeftSum
```

求右半区间从mid到i的最大子序列的和maxRightSum1：

```
tempRighSum = 0
maxRightSum1 = a[mid]
for i in range(mid,right):
    tempRighSum += self.a[i]
    if maxRightSum1 < tempRighSum:
        maxRightSum1 = tempRighSum
```

求以上3种情况的最大值，即最大连续子序列的和：

```
return self.GetMaxNum(maxLeftSum1 + maxRightSum1, maxLeftSum, maxRightSum)
```

14.3.9　找假硬币问题

【问题描述】　根据输入的n（$n \geqslant 2$）枚硬币的重量，其中n−1枚为真币，1枚为假币，假币比真币重量轻，请编写程序找出其中的一枚假币。

【分析】　采用分治法解决假币问题。如果硬币数n是偶数，将n个硬币平均分成两份，直

接比较这两份硬币的重量，假币在重量较轻的那份硬币中，继续将重量较轻的那一份硬币平均分成两份，依次类推，直到找出假币。如果 n 是奇数，则随意取出一枚硬币，将剩下的 $n-1$ 枚硬币等分成两份。如果这两份硬币重量相同，则随机取出的那枚硬币为假币；否则，按照硬币数为偶数的方式执行同样的操作。

算法实现如下：

```python
def Judge(start,coin):          # coin存储的是每个硬币的重量
    length = len(coin)          #硬币个数
    if length == 1:             #如果只有一个硬币
        return start            #则直接返回
    if length % 2 == 1:         #如果是奇数个硬币
        length -= 1             #使硬币个数成偶数个
        odd = True              #状态变量
    else:                       #如果是偶数个硬币
        odd = False

    if sum(coin[:length // 2]) < sum(coin[length // 2:length]):
                                # 前半部分重量轻于后半部分重量
        return Judge(start,coin[:length // 2]) # 对前半部分递归调用找假币
    elif sum(coin[:length // 2]) > sum(coin[length // 2:length]):
                                # 前一半硬币重量重于后一半硬币重量
        return Judge(start + length // 2, coin[length // 2:length])
                                # 对后半部分递归调用找假币
    else:                       # 若两部分硬币重量相等
        if not odd:             # 偶数个硬币
            return -1           # 返回-1表示无假币
        else:                   # 若为奇数个硬币
            if coin[length] < coin[0]:   # 找到假币
                return start + length    # 返回假币的位置
            else:               # 相等
                return -1       # 无假币


if _name_ == '_main_':
    a = list(map(int,input('请依次输入硬币的重量:').split()))
    print(a)
    index = Judge(0, a)
    if index!=-1:
        print('第%d个硬币为假币，重量为：%d.' % (index, a[index]))
    else:
        print('第%d个硬币为假币，重量为 %d' % (index, -1))
```

程序运行结果如下。

```
请依次输入硬币的重量:10 10 10 10 10 9 10 10
[10, 10, 10, 10, 10, 9, 10, 10]
第5个硬币为假币，重量为：9.
```

14.3.10 表达式求值

【问题描述】 假设一个算术表达式中有＋、－、×、÷等运算符，其中，×、÷运算优先级最高，＋、－运算优先级最低。括号（）可以更改优先级，按优先级从高到低进行运算，在优先级相同时，从左到右计算。例如，"5+(6-(9-3)/2)*3"的值为14。

【分析】 在这个表达式中找到所有运算符最后出现的位置，若没有出现运算符，则记为–1；然后检查出现的优先级最低的运算符，记录其位置为p，则p就是需要划分的位置，分别计算[left,p–1]的值和[p+1,right]的值；最后再根据p表示的运算符对左右两个运算结果value1和value2运算，得到最终的结果并返回。

算法实现如下：

```python
class CalExpress(object):
    def _init_(self,str):
        self.length=len(str)
        self.s=str
    def ComputeValue(self,left,right):
        p = -1              # 记录运算符的位置
        lv = 0              # 记录左括号的个数
        result = 0
        for i in range(left,right+1):
            if self.s[i]=='(':
                lv +=1
            elif self.s[i]==')':
                lv -=1
            elif self.s[i]=='+' or self.s[i]=='-':
                if lv==0:
                    p = i
            elif self.s[i]=='*' or self.s[i]=='/':
                if lv==0 and p == -1:
                    p = i
            else:
                result = result * 10 + int(self.s[i])
        if p == -1:
            return self.ComputeValue(left + 1, right - 1) if self.s[left]
== '(' else result

        value1 = self.ComputeValue(left, p - 1)
        value2 = self.ComputeValue(p + 1, right)
        if self.s[p]=='+':
            return value1 + value2
        elif self.s[p]=='-':
            return value1 - value2
        elif self.s[p]=='*':
            return value1 * value2
        elif self.s[p]=='/':
```

```
        return value1 / value2

if _name_ == '_main_':
    str=input('请输入一个算术表达式:')
    CE = CalExpress(str)
    print('表达式的值为:', CE.ComputeValue(0,len(str)-1))
```

程序运行结果如下。

```
请输入一个算术表达式:5+(6-(9-3)/2)*3
表达式的值为: 14.0
```

14.3.11　大整数乘法

【问题描述】　设X和Y都是n位十进制数，要求计算它们的乘积XY。当n很大时，利用传统的计算方法求XY时需要的计算步骤很多，运算量较大，使用分治法求解XY会更高效，现要求采用分治法编写一个求两个任意长度的整数相乘的算法。

【分析】　设有两个大整数X、Y，求XY就是把X与Y中的每一项相乘，但是这样的乘法效率较低。若采用分治法，则可将X拆分为A和B，Y拆分为C和D，如图14-6所示。

图14-6　大整数X和Y的分段

$$XY = \left(A \times 10^{\frac{n}{2}} + B\right)\left(C \times 10^{\frac{n}{2}} + D\right) = AC \times 10^n + (AD + BC) \times 10^{\frac{n}{2}} + BD$$

$$AD + BC = (A+B)(C+D) - (AC+BD)$$

这里取的大整数X、Y是理想状态下的整数，即X与Y的位数一致，且$n=2^m$，$m=1,2,3,\cdots$。计算XY需要进行4次$n/2$位整数乘法运算，即AC、AD、BC和BD，以及3次不超过n位的整数加法运算，此外还要进行两次移位2^n和$2^{n/2}$运算，这些加法运算和移位运算的时间复杂度都为$O(n)$。根据以上分析，使用分治法求解XY的时间复杂度为$T(n)=4T(n/2)+O(n)$，因此时间复杂度为$O(n^2)$。

算法实现如下：

```
import time

def Multiply_Big_Num(X, Y, len_x, len_y):
    if len_x == 1 or len_y == 1:
        return X * Y
    else:
        n = max(len_x, len_y) // 2
        A, B, C, D = int(X / (10 ** n)), int(X % (10 ** n)), int(Y / (10 ** n)),
int(Y % (10 ** n))
```

```
        AC= Multiply_Big_Num(A, C, len(str(A)), len(str(C)))
        BD= Multiply_Big_Num(B, D, len(str(B)), len(str(D)))
        AD= Multiply_Big_Num(A, D, len(str(A)), len(str(D)))
        BC= Multiply_Big_Num(B, C, len(str(B)), len(str(C)))
        return 10 ** (2 * n) * AC + (AD + BC) * (10 ** n) + BD


if _name_=='_main_':
    X = int(input('请输入一个整数X:'))
    Y = int(input('请输入一个整数Y:'))
    result = Multiply_Big_Num(X, Y, len(str(X)), len(str(Y)))
    print('方法一运行结果:')
    print('X*Y=',result)


    result = int(X)*int(Y)
    print('方法二运行结果:')
    print('X*Y=',result)
```

程序运行结果如下。

```
请输入一个整数X:123456
请输入一个整数Y:987654
方法一运行结果:
X*Y= 121931812224
方法二运行结果:
X*Y= 121931812224
```

参考文献

［1］ 严蔚敏. 数据结构［M］. 北京: 清华大学出版社，2001.

［2］ 耿国华. 数据结构［M］. 北京: 高等教育出版社，2005.

［3］ 陈明. 实用数据结构［M］.2版. 北京: 清华大学出版社，2010.

［4］ Sedgewick R. 算法: C语言实现(第1～4部分)基础知识、数据结构、排序及搜索［M］. 霍红卫，译. 北京: 机械工业出版社，2009.

［5］ Sedgewick R，Wayne K. 算法［M］. 谢路云，译. 4版. 北京: 人民邮电出版社，2012.

［6］ 朱站立. 数据结构[M]. 西安: 西安电子科技大学出版社，2003.

［7］ 徐塞红. 数据结构考研辅导［M］. 北京: 北京邮电大学出版社，2002.

［8］ 陈锐. 零基础学数据结构［M］. 北京: 机械工业出版社，2014.

［9］ 孙玉胜，陈锐. Python数据结构与算法［M］. 北京: 清华大学出版社，2023.

［10］ 李春葆，曾慧，张植民. 数据结构程序设计题典［M］. 北京: 清华大学出版社，2002.

［11］ 杨明，杨萍. 研究生入学考试要点、真题解析与模拟考卷[M]. 北京: 电子工业出版社，2003.

［12］ 唐发根. 数据结构［M］.2版. 北京: 科学出版社，2004.

［13］ 杨峰. 妙趣横生的算法［M］. 北京: 清华大学出版社，2010.

［14］ Horowitz E，Sahni S，Anderson-Freed S. 数据结构(C语言版)［M］. 李建中，张岩，李治军，译. 北京: 机械工业出版社，2006.

［15］ 陈守礼，胡潇琨，李玲. 算法与数据结构考研试题精析［M］. 北京: 机械工业出版社，2007.

［16］ 李春葆，尹为民，蒋晶珏. 数据结构联考辅导教程［M］. 北京: 清华大学出版社，2011.

［17］ Cormen T H. 算法导论［M］. 潘金贵，译. 2版. 北京: 机械工业出版社，2006.

［18］ 陈锐. 数据结构习题精解［M］. 北京: 清华大学出版社，2021.

［19］ Knuth D.计算机程序设计艺术 卷1: 基本算法(英文版·第3版)［M］. 北京: 人民邮电出版社，2010.

［20］ 翁惠玉，俞勇.数据结构: 思想与实现［M］. 北京: 高等教育出版社，2018.

［21］ 周伟，刘泱，王征勇.2013年计算机专业基础综合历年统考真题及思路分析［M］. 北京: 机械工业出版社，2012.